工业机器人技术专业系列教材

GONGYE JIQIREN
JISHU YINGYONG

工业机器人
技术应用

主　编　杨秀文　刘　松　曹智梅
副主编　李　嫄　林燕虹　魏志丽

重庆大学出版社

内容提要

本书从应用型人才培养的实际要求出发,根据高等职业院校的培养目标编写。书中介绍了机器人的一般知识,对工业机器人的性能参数、本体结构、核心部件等进行了完整详细的系统阐述。本书共12个项目,包含项目1认知工业机器人,项目2工业机器人基本操作,项目3工业机器人基本知识,项目4工业机器人示教编程,项目5工业机器人离线编程,项目6工业机器人虚拟仿真,项目7工业机器人码垛工作站,项目8工业机器人焊接工作站,项目9工业机器人通信及总线技术,项目10自动化生产线集成与调试,项目11工业机器人系统组成,项目12工业机器人维护维修。

本书可作为高等职业院校工业机器人技术、机电一体化技术、机械制造与自动化等专业的教材,也可为应用型高职院校师生与工程技术人员提供参考。

图书在版编目(CIP)数据

工业机器人技术应用 / 杨秀文, 刘松, 曹智梅主编. -- 重庆 : 重庆大学出版社, 2023.7

工业机器人技术专业系列教材

ISBN 978-7-5689-3799-3

Ⅰ. ①工… Ⅱ. ①杨… ②刘… ③曹… Ⅲ. ①工业机器人—高等职业教育—教材 Ⅳ. ①TP242.2

中国国家版本馆CIP数据核字(2023)第078573号

工业机器人技术应用

GONGYE JIQIREN JISHU YINGYONG

主 编 杨秀文 刘 松 曹智梅

特约编辑:周 立

责任编辑:荀荟羽 版式设计:荀荟羽

责任校对:邹 忌 责任印制:张 策

*

重庆大学出版社出版发行

出版人:饶帮华

社址:重庆市沙坪坝区大学城西路21号

邮编:401331

电话:(023)88617190 88617185(中小学)

传真:(023)88617186 88617166

网址:http://www.cqup.com.cn

邮箱:fxk@cqup.com.cn(营销中心)

全国新华书店经销

重庆亘鑫印务有限公司印刷

*

开本:787mm×1092mm 1/16 印张:12.75 字数:320千

2023年7月第1版 2023年7月第1次印刷

印数:1—1 500

ISBN 978-7-5689-3799-3 定价:39.80元

前　言

随着科学技术的进步，工业机器人作为先进制造业中不可替代的重要装备和手段，已成为衡量一个国家制造业水平和科技水平的主要标志，工业机器人技术得到迅速发展，并且在各行各业中的应用越来越广泛，这对高等职业院校培养相关高技能应用型人才提出了更高的要求。本书从应用型人才培养的实际要求出发，根据高等职业院校的培养目标编写，并在书中融入党的二十大精神，落实立德树人根本任务，将思政元素与专业技术知识有机融合。

本书介绍了机器人的一般知识，对工业机器人的性能参数、本体结构、核心部件等进行了完整详细的系统阐述。本书共 12 个项目，包含认知工业机器人、工业机器人基本操作、工业机器人基本知识、工业机器人示教编程、工业机器人离线编程、工业机器人虚拟仿真、工业机器人码垛工作站、工业机器人焊接工作站、工业机器人通信及总线技术、自动化生产线集成与调试、工业机器人系统组成、工业机器人维护维修。本书可作为高等职业院校工业机器人技术等相关专业的教材，也可作为企业技术人员的使用参考书。

本书由广东松山职业技术学院的杨秀文、刘松、曹智梅担任主编，李嫄、林燕虹、魏志丽担任副主编。其中，杨秀文编写项目 7—项目 10，刘松编写项目 12，曹智梅编写项目 11，林燕虹编写项目 1，李嫄编写项目 3、项目 4，魏志丽编写项目 2、项目 5、项目 6。为满足学生从事工业机器人相关工作的需要，本书在编写过程中参阅了大量相关资料，未能一一注明，在此一并表示感谢。

由于编者水平有限，书中不足之处在所难免，恳请广大读者批评指正。

编　者

2023 年 1 月

目 录

项目 1

认识工业机器人

任务 1　工业机器人简介

1.1.1　工业机器人定义

1920 年，捷克作家卡雷尔·恰佩克在其剧本《罗萨姆的万能机器人》中最早使用“机器人”一词，剧中将 Robota（奴隶）意为“不知疲倦地劳动”，即剧作家笔下一种具有人的外表、特征和功能的机器，是一种人造的劳力，这是最早机器人的设想，如图 1-1 所示。

图 1-1　幻想剧中的机器人

随着机器人所涵盖的内容越来越丰富，机器人这一概念逐步演变为现实。在现代工业的发展过程中，机器人逐步融合了机械、电子、运动、动力、控制、传感检测、计算技术等多门学科，成为现代科技发展极为重要的组成部分。至今，机器人诞生已有几十年的时间，但仍然没有一个统一的定义。其中一个重要原因就是机器人还在不断地发展，新的机型、新的功能不断涌现，如图 1-2 所示为现代工业机器人在喷涂作业。

图 1-2　现代工业机器人喷涂作业

随着人类社会不断向智能自动化方向发展，机器人应用研发领域也搭上了智能化时代迅猛发展的快速列车。然而机器人领域发展至今，对于机器人的定义却仍旧是百家争鸣，并没有一个统一的论断。究其根本原因是机器人还处在不断发展的阶段，新的机型和功能日新月异、层出不穷。国际上对工业机器人给出的定义不尽相同。

①美国机器人协会（RIA）提出的工业机器人定义："工业机器人是一种用于移动各种材料、零件、工具或专用装置，能够通过可编程程序动作来执行种种任务的多功能机械手。"

②日本工业机器人协会（JIRA）提出的工业机器人定义："工业机器人是一种装配有记忆装置和末端执行器，能够转动并通过自动完成各种移动来代替人类劳动的通用机器。"

③国际标准化组织（ISO）提出的工业机器人定义为："工业机器人是一种位置可控，能够借助可编程序操作来处理各种材料、零件、工具和专用装置，以执行种种任务的多轴自动多功能机械手。"

④我国国家标准 GB/T 12643—2013 中将工业机器人定义为一种能自动定位控制、可重复编程的、多功能的、多自由度的操作机，能搬运材料、零件或操持工具，用以完成各种作业。

以上内容均为国际上机器人领域权威机构对工业机器人的定义。工业机器人，顾名思义，是面向工业领域的多关节机械手或多自由度的机器装置，它能自动执行动作指令，并依靠自身动力和控制能力来实现各种功能。它可以通过人类指挥，按照预先设定的程序来执行某些特定的工作动作指令，现代不断发展的工业机器人还可以根据人工智能技术制定的程序指令行动。

工业机器人最显著的特点有以下几个：

①可编程。生产自动化的进一步发展是柔性启动化。工业机器人可随其工作环境变化的需要而再编程，因此它在小批量多品种的具有均衡高效率的柔性制造过程中能发挥很好的功用，是柔性制造系统中的一个重要组成部分。

②拟人化。工业机器人在机械结构上有类似人的行走、腰转、大臂、小臂、手腕、手爪等部分。此外，智能化工业机器人还有许多类似人类的"生物传感器"，如皮肤型接触传感器、力传感器、负载传感器、视觉传感器、声觉传感器、语言功能等。传感器提高了工业机器人对周围环境的自适应能力。

③通用性。除了专门用于设计的专用工业机器人外，一般工业机器人在执行不同的作业任务时具有较好的通用性。比如，只需更换工业机器人手部末端操作器（手爪、工具等）便可

执行不同的作业任务。

工业机器技术涉及的学科相当广泛,归纳起来是机械学和微电子学的结合,即机电一体化技术。第三代智能机器人不仅具有获取外部环境信息的各种传感器,而且还具有记忆能力、语言理解能力、图像识别能力、推理判断能力等人工智能能力,这些都是微电子技术的应用,特别是与计算机技术的应用密切相关。因此,机器人技术的发展必将带动其他技术的发展,机器人技术的发展和应用水平也可以验证一个国家科学技术和工业技术的发展水平。

1.1.2　工业机器人作用

工业机器人的智能化、规模化和系统化的综合发展已经成为衡量一个国家科技制造水平的重要标志之一。在"中国制造2025"和"工业4.0"的战略指导下,工厂"机器换人"现象将更加频繁,我国工业机器人市场将进一步打开。如图1-3所示,工业机器人作为中国制造2025的第二个重点领域,在未来将要扮演重要角色。

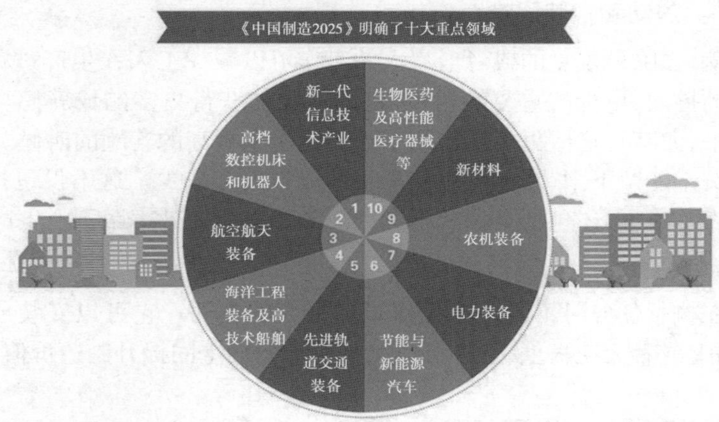

图1-3　工业机器人在未来的重要角色

随着科技的迅速发展,各个企业之间的竞争从未停止过。为了应对日益提高的工业生产成本和激烈的行业竞争形势,越来越多的传统制造企业开始改变以往的生产经营模式,通过引进工业机器人实现生产自动化,进一步提升工业生产效率,促进产业结构的智能化调整,所以工业机器人的优势也日渐显现。以下是工业机器人的优势:

(1)减少成本

工业机器人可以帮助减少制造特定工件的操作成本,包括减少劳动力、减少物料浪费等直接成本。从间接成本来看可以节约能源和劳动力成本,通过工业机器人减少废品或返工实现单位产品的能源效益最大化。此外,工业机器人不需要人工工作场所所需的环境温度和照明设备等,因此,通过使用工业机器人减少维持工作环境的能源消耗是可能的。

(2)提高产品质量和一致性

工业机器人是可重复的,在工件一致的情况下可以保证生产工件的固定质量。也就意味着工业级机器人可以制造相当数量的且一致性高的产品,并且保证工件的合格率。

(3)提高安全性和员工的工作质量

工业机器人可以提高安全性和帮助员工改善工作环境。它们可以有效地处理一些脏的、危险的、威胁健康的以及要求苛刻的任务，例如喷涂、压力机上下料、金属工件抛光、铸件清理、处理超重负荷等。所以工业机器人的应用使得工人劳动力远离直接生产过程，从而减少员工在维持固定产量上的压力和工作环境带来的困扰。

(4) 提高生产量和生产效率

正如上文所提到的，机器人的一致性确保固定的生产量，这也就意味着可以最大化提高机器的产量。因为工业机器人总是时刻准备着实现它们的功能，再加上工业机器人可以缩短生产周期并且 24 小时连续运作，提高产品的生产量和生产效率是必然的。

(5) 提高产品制造的柔性

工业机器人本质上是非常灵活的，一旦操作被编程输入，只需数秒它就可以调用并进入运行状态。因此机器人实现生产转换非常快，极大缩短了产品下线时间。工业机器人视觉、触觉等多传感器的使用可以处理不同的产品，为批量生产提供可能性。

(6) 减少劳动力流动和招聘困难

改善工作环境、去除最重复的或者最累人的工作可以减少工人在生产过程中的流动。如果给予工人更多的挑战、更少的重复性角色，他们就可能获得更多的成就感。这些角色也需要很高的技能水平，尤其是这些更高层次的工作还能带来更高的薪酬的时候。

如果更多的员工能留下来，那么雇用新员工的成本就会减少。这不仅包括在雇用新员工的过程中产生的直接成本，还包括培训成本和因为新员工生产效率跟不上生产的成本。

(7) 节省工作空间

工业机器人在执行任务时不需要像操作员那么大的空间。它可以安装成各种各样的形式，比如安装到墙上或者天花板上，这样可以减少所需要的空间提升制造价值和空间使用率。

任务 2　工业机器人发展

1.2.1　工业机器人发展历程

20 世纪 40 年代中后期，机器人的研究和发明得到了广泛关注，50 年代后美国橡树岭国家实验室开始研究能搬运核原料的遥控操纵机械手。这是一种加入了力觉传感的主从型控制系统，操作者凭借这些传感器获知施加力的大小，操作者可通过观察窗或闭路电视对机械手操作机进行有效监控，主从机械手系统的出现为机器人的产生及近代机器人的设计与制作奠定了基础。

1954 年，美国发明家德沃尔最早提出工业机器人的概念，并申请专利。该专利要点是借助伺服技术控制机器人关节，利用手对机器人进行动作示教。

1959 年，英格伯格和德沃尔设计出世界上第一台真正实用的工业机器人，名为“尤尼梅特”(Unimate)，尤尼梅特机器人生产线应用如图 1-4 所示，英格伯格也被人们誉为“工业机器人之父”。

1982 年，美国通用汽车公司在装配上为机器人装备了视觉系统，标志着第二代机器人——感知机器人问世。

1993 年，全球工业机器人突破 61 万台，其中日本和欧洲占比 92%。

图 1-4　尤尼梅特机器人生产线应用

随着工业机器人的快速发展,2010 年全球工业机器人突破 115 万台。而后德国和中国相继提出《工业 4.0》战略和《中国制造 2025》计划,带动和引发了新一轮的工业转型竞赛。工业机器人得到重视并列入重点发展领域。

1.2.2　工业机器人发展现状

(1)国内工业机器人发展现状

我国的工业机器人研究开始于 20 世纪 80 年代中期,在国家的支持下,通过“七五”“八五”科技攻关,已经基本实现了从引进到自主开发的转变,促进了我国制造、勘探等行业的发展。随着我国门户的逐渐开放,国内的工业机器人产业面临着越来越大的竞争与冲击,虽然我国机器人的需求量逐年增加,但目前国产品牌的机器人在质量上与国外品牌仍存在差距。

(2)国外工学机器人发展现状

目前,世界上工业机器人无论是从技术水平上还是从已装配的数量上都日趋成熟,优势集中在以日、美为代表的发达工业化国家,已经成为一种标准设备被工业界广泛应用。目前以日系和欧系为代表的工业机器人,如图 1-5 所示,形成“四大家族”:日本 FANUC(发那科)、瑞士 ABB、德国 KUKA(库卡)、日本 YASKAWA(安川),把控着高端应用市场。

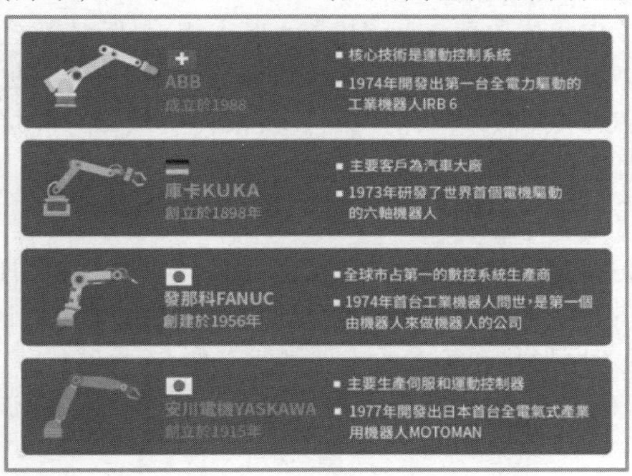

图 1-5　工业机器人“四大家族”

1.2.3 工业机器人发展前景

(1)机器人需求量巨大

机器人的运用范围越来越广泛,即使在很多的传统工业领域中人们也在努力使机器人代替人类工作,在食品工业中的情况也是如此。人们已经开发出的食品工业机器人有包装罐头机器人、自动午餐机器人和切割牛肉机器人等,机器人在食品加工领域的应用不断深入。

(2)工业机器人市场发展空间巨大

近年来,伴随经济增长和货币升值,中国人力成本快速上涨。一些企业开始把目光放在"机器换人"方向上,通过自动化技术建设无人化工厂来解决当前困局。随着我国工业自动化、智能化发展加速,工业机器人的应用普及也带来了市场的急剧增长。

近年来,工业机器人应用领域已经率先从汽车、电子、视频包装等传统领域,逐渐向新能源、环保设备、高端装备、仓储物流等新兴领域加快转变;同时各地的机器人企业解决方案,也在从传统汽车及3C制造向新场景和新行业延伸,加速"机器换人"进程。

(3)人才需求

工业机器人自动化应用人才在中国全面紧缺,机器人企业也积极开展与学校之间的合作,共同推进教育事业的发展。在工业4.0时代背景下,教育面临更多非传统领域的挑战,除了通过学校课堂的授教,还可开展校企合作、通过在线教育平台视频授课等模式。

任务3 工业机器人应用

1.3.1 工业机器人典型应用认知

(1)焊接

焊接机器人就是在工业机器人的末端法兰装接焊钳或焊枪,使之能进行焊接、切割或热喷涂。焊接分点焊和弧焊两种,其中点焊对机器人的要求不高,其点与点之间的移动轨迹没有严格要求,弧焊机器人的组成原理与点焊机器人基本相同,但对焊丝端头的运动轨迹、焊枪姿态、焊接参数等都要求精准控制。焊接机器人是应用最广泛的一种工业机器人,目前已广泛应用于汽车制造业,汽车底盘、导轨、消声器以及液力变矩器等焊接件均使用了机器人焊接,如图1-6所示为机器人进行弧焊作业。

(2)搬运

搬运机器人是可以进行自动化搬运作业的工业机器人,如图1-7所示。搬运作业是指用一种设备握持工件,将其从一个加工位置移动到另一个加工位置。搬运机器人可安装不同的末端执行器以完成各种不同形状和状态的工件搬运工作,大大减轻了人类繁重的体力劳动。搬运机器人广泛应用于机床上下料、冲压机自动化生产线、自动装配流水线、码垛、集装箱等自动搬运。

图1-6　工业机器人焊接

图1-7　工业机器人搬运

(3)喷涂

喷涂机器人又称为喷漆机器人,是可进行自动喷漆或喷涂其他涂料的工业机器人,喷涂机器人多采用5或6自由度关节式结构,手臂有较大的运动空间,并可做复杂的轨迹运动,喷涂机器人一般采用液压驱动,具有动作快、防爆性能好等特点。喷涂机器人广泛应用于汽车、仪表、电器等工业生产。如图1-8所示为机器人进行汽车外表喷涂。

(4)装配

装配机器人是柔性自动化装配系统的核心,有些装配机器人应用激光、视觉、力觉等传感器,实现自动化生产线上物体的自动定位以及精密装配作业。装配机器人主要用于各种电器制造(包括家用电器,如电视机、录音机、洗衣机、电冰箱、吸尘器)、小型电机、汽车及其部件、计算机、玩具、机电产品及其组件的装配等方面。如图1-9所示为机器人进行装配作业。

图1-8　工业机器人汽车喷漆

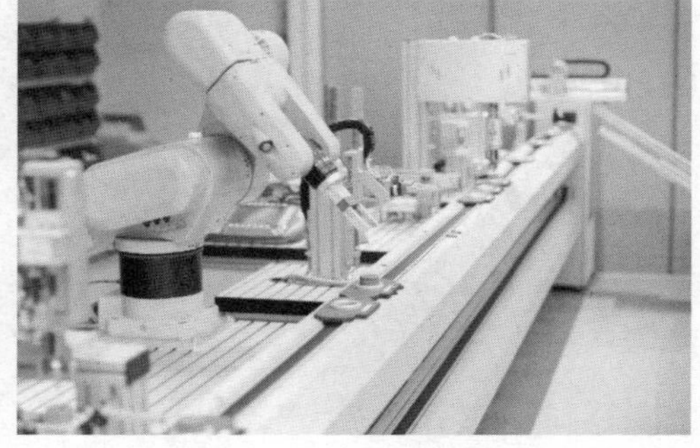

图1-9　工业机器人装配

1.3.2　常用ABB工业机器人及分类

IRB型机器人是著名的瑞典机器人生产厂商ABB公司的产品,IRB指ABB标准系列机器人。常用型号如表1-1所示。

表1-1　ABB常用型号

型号	工作范围/m	有效载荷/kg	重定位精度/mm	机器人质量/kg
IRB 120	0.58	3	0.01	25
IRB 1200	0.9,0.7	5,7	0.02	52

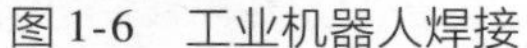

续表

型号	工作范围/m	有效载荷/kg	重定位精度/mm	机器人质量/kg
IRB 140	0.81	6	0.03	98
IRB 1410	1.44	5	0.05	225
IRB 1520ID	1.5	4	0.05	170
IRB 2400	1.55	12,20	0.06	380
IRB 4400	1.95	60	0.19	1 040

(1)四/五/六轴串联工业机器人

串联机器人又称关节式机器人，是目前应用最多和最广泛的工业机器人，其负载能力为3～500 kg。这种形式的工业机器人结构紧凑、灵活性大、占地面积小，能和其他工业机器人协调工作，但存在平衡问题，位置精度较低。

(2)三角式并联机器人

并联机器人有三轴和四轴两种，负载能力为1～8 kg。并联机器人采用典型的空间三自由度并联结构，整体结构精密、紧凑，驱动部分均布于固定平台，具有承载能力强、刚度大、自重负荷比小、动态性能好等优点。并联机器人非常适合生产线上的拾放动作，广泛应用于食品、药品、日化、电子等行业的抓取、列整、贴标的工作中，图1-10为ABB并联机器人。

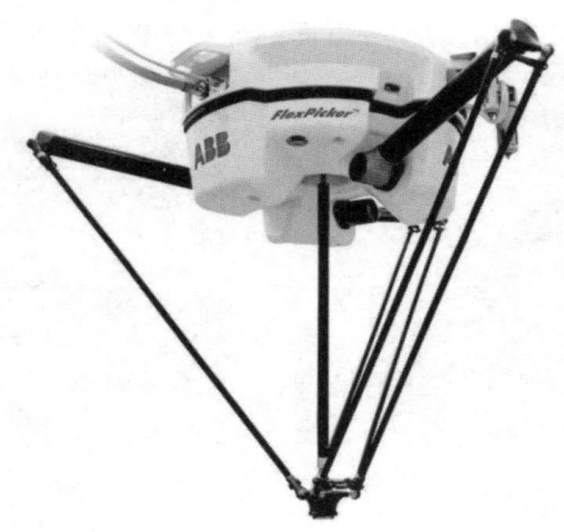

图1-10　ABB并联机器人

工业机器人的技术参数是指各工业机器人制造商在产品供货时所提供的技术数据，也是工业机器人性能的体现。

1.3.3　IRB 120机器人技术参数

如图1-11所示，IRB 120是ABB推出的一款多用途工业机器人——紧凑、敏捷、轻量的六轴机器人，其自重仅为25 kg、荷重3千克(垂直腕为4 kg)、工作范围达580 mm，如图1-12所示。IRB 120继承了IRB系列机器人的所有功能和技术，为缩减机器人工作站占地面积创造了良好条件。紧凑的机型结合轻量化设计，成就了IRB 120卓越的经济性和可靠性。IRB 120

的最大工作行程为 411 mm，底座下方拾取距离为 112 mm。IRB 120 技术参数见表 1-2。

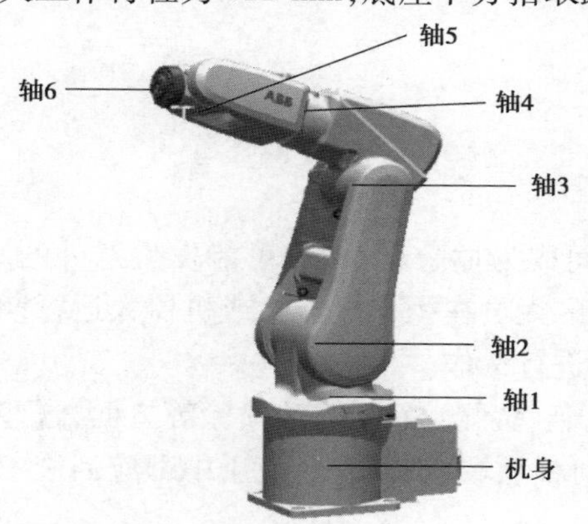

图 1-11　IRB 120 工业机器人

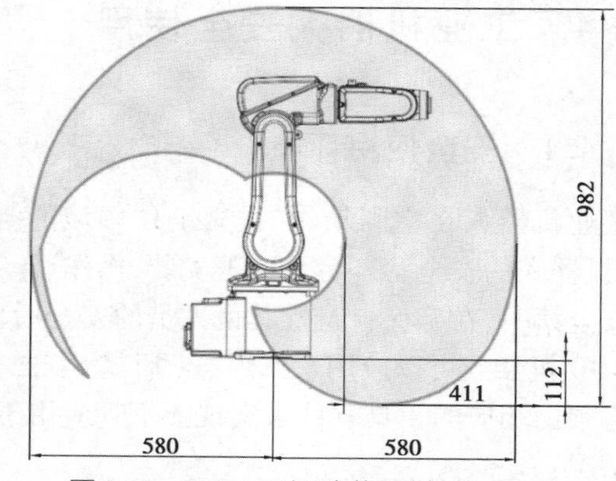

图 1-12　IRB 120 运动范围（单位：mm）

表 1-2　IRB 120 技术参数

项目			规格
机械结构			立式关节型机器人
自由度数			6
承载能力			3 kg
重复定位精度			0.01 mm
本体质量			25 kg
安装方式			任意角度
电源容量			1.5 kV · A
底座尺寸			180 mm × 180 mm
高度			700 mm
工作范围	腰部转动	轴 1	330°（－165° ～ ＋165°）
	肩部转动	轴 2	220°（－110° ～ ＋110°）
	肘部转动	轴 3	160°（－90° ～ ＋70°）
	手腕偏转	轴 4	320°（－160° ～ ＋160°）
	手腕俯仰	轴 5	240°（－120° ～ ＋120°）
	手腕翻转	轴 6	800°（－400° ～ ＋400°）
最大速度	腰部转动	轴 1	4.36 rad/s（250°/s）
	肩部转动	轴 2	4.36 rad/s（250°/s）
	肘部转动	轴 3	4.36 rad/s（250°/s）
	手腕偏转	轴 4	5.58 rad/s（320°/s）
	手腕俯仰	轴 5	5.58 rad/s（320°/s）
	手腕翻转	轴 6	7.33 rad/s（420°/s）

任务4 工业机器人安全使用

1.4.1 安全使用环境

工业机器人在空间动作时,其动作领域的空间成为危险场所,有可能发生意外的事故。因此,机器人的安全管理者及从事安装、操作、保养的人员在操作机器人或机器人运行期间要保证安全第一,在确保自身及其他人员的安全后再进行操作。

ABB 机器人可以应用于弧焊、点焊、搬运、去毛刺、装配、激光焊接、喷涂等方面,这些应用功能必须由相应的工具软件来实现。不管应用于何种领域,机器人在使用中都应当避免出现以下情况:

①处于有燃烧可能的环境。

②处于有爆炸可能的环境。

③处于无线电干扰的环境。

④处于水中或其他液体中。

⑤以运送人或动物为目的。

⑥工作人员攀爬在机器人上面或悬垂于机器人之下。

⑦其他与 ABB 推荐的安装和使用环境不一致的情况。

若将机器人应用于不当的环境中,可能会导致机器人的损坏,甚至还可能会对操作人员和现场其他人员的生命财产安全造成严重威胁。

有些国家已经颁布了工业机器人安全法规和相应的操作规程,只有经过专门培训的人员才能操作使用工业机器人。机器人的生产厂家在用户使用手册中提供了设备的使用注意事项。操作人员在使用机器人时需要注意以下事项,此事项也可作为其他工业机器人安全操作使用的参考:

①避免在工业机器人工作场所周围做出危险行为,接触机器人或周边机械有可能造成人员伤害。

②在工厂内,为了确保安全,请严格遵守“严禁烟火”“高电压”“危险”“无关人员禁止入内”此类标示。火灾、触电、接触有可能发生人员伤害。当电气设备起火时,使用二氧化碳灭火器,切勿使用水或泡沫。

③作为防止危险发生的手段,着装也请遵守以下事项:

- 请穿工作服;
- 操作工业机器人时,请不要戴手套;
- 内衣、衬衫、领带不要露在工作服外面;
- 不要佩戴特大耳环、挂饰等;
- 必须穿好安全鞋、戴好安全帽等;
- 不合适的衣服有可能导致人员伤害。

④工业机器人安装的场所除操作人员以外“不许靠近”“不能靠近”,并严格遵守。

⑤和机器人控制柜、操作盘、工件及其他的夹具等接触,有可能发生人员伤害。

⑥不要强制扳动、悬吊、骑坐在机器人上,以免发生人员伤害或者设备损坏。

⑦绝对不要倚靠在工业机器人或其他控制柜上，不要随意按动开关或者按钮，否则易发生意想不到的动作，造成人员伤害或者设备损坏。

⑧通电中，禁止未受培训的人员接触机器人控制柜和示教编程器。机器人会发生意想不到的动作，有可能导致人员伤害或者设备损坏。

1.4.2 安全操作规范

在进行工业机器人操作时需穿戴适合于作业内容的工作服、安全鞋、安全帽等，如图1-13所示。在工业机器人自动运行过程中应和机器人保持安全距离，尽量在黄色标示线外观察机器人的运行情况，同时应具备以下安全意识：

- 必须知道机器人控制器和外围控制设备上的紧急停止按钮的位置，在紧急情况下按下这些按钮，如图1-14所示。

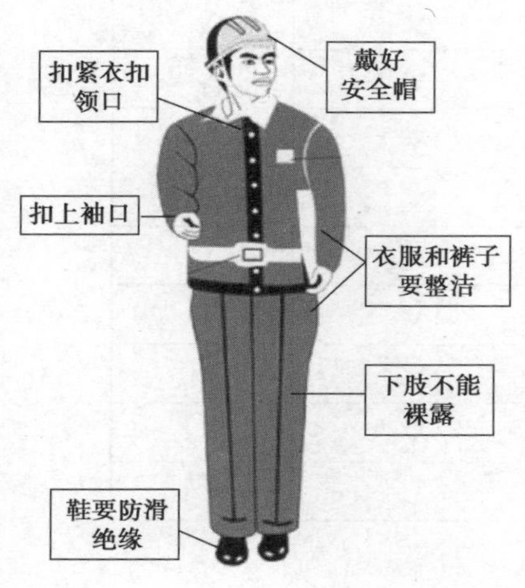

图1-13　工作服穿戴要求

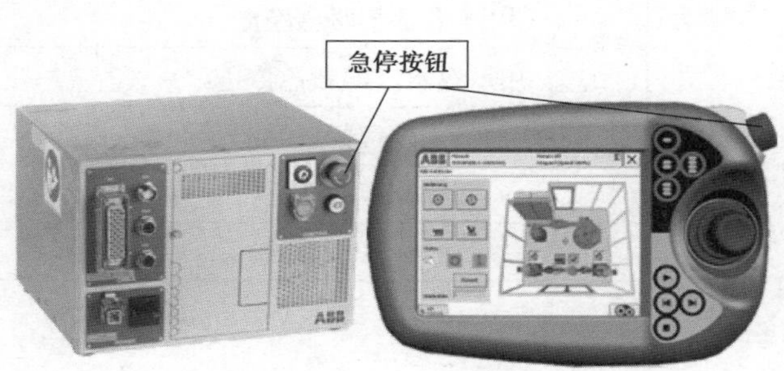

图1-14　急停按钮

- 在运行机器人之前，确认机器人的外围设备没有异常或危险状况。
- 在机器人工作区域编程示教时，设置相应看守人员，保证机器人在紧急情况下能迅速停止。
- 示教和点动机器人时不要戴手套操作，点动机器人时要尽量采用低速操作，遇到异常情况时可有效控制机器人停止。
- 永远不要认为机器人处于不动状态时就已经停止，很有可能是在等待让它继续运动的输入信号。

作业人员分为三类：操作人员、编程人员、维护技术人员。

操作人员：能对机器人电源进行ON/OFF操作；能从控制柜操作面板启动机器人程序。

编程人员：能进行机器人的操作；在安全栅栏内进行机器人的示教；外围设备的调试等。

维护技术人员：可以进行机器人的操作；在安全栅栏内进行机器人的示教；外围设备的调试；进行机器人的维护（修理、调整、更换）作业等。

操作人员不能在安全栅栏内作业，编程人员、示教人员和维护技术员可以在安全栅栏内进行移机、设置、示教、调整、维护等工作。表1-3列出了在安全栅栏外的各种作业，符号“√”

表示该作业可以由相应人员完成。

表 1-3　安全栅栏外的作业列表

操作内容	操作员	编程/示教人员	维护人员
打开/关闭控制柜电源	√	√	√
选择操作模式(AUTO、T1、T2)		√	√
选择 Remote/Local 模式		√	√
用示教器(TP)选择机器人程序		√	√
用外部设备选择机器人程序		√	√
在操作面板上启动机器人程序	√	√	√
用示教器(TP)启动机器人程序		√	√
用操作面板复位报警		√	√
用示教器(TP)复位报警		√	√
在示教器(TP)上设置数据	√	√	
用示教器(TP)示教	√	√	
用操作面板紧急停止		√	√
用示教器(TP)紧急停止		√	√
打开安全门紧急停止		√	√
操作面板的维护		√	
示教器(TP)的维护			√

1.4.3　安全注意事项

机器人速度慢,但是很重并且力度很大,运动中的停顿或停止都会产生危险。即使可以预测运动轨迹,但外部信号有可能改变操作,机器人会在没有任何警告的情况下,产生料想不到的运动。因此,在进入机器人工作区域前请确保所有安全守则都被严格执行。

本节介绍了机器人系统用户需要遵循的一些最基本的条例。不过,也不可能面面俱到,在实际操作中,应具体情况具体分析。

(1)自身安全注意事项

①当进入工作空间时,请准备好示教器,以便随时控制机器人。

②注意旋转或运动的工具,例如切削工具和锯。确保在接近机器人之前,这些工具已经停止运动。

③注意工件和机器人系统的高温表面,机器人电机长期运转后温度很高。

④注意夹具并确保夹好工件,如果夹具打开,工件会脱落并导致人员伤害或设备损坏。夹具非常有力,如果不按照正确方法操作,也会导致人员伤害。

⑤注意液压、气压系统以及带电部件。即使断电,这些电路上的残余电量也很危险。

(2)示教器使用注意事项

①小心搬运。切勿摔打、抛掷或用力撞击示教器,这样会导致破损或故障。

②如果示教器受到撞击,始终要验证并确认其安全功能(使动装置和紧急停止)工作正常且未损坏。

③设备不使用时,请将其置放于立式壁架上存放,防止意外脱落。

④使用和存放示教器时始终要确保电缆不会将人绊倒。

⑤切勿使用锋利的物体(例如螺丝刀或笔尖)操作触摸屏。

项目 2

工业机器人基本操作

任务 1 工业机器人开机启动

2.1.1 基本安装与连接

(1)安装方式

机器人的安装方式根据机器人型号特点的情况而定,例如 IRB 120 机器人可支持任意角度的安装,但随着安装角度的改变,相应的重力参数(Gravity)也需要做出改变。如果重力参数定义错误或在机器人未使用地面安装方式安装且未改变重力参数的情况下通常会导致机械结构过载、路径性能和路径精准度较低及影响载荷的计算等严重错误。

重力参数分为 Gravity Alpha 和 Gravity Beta,两者的异同点如表 2-1 所示。

表 2-1 重力参数 Gravity Alpha 和 Gravity Beta 的异同点

名称	Gravity Alpha	Gravity Beta
差异点	沿 X 轴的正旋	沿 Y 轴的正旋
相同点	1. 都是基于坐标系 2. 单位都是弧度,取值范围(-6.283 186 ~6.283 186) 3. 默认值都为 0(即地面安装方式下)	

如果以其他任何角度安装机器人,则必须更新参数 Gravity Beta 计算方法。参数 Gravity Beta 指定机器人的安装角度,以弧度表示。按照以下方式进行计算:

$$\text{Gravity Beta} = 45° \times 3.141\ 593/180 = 0.785\ 398 \text{ 弧度}$$

例:如图 2-1 所示,机器人以四种常见方式安装其重力参数值 Gravity Beta,如表 2-2 所示。

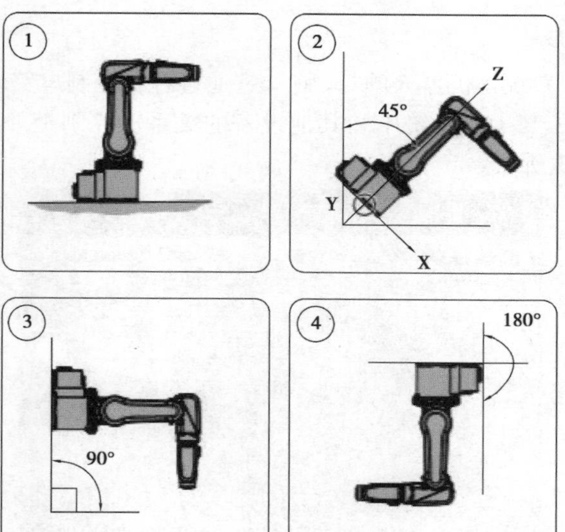

图 2-1 机器人安装方式

表 2-2 机器人安装角度和参数值

位置示例	安装角度	Gravity Beta
地面	0°	0.000 000(默认值)
倾斜	45°	0.785 398
墙壁	90°	1.570 796
悬挂	180°	3.141 593

(2)IRB 120 **本体接口**

IRB 120 机器人的基座和四轴上方包含相关接口如图 2-2 所示,其中基座上包含动力电缆接口、编码器电缆接口、4 路集成气源接口和集成信号源接口。四轴上的接口是基座上信号源接口和气源接口的分支接口,机器人内部安装相关线路和气路实现基座与四轴的集成信号与气路相通。

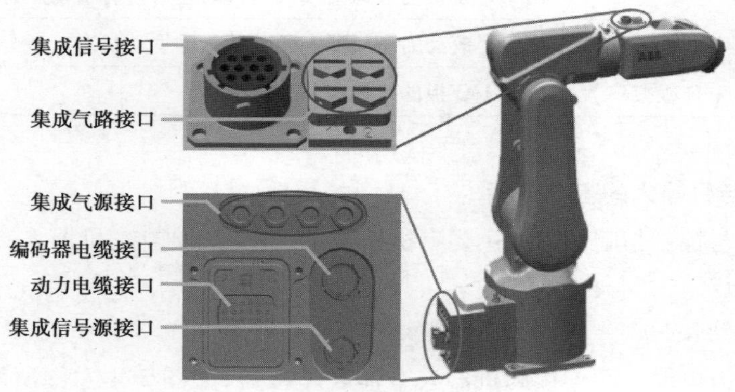

图 2-2 IRB 120 本体接口

(3)控制器基本组成

工业机器人的控制系统是机器人的“大脑”，它通过各种控制电路硬件和软件的结合来操纵机器人，并协调机器人与生产系统中和其他设备的关系。控制柜外部接口和按钮如图 2-3 所示，相关说明如表 2-3 所示。

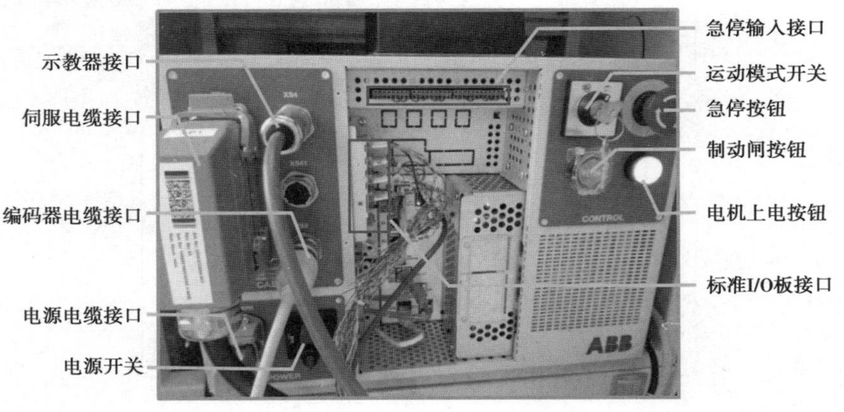

图 2-3　IRC 5 紧凑型控制柜组成

表 2-3　控制柜说明

序号	部件名称	功能描述
1	示教器接口	用于连接机器人示教器的接口
2	伺服电缆接口	用于连接机器人与控制器动力线的接口
3	编码器电缆接口	与机器人本体连接的接口，用于控制柜与机器人本体间的数据交换
4	电源电缆接口	给机器人各轴运动提供电源
5	电源开关	用于关闭或启动机器人控制器
6	急停输入接口	用于连接机器人的急停控制，其中，ES 是紧急停止，AS 是自动模式急停，GS 是常规模式停止
7	急停按钮	紧急情况下，按下急停按钮可停止机器人动作
8	上电/复位按钮	用于从紧急停止状态恢复到正常状态
9	自动/手动模式	用于切换机器人运动模式是自动运行或者手动运行
10	制动闸按钮	用于释放动力使机器人各轴处于可手动状态
11	标准 I/O 板接口	标准 I/O 板的接线端子

(4)控制器与机器人的基本连接

机器人本体与控制柜间的连接主要有机器人动力电缆的连接、机器人 SMB 电缆的连接、主电源电缆的连接。

1)动力电缆连接

将机器人动力电缆一端连接到机器人本体底座接口，如图 2-4 左图所示，动力电缆另一端连接到控制柜上对应的接口，如图 2-4 右图所示。

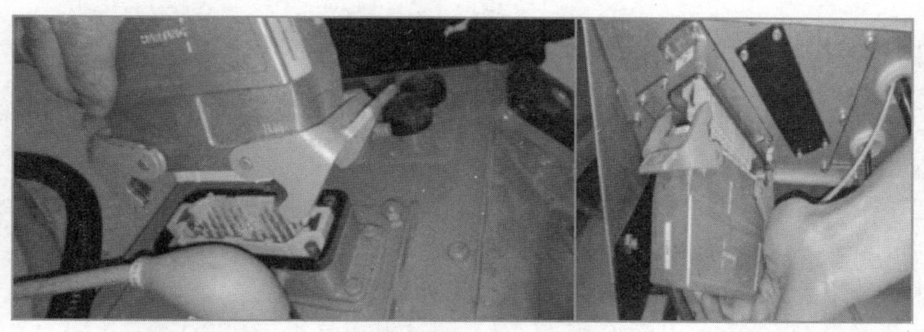

图2-4　动力电缆连接至控制柜与机器人本体

2)编码器电缆连接

将机器人编码器连接电缆(SMB)一端连接到机器人本体底座接口,如图2-5左图所示,电缆的另一端连接到控制柜对应接口上,如图2-5右图所示。

图2-5　编码器电缆连接至控制柜与机器人本体

3)主电源电缆的连接

在控制柜门内侧,贴有一张主电源连接指引图。可根据指引图连接,根据控制柜的不同所使用的电源也有所不同,IRC5紧凑型控制柜使用电压为交流220 V即可。

主电源的连接操作如下:

①将主电源电缆从控制柜下方接口穿入,如图2-6左图所示。

②主电源电缆中的地线接入控制柜上的接地点PE处,如图2-6右图所示。

图2-6　主电源电缆连接

2.1.2 检查并开机启动

检查控制器各个接口是否连接正确,示教器电缆与示教器相连,动力电缆、编码器电缆与工业机器人相连,电源电缆与 AC220 V/50 Hz 电源相连。

硬件连接无误后,使用万用表测量线路是否存在短路情况。将万用表调到通断挡,然后用两支笔分别接触 24 V 和 0 V 线,如果万用表发出声音,则说明短路,没有声音则说明线路正常。

上电测试如下:

①总电源供电,总的空气开关合闸,万用表测试电压是否为 220 V;

②在控制柜上旋转电源开关开启电源,电源指示灯亮,万用表检测交流接触器是否输出 220 V,观察各元件是否工作;

③再将电源开关旋转到关闭位置,查看电源是否关闭,电源指示灯灭。

检测完毕后,确保整个线路能够正常投入运行。

检查工作完毕后,闭合电源空气开关使设备上电,然后将控制器的电源开关旋转到开启。等待示教器出现选项界面完成后便可进行相关操作。

任务 2 示教器认识及初始设置

示教器实际是以微处理器为核心的手持操作单元,它用电缆与控制装置相连,一般采用串行通信方法。示教器面板有数字显示字符和许多按键,以便操作者移动机器人手臂或输入各种功能、数据时观察和使用,手持操作时与使用电视遥控器类似。

2.2.1 示教器结构认识

示教器的外部结构如图 2-7 所示,示教器由显示屏、急停按钮、控制杆、USB 端口、使动装置、重置按钮、触摸笔 7 个部分组成。其中控制杆用于操纵机器人运动,使动装置也叫使能器,用于控制电机的开启和防护装置停止。

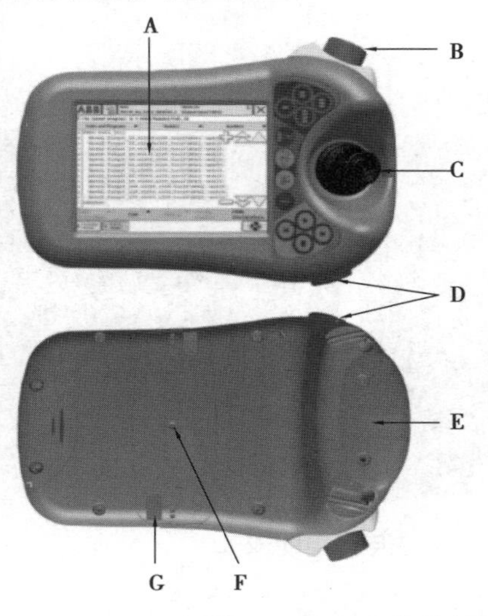

图 2-7 示教器的外部结构

2.2.2　示教器按键及界面介绍

(1)示教器按键

示教器按键的作用如图2-8所示,按键分为三大模块,第一个模块为预设按钮模块,用于用户根据需求定义预设按钮;第二个模块是手动操纵模块,含有选择机械单元、运动模式切换、增量切换4个按钮用于手动操纵的快捷操作;第三个模块是程序模块,含有开始、暂停、向前、向后退一步四个程序按钮用于程序运行或调试时的控制。

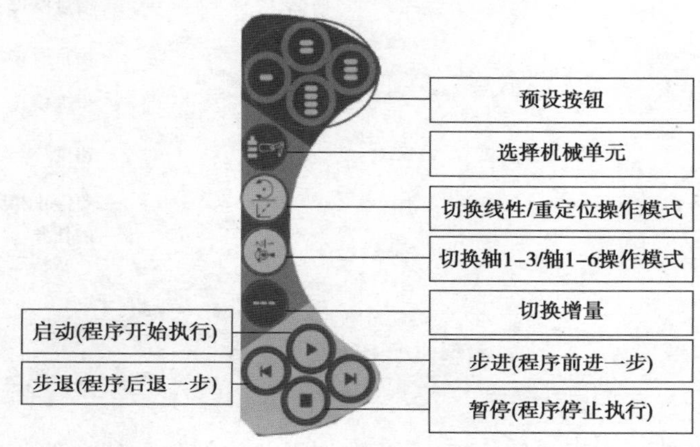

图2-8　ABB示教器快捷键

(2)示教器显示界面

1)整体界面布局

ABB机器人示教器的操作界面包含了机器人参数设置、机器人编程及系统相关设置等功能。比较常用的选项包括输入输出、手动操纵、程序编辑器、程序数据、校准和控制面板。操作界面上是状态栏,在状态栏中显示系统名称、机器人运动模式、电机的开启状态和速度等,如图2-9所示。

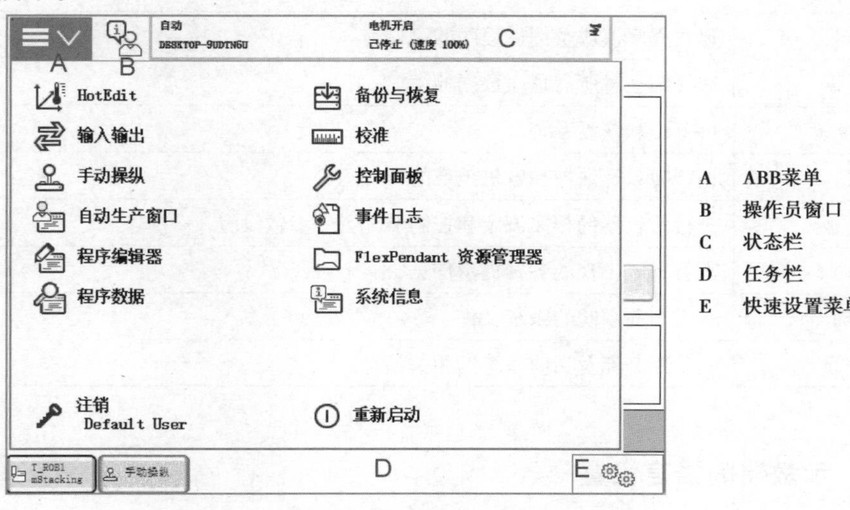

图2-9　ABB示教器显示界面

2）快速设置菜单

在示教器触摸屏的右下角有手动操纵的快捷菜单，单击右下角的快捷菜单按钮，弹出如图2-10所示的菜单栏。菜单栏一共有6个选项，主要用于手动操纵的快捷操作，如切换工具数据、切换运动方式、改变运行模式、调节速度等常用选项。

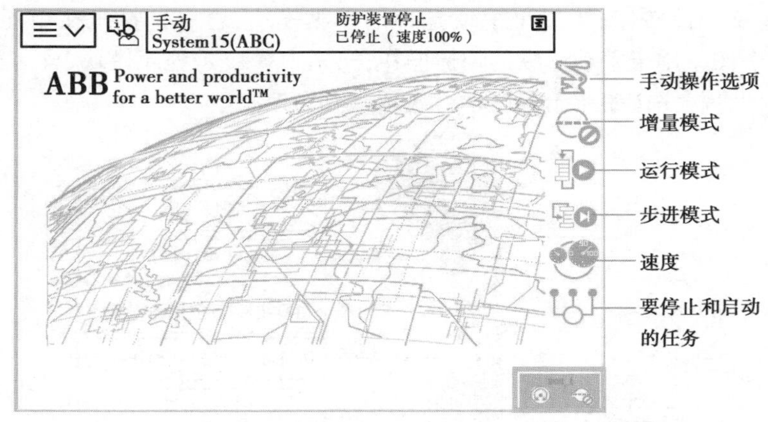

图2-10　快速设置菜单

3）界面选项

界面选项是示教器的主要功能体现，也是功能最全的部分。其中手动操纵、输入输出、程序编辑器、程序数据等是常用选项。相关选项说明如表2-4所示。

表2-4　界面选项说明

选项名称	说明
HotEdit	程序模块下轨迹点位置的补偿设置窗口
输入输出	设置及查看I/O视图窗口
手动操纵	动作模式设置、坐标系选择、操纵杆锁定及载荷属性的更改窗口
自动生产窗口	在自动模式下，可直接调试程序并运行
程序编辑器	建立程序模块及例行程序的窗口
程序数据	选择编程时所需程序数据的窗口
备份与恢复	可备份和恢复系统
校准	进行转数计数器和电机校准的窗口
控制面板	进行示教器的相关设定和控制器配置等参数设置
事件日志	查看系统出现的各种提示信息
资源管理器	查看当前系统的系统文件
系统信息	查看控制器及当前系统的相关信息

2.2.3　示教器的语言设置

示教器出厂时的默认语言是英文，掌握示教器的语言设置是使用示教器的关键。

①首先点开ABB的菜单栏，在“Control Panel”中选择“Lanauage”，如图2-11所示。

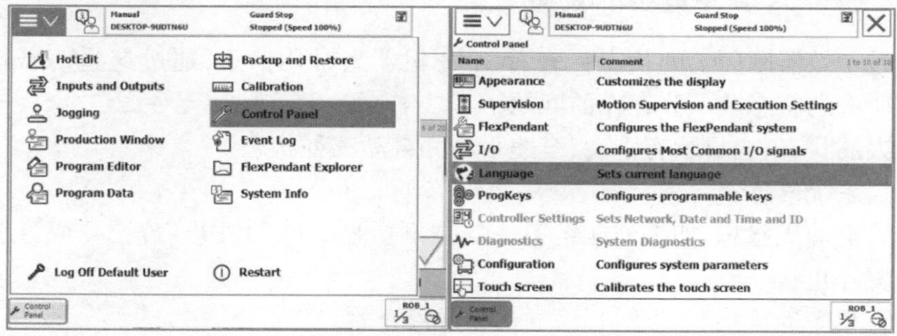

图2-11　语言选择

②在弹出的窗口中选择“Chinese”，单击“OK”后选择“YES”重启，重启完成后相关界面就会更改成中文，如图2-12所示。

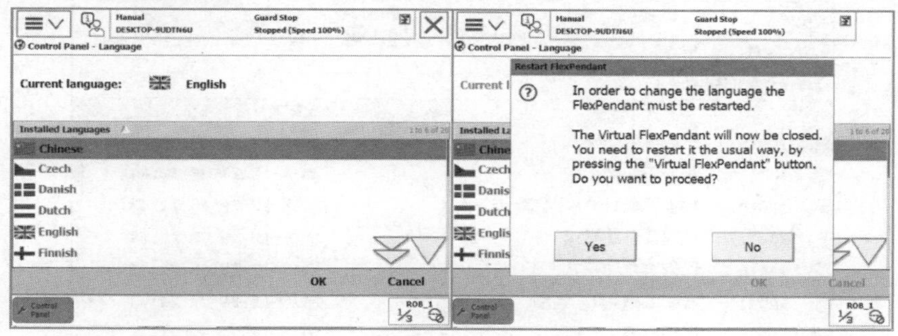

图2-12　设置中文语言

2.2.4　设定机器人系统时间

为了方便进行文件的管理和故障的查阅与管理，在进行各种操作之前要将机器人系统的时间设定为本地时区的时间，步骤如下：

①单击示教器左上角的主菜单按钮，选择“控制面板”。

②在控制面板的选项中选择“日期和时间”，进行时间和日期的修改，如图2-13所示。

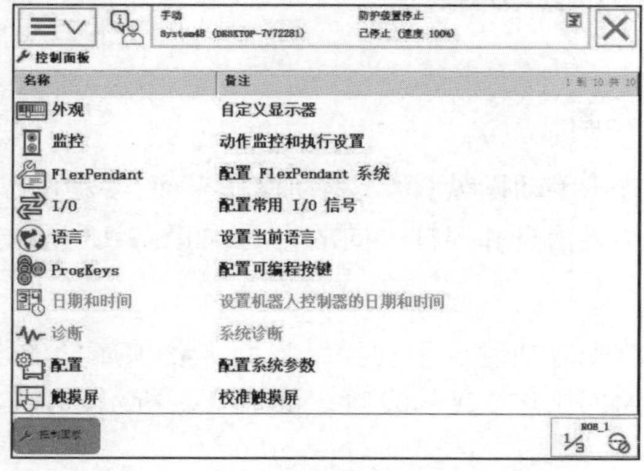

图2-13　进行时间与日期的修改

2.2.5 机器人事件日志的查看

可以通过示教器画面上的状态栏查看 ABB 机器人常用信息，通过这些信息就可以了解机器人当前所处的状态及一些存在的问题：

- 机器人的状态，会显示有手动、全速手动和自动三种状态；
- 机器人系统信息；
- 机器人电动机状态，如果使能键第一挡按下会显示电动机开启，松开或第二挡按下会显示防护装置停止；
- 机器人程序运行状态，显示程序的运行或停止；
- 当前机器人或外轴的使用状态。

在示教器的操作界面上单击状态栏，就可以查看机器人的事件日志。如图 2-14 所示，会显示操作机器人的事件记录，包括时间日期等，以方便为分析相关事件提供准确的时间。

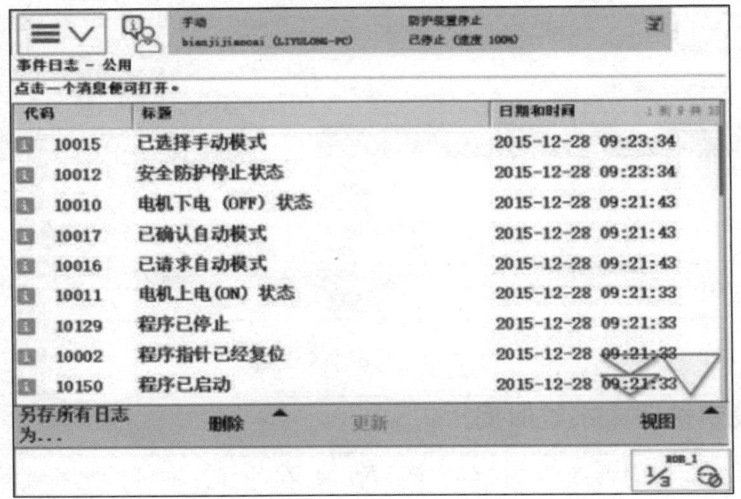

图 2-14 查看事件日志

任务 3 工业机器人手动操纵

2.3.1 手动操作界面

单击 ABB 主菜单，选择【手动操纵】进入手动操作界面，手动操纵界面下可进行手动操纵机器人的各项参数设置、位置信息和摇杆方向的查看，如图 2-15 所示。

(1) 手动操纵属性

在进行手动操纵前，首先应当确认手动操纵界面下各项属性的设置，以明确手动操纵的对象、动作模式、坐标系的使用等参数的设置。如表 2-5 所示，对各项参数及说明做了简单介绍。

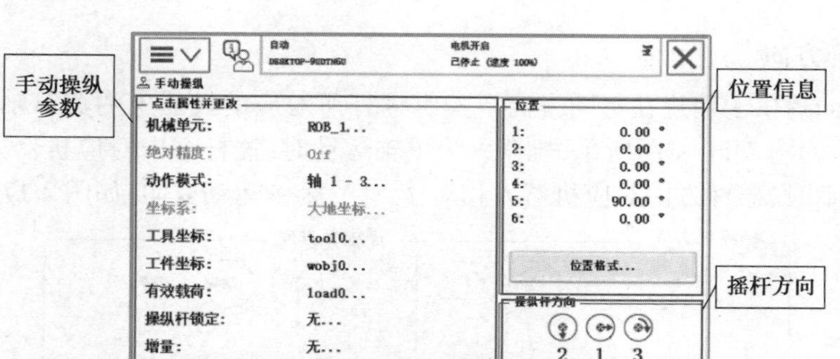

图 2-15　手动操纵界面

表 2-5　手动操纵属性说明

属性	说明
机械单元	当出现多台机器人或有机械装置时进行机械装置的选择,默认为"ROB_1"
动作模式	分为单轴、线性、重定位运动,其中轴 1-3、轴 4-6 属性单轴运动
坐标系	机器人运动参考坐标系,仅在线性运动和重定位运动下有效
工具坐标	选择或定义机器人所使用的工具坐标数据
工件坐标	选择或定义机器人所使用的工件坐标数据
有效载荷	选择或定义机器人当前使用的有效载荷数据
操作杆锁定	可进行操作杆特定方向的锁定,组织机器人在此方向上的运动(可多项选择)
增量	增量模式下适用机器人的微调,机器人移动缓慢

(2)位置

机器人手动操纵过程当中,机器人的关节轴度数和工具的中心点相对于坐标系下的位置信息是不断变化的,我们可通过此窗口查看机器人的运动位置情况。位置信息的程序方式为两种,分别适用于不同运动模式,当运动模式为单轴运动即轴 1-3 和轴 4-6 运动时,位置信息以机器人各关节轴度数方式呈现,如图 2-16 左图所示,当运动模式为线性运动或重定位运动时,位置信息以欧拉角或四元数的方式呈现,如图 2-16 右图所示。位置的显示方式、方向、角度、单位可在位置格式中选择。

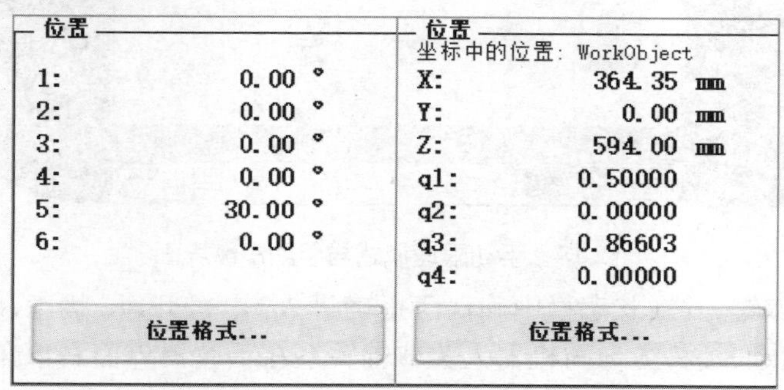

图 2-16　位置信息

(3)操纵杆方向

操纵杆方向提供了用户在不同方向下操纵摇杆所对应的机器人的关节轴数和机器人运动方向的参考，如图2-17左图所示，机器人为单轴运动时，摇杆方向对应机器人的关节轴，机器人为线性运动时，摇杆方向对应机器人相对于X、Y、Z的运动方向，如图2-17右图所示。

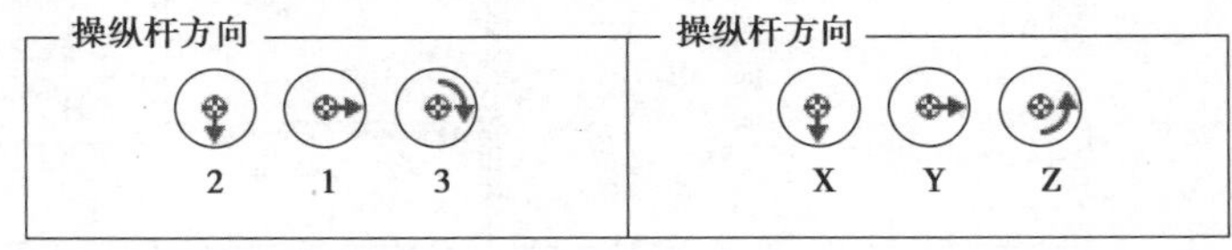

图2-17　操纵杆方向

2.3.2　手动操作机器人

(1)单轴运动

一般地，ABB机器人是6个伺服轴电动机分别驱动机器人的6个关节轴，每次手动操作一个关节轴的运动，就称为单轴运动。

单轴运动时每一个轴可以单独运动，所以在一些特别的场合可使用单轴运动来操作。比如，在进行转数计数器更新时可以用单轴运动的操作，还有机器人出现机械限位和软件限位，也就是超出移动范围而停止时，可以利用单轴运动的手动操作，将机器人移动到合适的位置，单轴运动在进行粗略的定位和比较大幅度的移动时，相比其他的手动操作模式会方便快捷很多。

手动操作单轴运动的方法如下：

①将机器人控制柜上的机器人状态钥匙切换到中间的手动限速状态，如图2-18所示，并在示教器状态栏中确认机器人的状态已经切换为手动，机器人当前为手动状态。

②在示教器的手动操作按键中按下关节运动按键进行1/3、4/6轴运动的切换，在显示屏的右下角确定状态如图2-18右图所示。或打开示教器的主页面，选择【手动操纵】单击【动作模式】，进入后选择轴1-3或轴4-6。

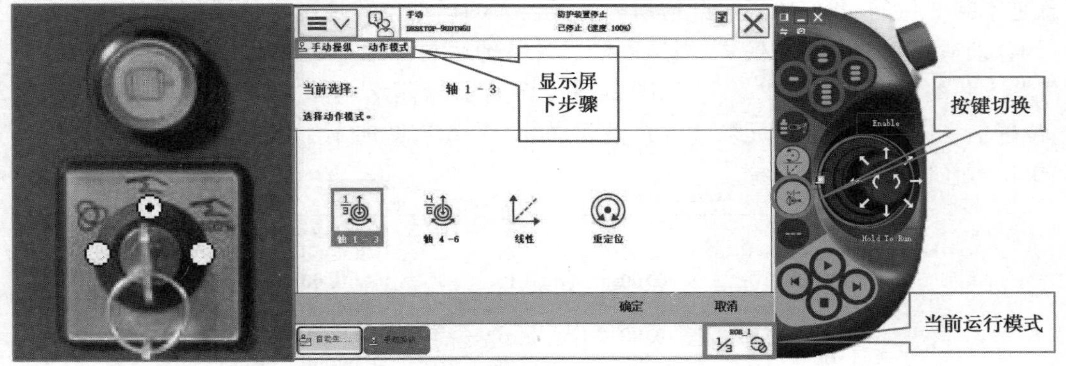

图2-18　手动限速模式与手动操纵界面

③按下使能器按键，并在状态栏中确认已正确进入“电机开启”状态，手动操纵机器人控制手柄，完成单轴运动，摇杆方向与机器人关节轴关系在示教器界面右下角操纵杆方向显示，或查看表2-6。

表 2-6　摇杆方向与单轴运动关系说明

控制摇杆	控制杆方向	轴 1-3 模式	轴 4-6 模式
		一轴	四轴
		二轴	五轴
		三轴	六轴
		一二轴联动	四五轴联动
		一二轴联动	四五轴联动

(2) 线性运动

机器人的线性运动是指安装在机器人第六轴法兰盘上的工具 TCP 在空间中沿某个坐标系的 X、Y、Z 轴作线性运动，移动幅度较小，适合较为精确的定位和移动。以下为手动操作线性运动的方法：

①同关节运动手动操作方法一致，在示教器的手动操作按键中按下线性运动按键进行线性运动和重定位运动的切换，在显示屏的右下角确定状态。或打开示教器的主页面，选择【手动操纵】，单击【动作模式】，进入后选择线性运动和重定位运动，如图 2-19 所示。

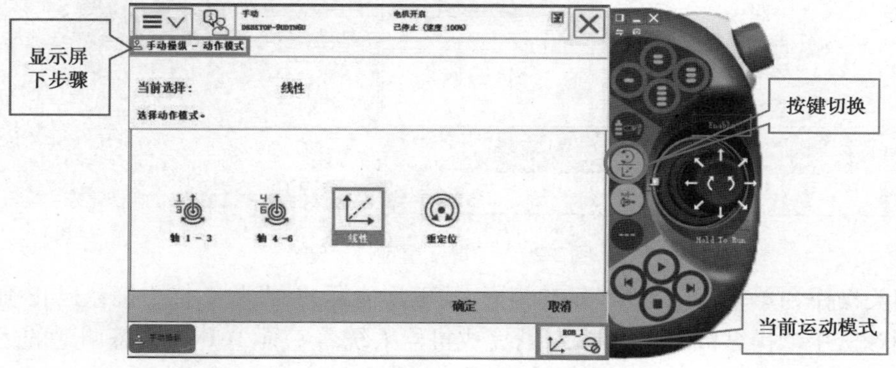

图 2-19　运动模式切换

②切换线性运动模式完成后，确定控制器的模式开关打到手动模式，按下使能器，并在状态栏中确认已正确进入“电机开启”状态，手动操作摇杆观察机器人运动情况。相关线性运动下操纵摇杆的机器人动作说明如表 2-7 所示。

(3) 重定位运动

机器人的重定位运动是指机器人第六轴法兰盘上的工具 TCP 点在空间绕着坐标轴旋转的运动，也可以理解为机器人绕着工具 TCP 点做姿态调整的运动，具体的操作方法如下：

①重定位运动时在手动操纵界面下确定当前的工具坐标，所选择的工具坐标不同机器人围绕的对象及运动也会不同。如图 2-20 所示，当前工具坐标为 tool1 即工具中 TCP 点的

位置。

表 2-7 摇杆方向与线性运动关系说明

控制摇杆	控制杆方向	线性运动模式
	← →	左右直线运动
	↑ ↓	前后直线运动
	↺ ↻	上下直线运动
	↗ ↙	斜线运动
	↖ ↘	斜线运动

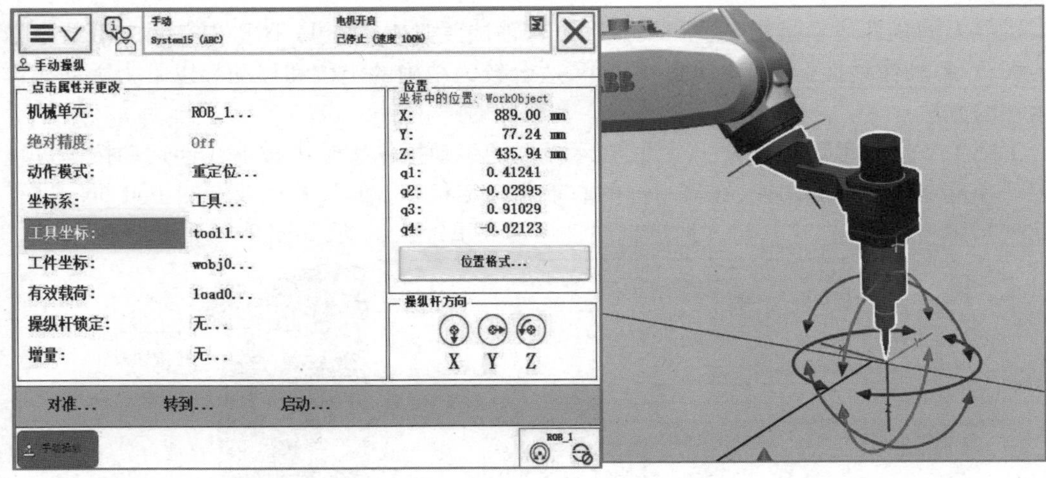

图 2-20 工具及重定位运动

②相关操作和单轴运动、线性运动相同，按下使能器，并在状态栏中确认已正确进入“电机启动”状态，手动操纵机器人控制手柄，完成机器人绕着工具 TCP 作姿态调整的运动，控制杆方向与运动关系如表 2-8 所示。

表 2-8 控制杆方向与重定位运动关系

控制摇杆	控制杆方向	重定位运动模式
	← →	绕 Y 轴旋转运动
	↑ ↓	绕 X 轴旋转运动
	↺ ↻	绕 Z 轴旋转运动

任务4　工业机器人转数计数器更新

2.4.1　转数计数器更新意义

机器人的转数计数器是用来计算电机轴在齿轮箱中的转数，ABB 机器人在出厂时，都有一个固定的值作为每个关节轴的机械原点位置，如果此值丢失，机器人不能执行任何程序。在以下的情况，需要对机械原点的位置进行转数计数器的更新操作：

①更换伺服电动机转数计数器电池后。

②当转数计数器发生故障，修复后。

③转数计数器与测量板之间断开过以后。

④断电后，机器人关节轴发生了移动。

⑤当系统报警提示“10036 转数计数器未更新”时。

2.4.2　转数计数器更新步骤

进行转数计数器更新的操作步骤如下：

①在机器人需更新转数计数器的情况下，机器人只能在手动运行模式下进行单轴运动的操纵，其他动作模式均无法使用，快捷键选择对应的轴动作模式，“轴 4-6”和“轴 1-3”，按照顺序依次将机器人的 6 个轴转到机械原点刻度位置，各关节轴运动的顺序为轴 4-5-6-1-2-3，各轴的机械原点刻度位置如图 2-21 所示，各个型号的机器人机械原点位置会有所不同，具体可以参考 ABB 随机光盘说明书。

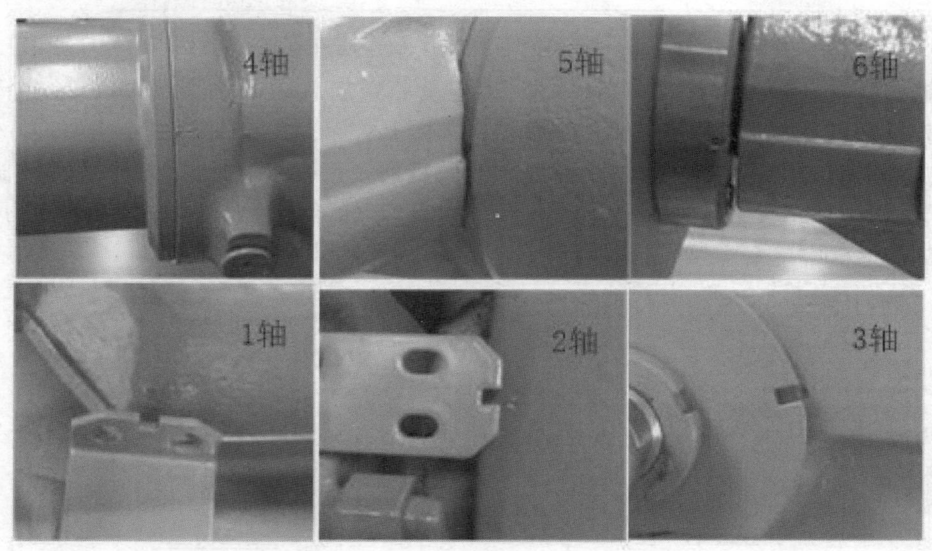

图 2-21　机器人各关节轴零点位置

②在主菜单界面选择“校准”，选择需要校准的机械单元，单击“ROB_1”，如图 2-22 所示。

③在“校准参数”选项卡下单击“编辑电机校准偏移”，并在弹出的对话框中选择“是”选项以便重新进行转数计数器的更新操作。接下来弹出编辑电机校准偏移界面，要对 6 个轴的

偏移参数进行修改，先将机器人本体上电动机校准偏移数值记录下来，参照偏移参数对校准偏移值进行修改，如图2-23所示。

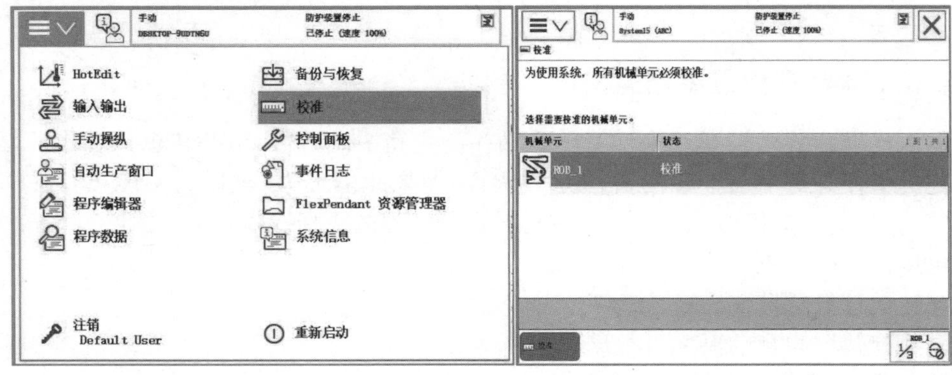

图2-22　校准选择

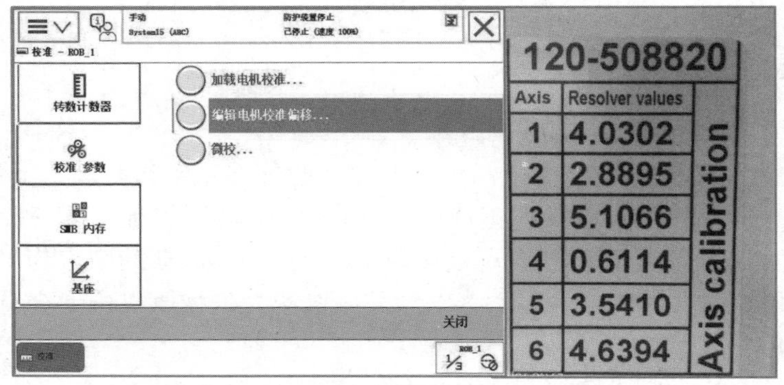

图2-23　编辑电机校准偏移并记录其参数值

④输入所有新的校准偏移值后，单击“确定”，将重新启动示教器，如图2-24左图所示。如果示教器中显示的电机校准偏移值与机器人本体上的标签数值一致，则不需要进行修改。

⑤在弹出的对话框中单击“是”，完成系统的重启。系统重启后，重新进入示教器的“校准”菜单，选择“ROB_1”，选择“转数计数器”下的“更新转数计数器”，如图2-24右图所示，并在弹出的对话框中单击“是”，确定更新。

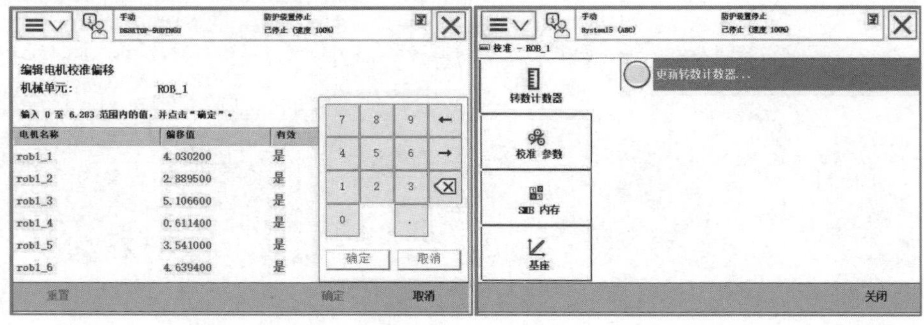

图2-24　输入参数值并更新转数计数器

⑥接下来弹出要更新的轴界面，单击“全选”，然后单击“更新”按钮，在弹出的窗口中单击“更新”，开始进行更新，如图2-25左图所示。等待系统完成更新工作，如图2-25右图所示。

⑦当显示“转数计数器更新已成功完成”时，单击“确定”，转数计数器更新完毕。

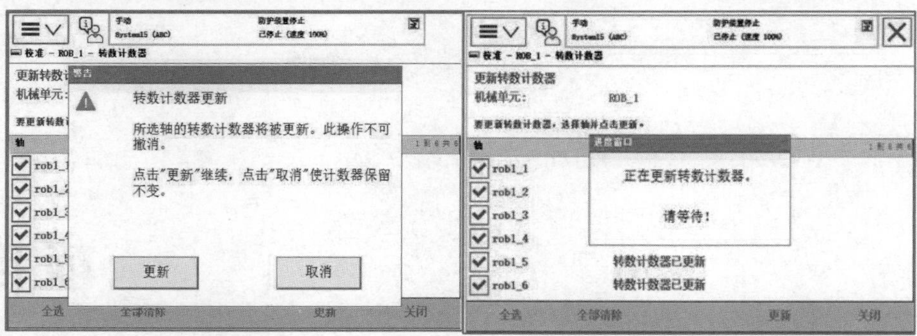

图 2-25　开始更新并等待

项目3

工业机器人基本知识

任务1　工业机器人坐标系设置

3.1.1　坐标系认知

坐标系是质点位置、运动方向等的参照系。在参照系中，为确定空间一点的位置，按照规定方法选取有次序的一组数据。在ABB机器人系统中定义的坐标系有四个，分别为：大地坐标系、基坐标系、工具坐标系、工件坐标系，如图3-1所示。

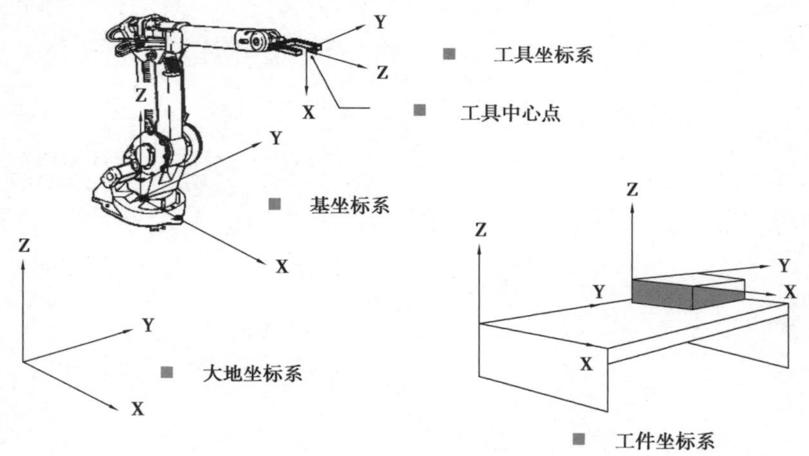

图3-1　ABB机器人系统中的坐标系

①大地坐标系：有助于处理多台机器人或有外轴移动的机器人在某一空间内相对位置的坐标系。

②基坐标系：定义机器人工作空间状态及位置的基础坐标系，依附于机器人底座。

③工具坐标系：定义工具的中心点和方向。

④工件坐标系:定义工件相对于大地坐标系下的位置。

3.1.2　工具坐标系定义

(1)工具坐标系概念

机器人系统对其位置的描述和控制是以机器人的工具 TCP(Tool Center Point)为基准的,默认的 TCP 点位于机器人六轴法兰盘的中心,如图 3-2 左图所示。为机器人所装工具建立工具坐标系,可以将机器人的控制点转移到工具末端,方便手动操纵和编程调试,如图 3-2 右图所示。

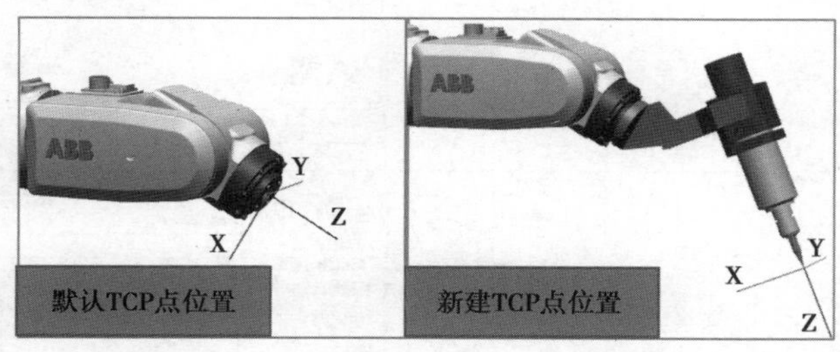

图 3-2　默认 TCP 点与新建 TCP 点

(2)工具坐标系定义原理及方法

1)定义原理

①在机器人工作空间内找一个精确的固定点作为参考点;

②确定工具上的参考点;

③手动操纵机器人,至少用四种不同工具姿态,使机器人工具上的参考点尽可能与固定点刚好接触;

④通过四个位置点的位置数据,机器人可以自动计算出 TCP 的位置,并将 TCP 的位姿数据保存在 tooldate(工具坐标数据)程序数据中被程序调用。

2)定义方法

定义工具坐标系的定义方法有三种,分别是【TCP(默认方向)】【TCP 和 Z】【TCP 和 Z、X】。三种方法的使用场合和区别如表 3-1 所示。

表 3-1　工具坐标系定义方法

定义方法	原点	坐标系方向	应用场合
【TCP(默认方向)】(4 点法)	变化	不变	工具坐标方向与 tool0 方向一致
【TCP 和 Z】(5 点法)	变化	Z 轴方向改变	工具坐标和 tool0 的 Z 轴方向不一致时
【TCP 和 Z、X】(6 点法)	变化	Z 轴和 X 轴方向改变	工具坐标方向需要更改 Z 轴和 X 轴方向时

(3)工具坐标系定义过程

1)新建工具坐标系

定义工具坐标系前需新创建一个工具坐标系,相关操作步骤如表 3-2 所示。

表 3-2 新建工具坐标系操作步骤

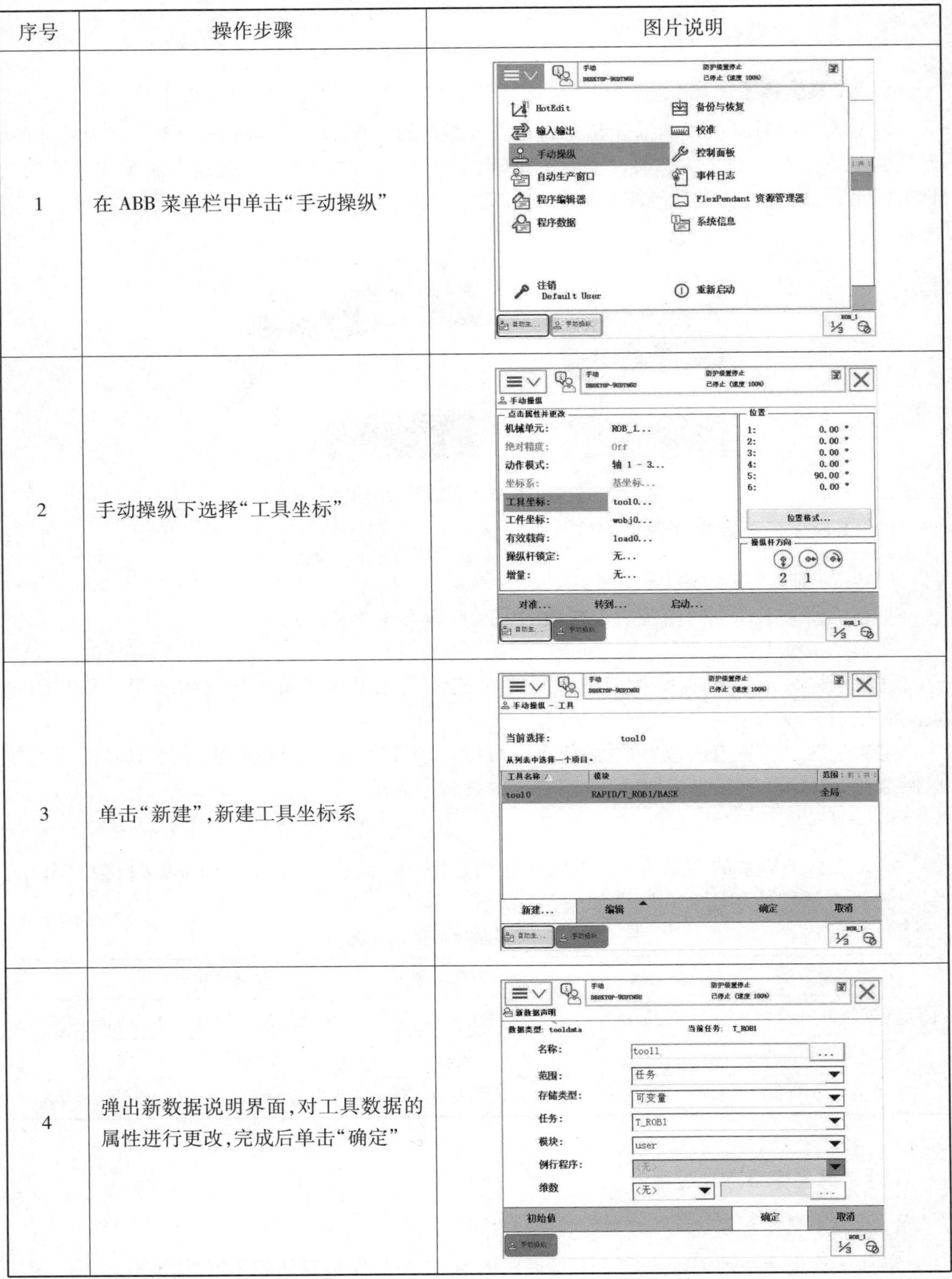

序号	操作步骤	图片说明
1	在 ABB 菜单栏中单击“手动操纵”	
2	手动操纵下选择“工具坐标”	
3	单击“新建”,新建工具坐标系	
4	弹出新数据说明界面,对工具数据的属性进行更改,完成后单击“确定”	

2)TCP 点定义

我们以常用的【TCP 和 Z、X】方法为例介绍定义步骤,如表 3-3 所示。

表 3-3　TCP 点定义操作步骤

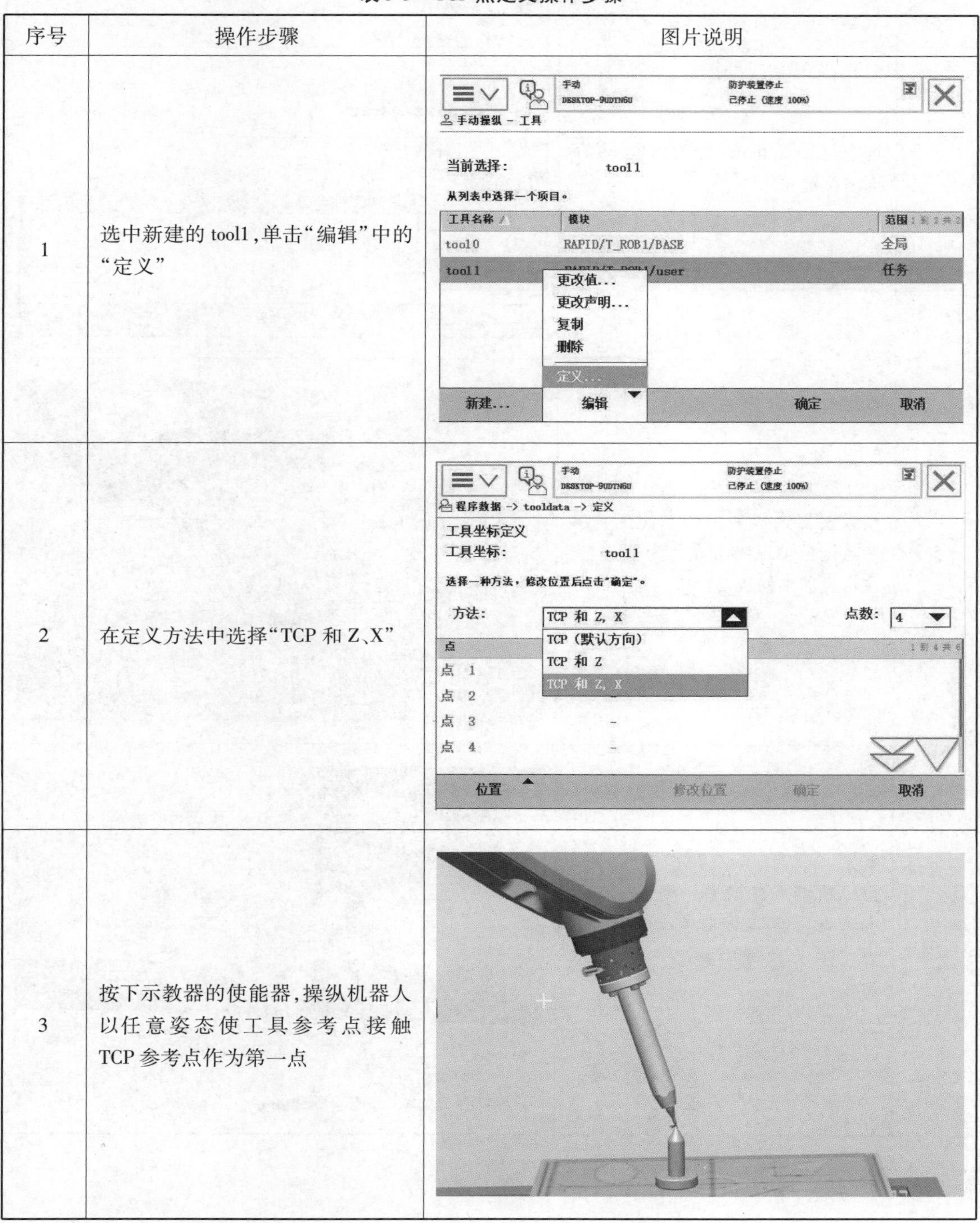

序号	操作步骤	图片说明
1	选中新建的 tool1,单击“编辑”中的“定义”	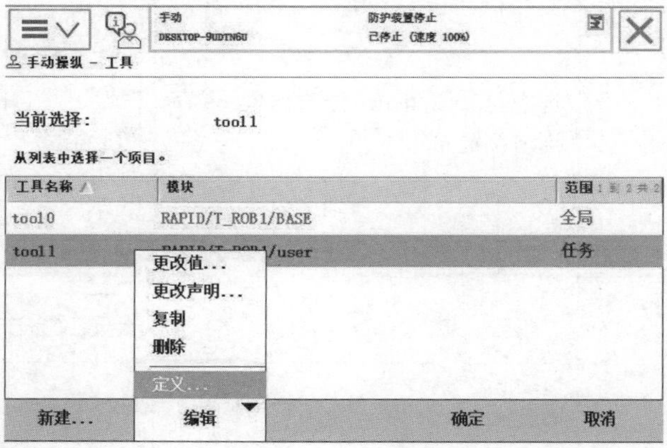
2	在定义方法中选择“TCP 和 Z、X”	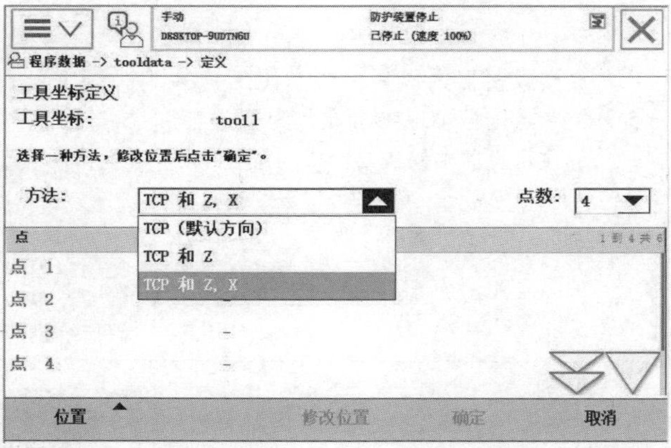
3	按下示教器的使能器,操纵机器人以任意姿态使工具参考点接触 TCP 参考点作为第一点	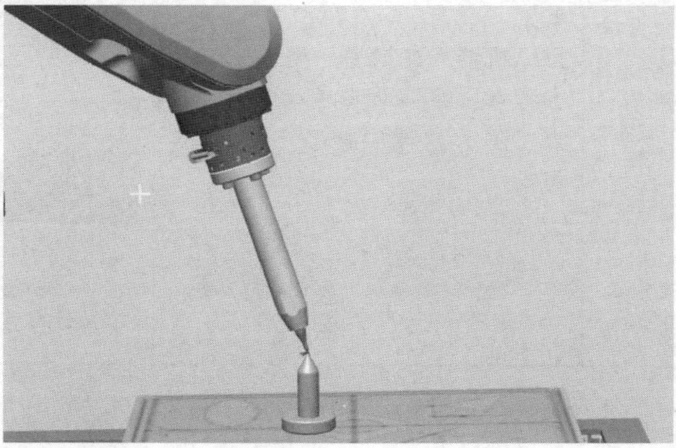

续表

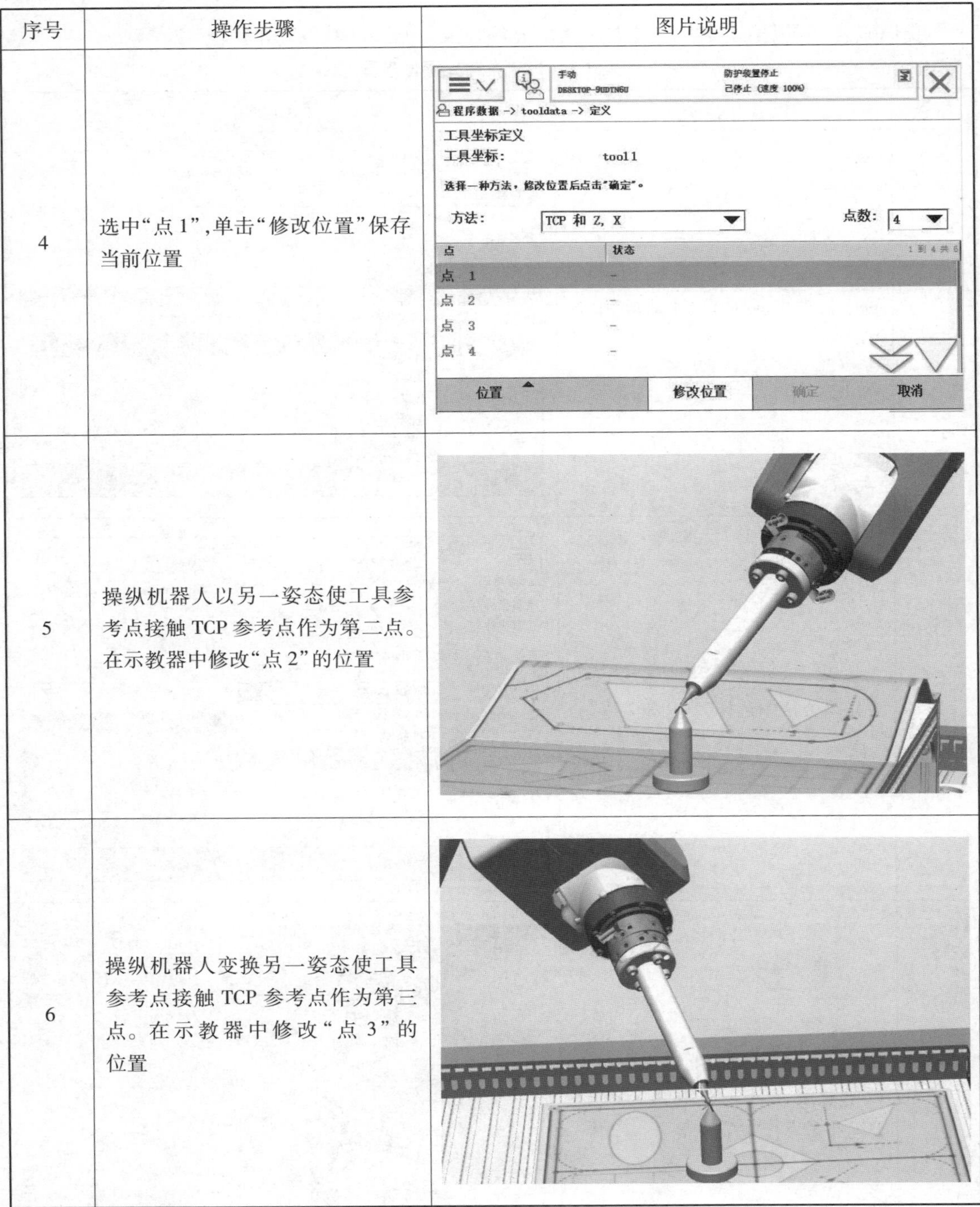

序号	操作步骤	图片说明
4	选中“点 1”,单击“修改位置”保存当前位置	
5	操纵机器人以另一姿态使工具参考点接触 TCP 参考点作为第二点。在示教器中修改“点 2”的位置	
6	操纵机器人变换另一姿态使工具参考点接触 TCP 参考点作为第三点。在示教器中修改“点 3”的位置	

续表

序号	操作步骤	图片说明
7	操纵机器人使工具参考点接触并垂直 TCP 参考点作为第四点。在示教器中修改“点 4”的位置	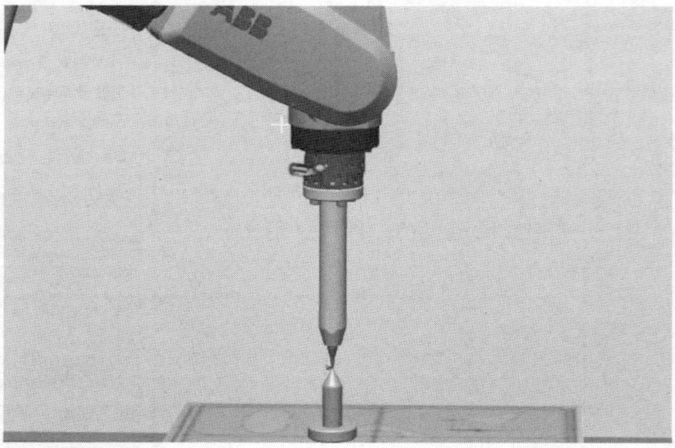
8	以“点 4”为参考点,在线性模式下操纵机器人向前移动一段距离,作为 + X 方向。在示教器中修改“延伸器点 X”的位置	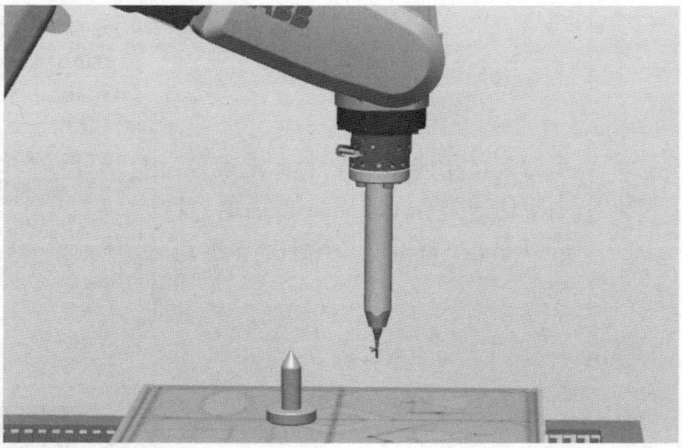
9	以“点 4”为参考点,在线性模式下操纵机器人向上移动一段距离,作为 + Y 方向,在示教器中修改“延伸器点 Y”的位置	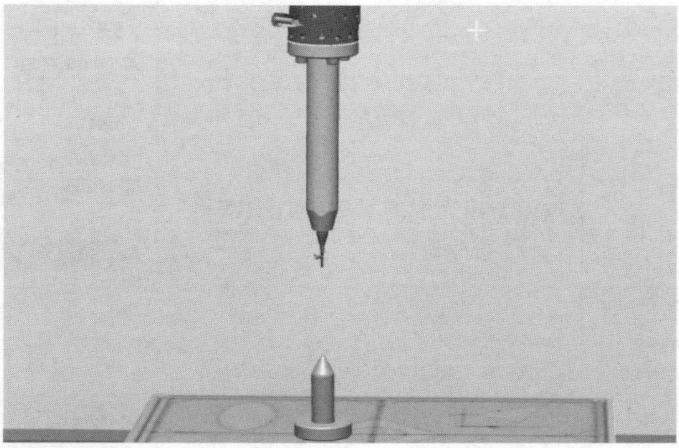

续表

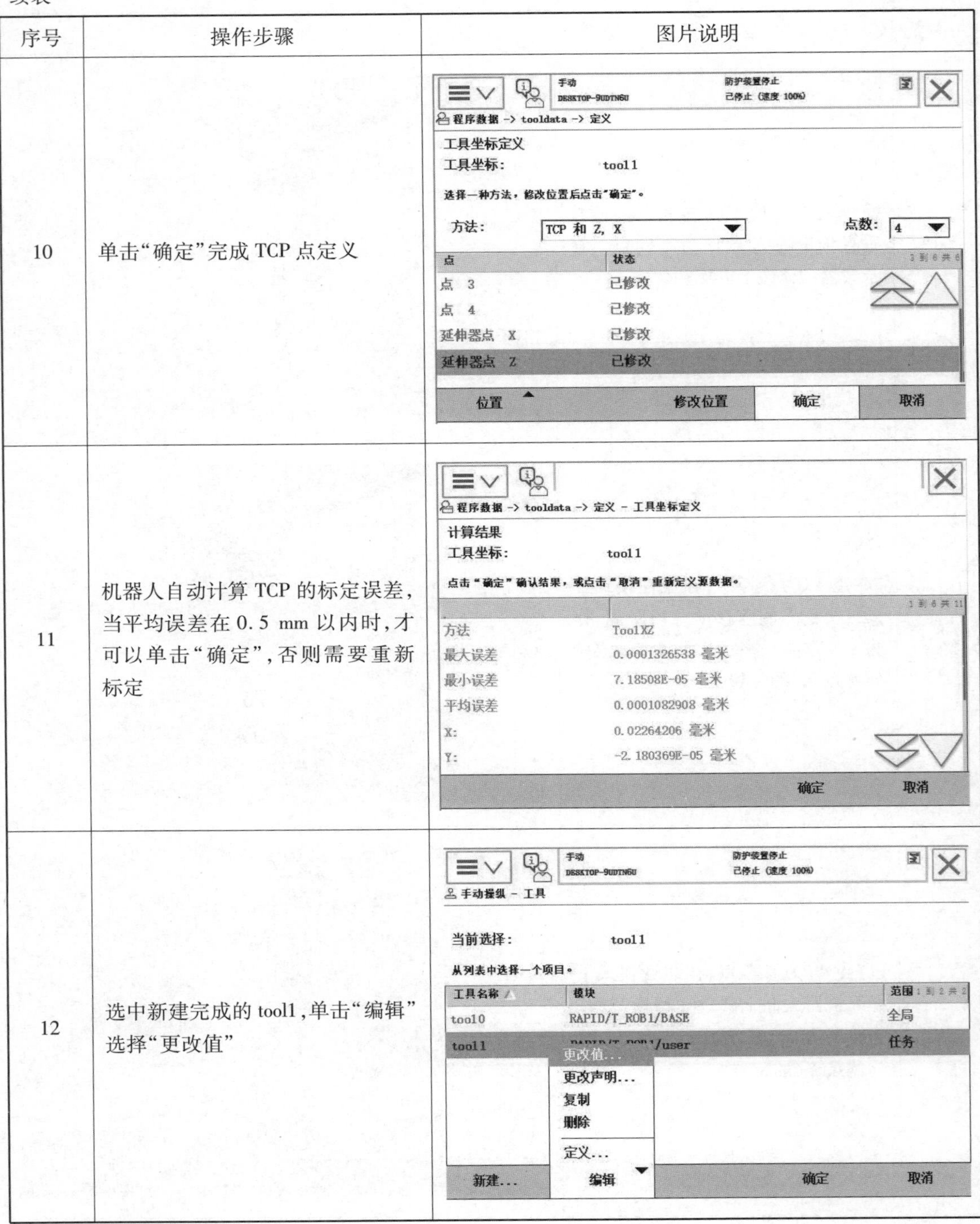

序号	操作步骤	图片说明
10	单击“确定”完成 TCP 点定义	
11	机器人自动计算 TCP 的标定误差，当平均误差在 0.5 mm 以内时，才可以单击“确定”，否则需要重新标定	
12	选中新建完成的 tool1，单击“编辑”选择“更改值”	

续表

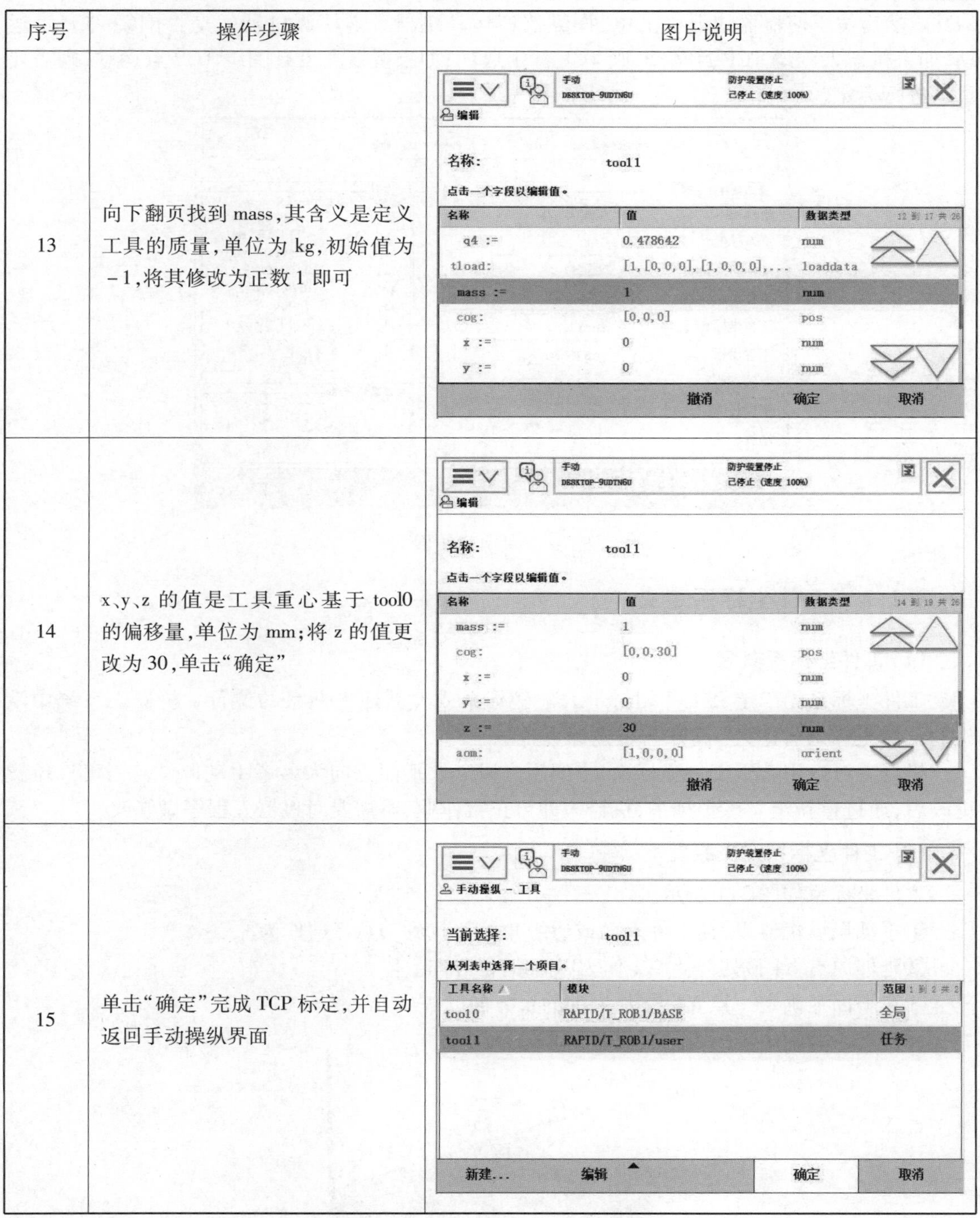

序号	操作步骤	图片说明
13	向下翻页找到 mass,其含义是定义工具的质量,单位为 kg,初始值为 -1,将其修改为正数 1 即可	
14	x、y、z 的值是工具重心基于 tool0 的偏移量,单位为 mm;将 z 的值更改为 30,单击“确定”	
15	单击“确定”完成 TCP 标定,并自动返回手动操纵界面	

(4)工具坐标系准确性测试

为测试工具坐标系的准确性,可利用重定位运动检测机器人是否围绕标定完成的 TCP 点旋转运动，如图 3-3 所示，动作模式切换为重定位运动、坐标系为工具、工具坐标为新建完成的 tool1。然后按下使能器使电机上电，操纵摇杆运动机器人。检测机器人是否围绕 TCP 点运动，如果机器人围绕 TCP 点运动，则 TCP 标定成功；如果机器人没有围绕 TCP 点运动，则需要重新进行标定。

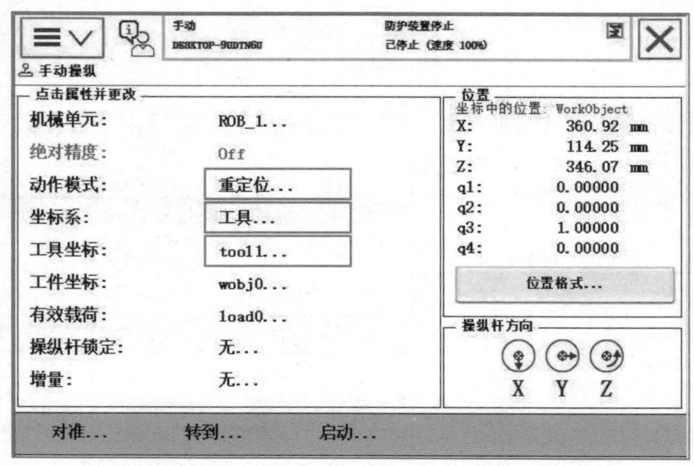

图 3-3　手动操纵界面

3.1.3　工件坐标系定义

(1) 工件坐标系概念

工件坐标系用于定义工件相对于大地坐标系或者其他坐标系的位置。机器人系统中默认的工件坐标系名称为 wobj0 与基坐标重合。

机器人可以用若干工件坐标系，方便用户以工件平面方向为参考手动调试。当工件位置更改后，通过重新定义该坐标系，机器人即可正常作业，不需要对机器人程序做修改。

(2) 工件坐标系定义原理

工件坐标系如图 3-4 所示。

①手动操纵机器人，在工件表面或边缘角位置找到一点 X1，作为原点。

②延伸原点 X1 确定一点 X2 作为 X 轴的正方向。

③在平面上确定一点 Y1 作为 Y 轴的正方向。

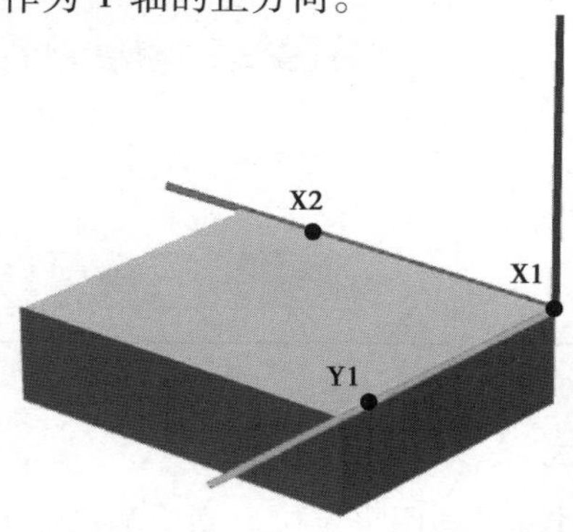

图 3-4　建立工件坐标系

(3)工件坐标系定义过程

1)新建工件坐标系

新建工件坐标系操作步骤如表3-4所示。

表3-4　新建工件坐标系操作步骤

序号	操作步骤	图片说明
1	在ABB菜单栏中单击“手动操纵”下的“工件坐标”	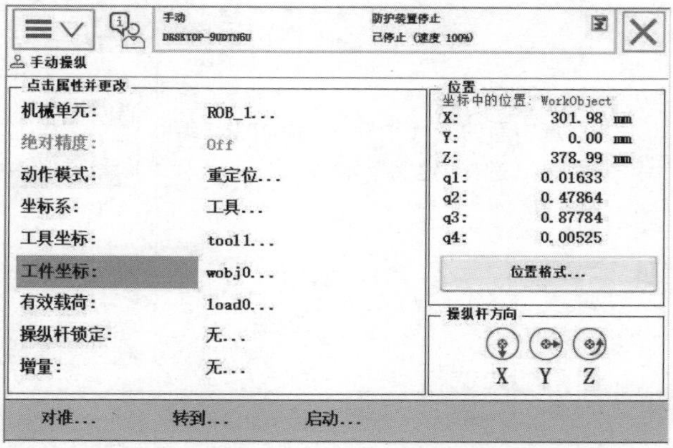
2	单击“新建...”	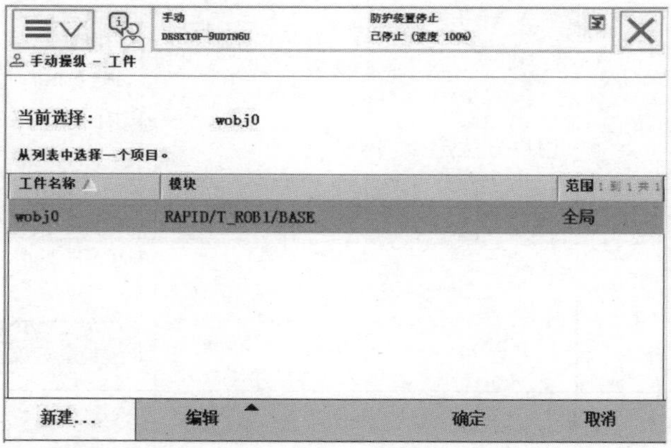
3	属性设定完成后,单击“确定”,创建一个新的工件坐标系	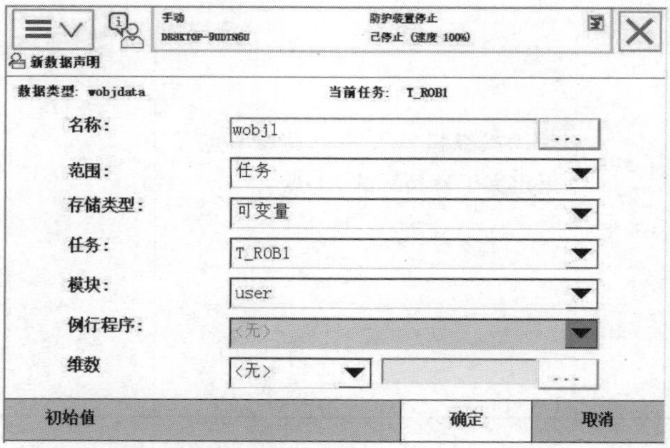

2)工件坐标系的定义

工件坐标系的定义操作步骤如表 3-5 所示。

表 3-5　工件坐标系的定义操作步骤

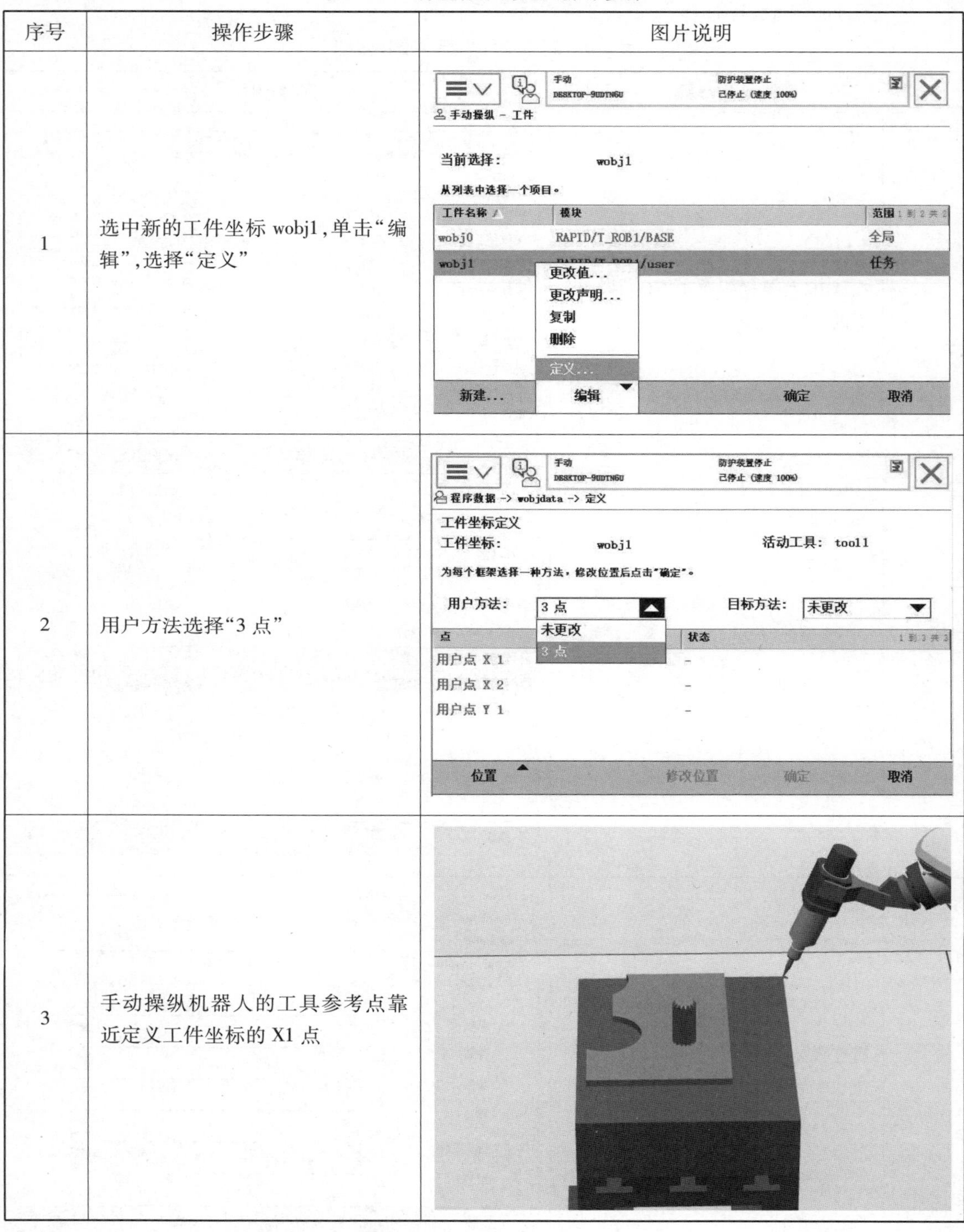

序号	操作步骤	图片说明
1	选中新的工件坐标 wobj1,单击“编辑”,选择“定义”	
2	用户方法选择“3 点”	
3	手动操纵机器人的工具参考点靠近定义工件坐标的 X1 点	

续表

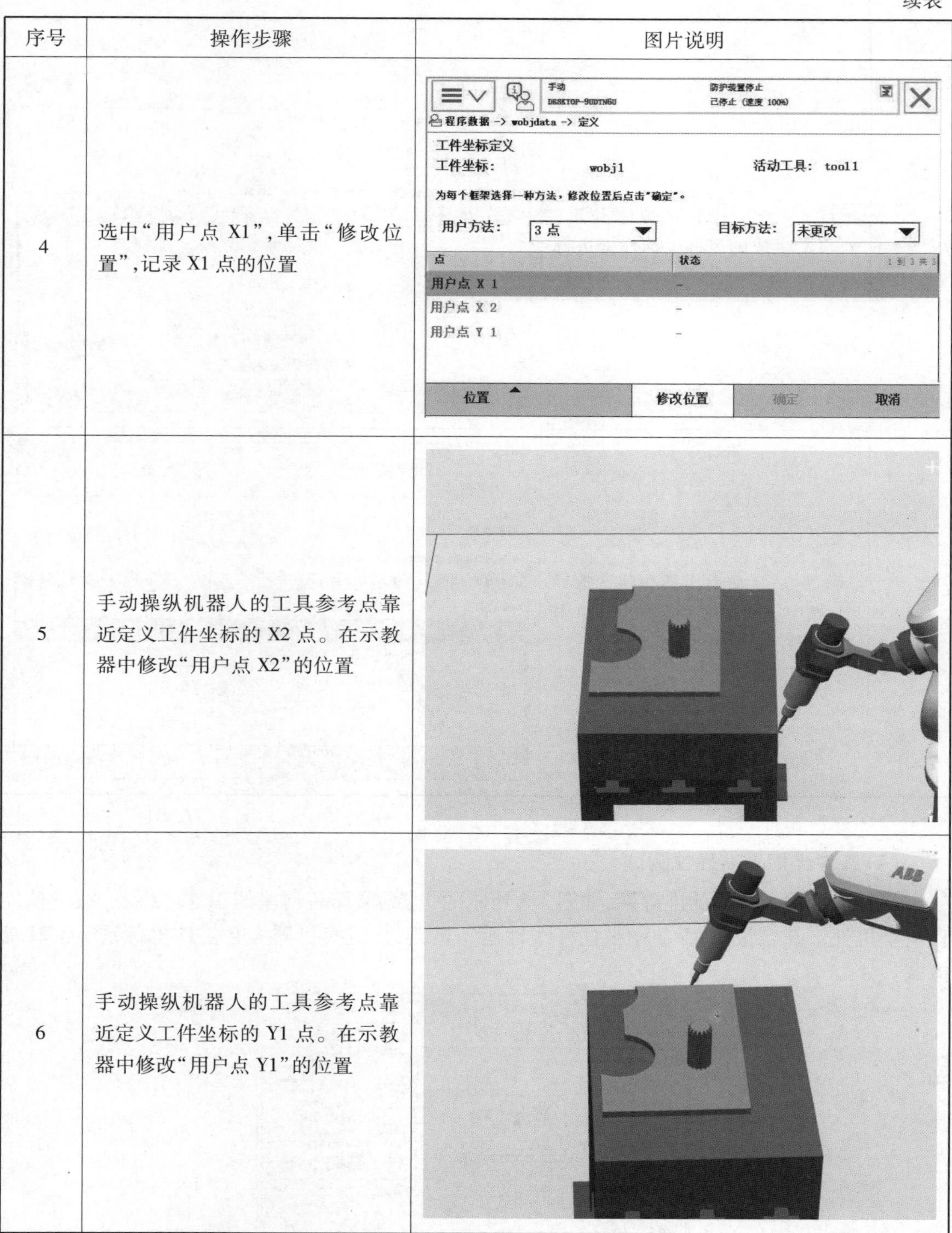

序号	操作步骤	图片说明
4	选中“用户点 X1”，单击“修改位置”，记录 X1 点的位置	
5	手动操纵机器人的工具参考点靠近定义工件坐标的 X2 点。在示教器中修改“用户点 X2”的位置	
6	手动操纵机器人的工具参考点靠近定义工件坐标的 Y1 点。在示教器中修改“用户点 Y1”的位置	

续表

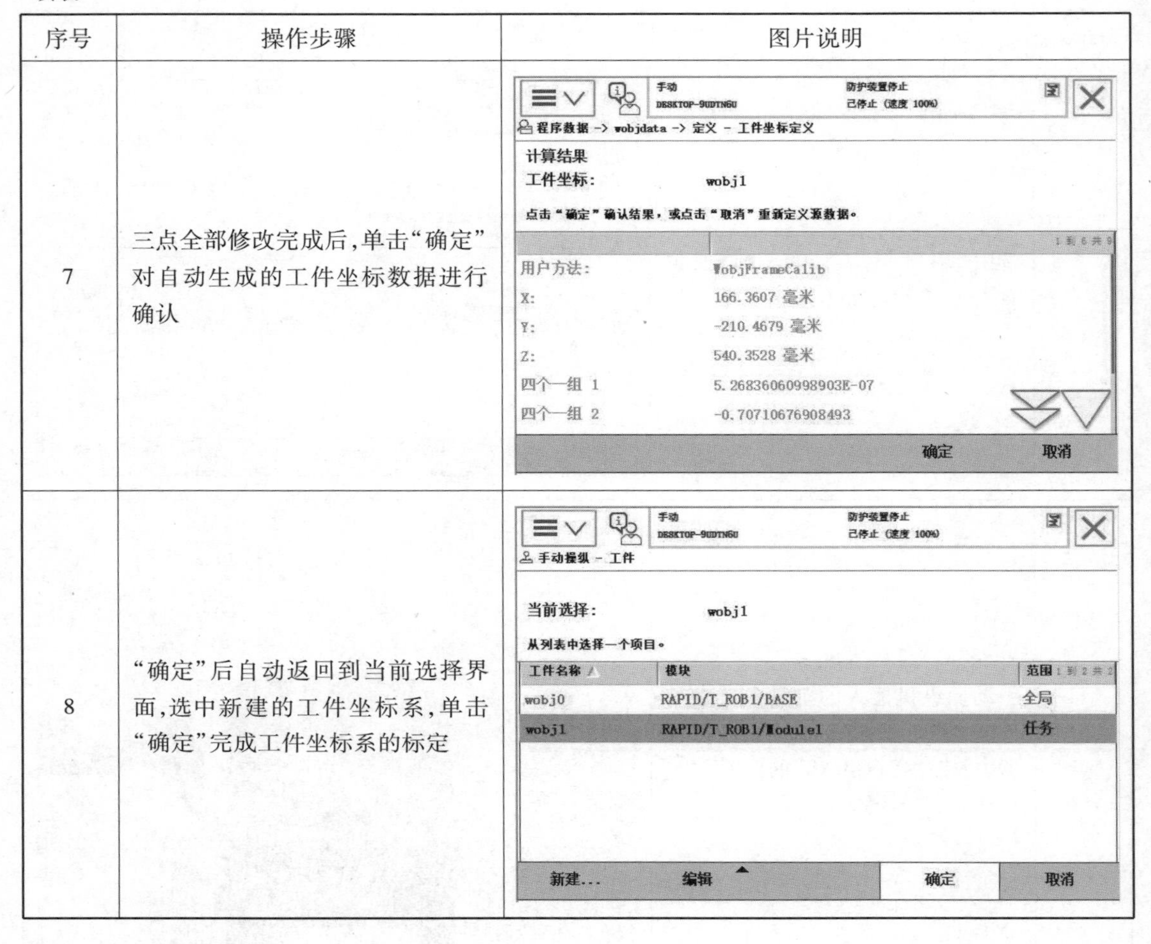

序号	操作步骤	图片说明
7	三点全部修改完成后，单击“确定”对自动生成的工件坐标数据进行确认	
8	“确定”后自动返回到当前选择界面，选中新建的工件坐标系，单击“确定”完成工件坐标系的标定	

(4) 工件坐标系准确性测试

为验证工件坐标系的准确性，如图 3-5 所示的设置，选择新创建的工件坐标系，按下使能器使电机处于开启状态，手动操纵摇杆线性运动机器人，观察机器人在工件坐标系下的移动方式。

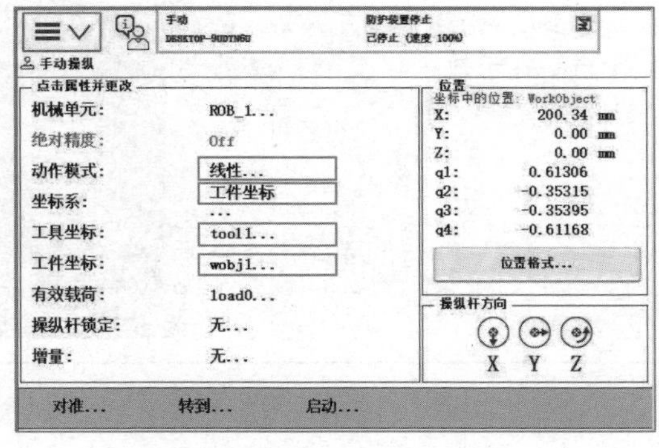

图 3-5 手动操纵界面

任务2　工业机器人通信设置

3.2.1　ABB工业机器人通信种类

ABB机器人提供了丰富的I/O通信接口，可以轻松地实现与周边设备进行通信，如表3-6所示，其中RS232通信、OPC server、Socket Message是与PC通信时的通信协议，PC通信接口需要选择选项"PC-INTERFACE"才可以使用；DeviceNet、Profibus、Profibus-DP、Profinet、EtherNet IP则是不同厂商推出的现场总线协议，使用何种现场总线，要根据需要进行选配；如果使用ABB标准I/O板，就必须有DeviceNet的总线。

表3-6　ABB机器人通信方式

ABB机器人		
PC	现场总线	ABB标准
RS232通信 OPC server Socket Message	Device Net Profibus Profibus-DP Profinet EtherNet IP	标准I/O板 PLC …… …… ……

关于ABB机器人I/O通信接口的说明：

①ABB标准I/O板提供的常用信号处理有数字输入DI、数字输出DO、模拟输入AI、模拟输出AO，以及输送链跟踪，常用的标准I/O板有DSQC651和DSQC652。

②ABB机器人可以选配标准ABB的PLC，省去了与外部PLC进行通信设置的麻烦，并且可以在机器人的示教器上实现与PLC相关的操作。

在本节中，以最常用的ABB标准I/O板DSQC651为例，详细地讲解如何进行相关的参数设定。

3.2.2　ABB机器人常用I/O板介绍

ABB标准I/O板是挂在DeviceNet网络上的，所以要设定模块在网络中的地址。常用的ABB标准I/O板如表3-7所示。

表3-7　ABB标准I/O板

序号	型号	说明
1	DSQC651	分布式I/O模块di8、do8、ao2
2	DSQC652	分布式I/O模块di16、do16
3	DSQC653	分布式I/O模块di8、do8带继电器
4	DSQC355A	分布式I/O模块ai4、ao4
5	DSQC377A	输送链跟踪单元

(1) ABB 标准 I/O 板 DSQC651

DSQC651 板，主要提供八个数字输入信号、八个数字输出信号和两个模拟输出信号的处理。模块接口说明如图 3-6 所示，A 部分是信号输出指示灯；B 部分是 X1 数字输出接口；C 部分是 X6 模拟输出接口；D 部分 X5 是 DeviceNet 接口；E 部分是模块状态指示灯；F 部分是 X3 数字输入接口；G 部分是数字输入信号指示灯。

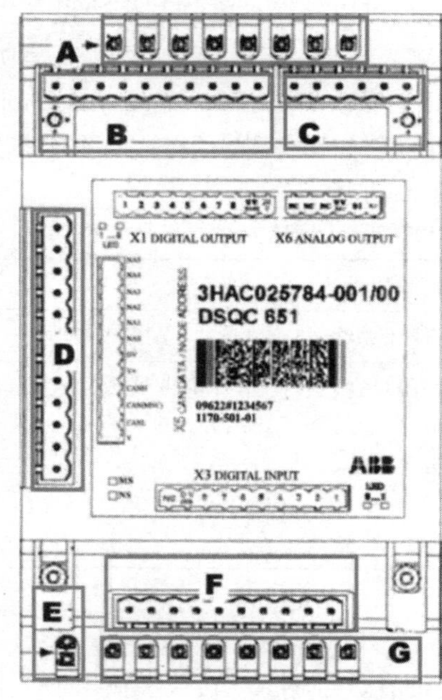

图 3-6 DSQC651 板

DSQC651 板有 X1、X3、X5、X6 这四个模块接口，各模块接口连接说明如下：

1) X1 端子

X1 端子接口包括 8 个数字输出，地址分配如表 3-8 所示。

表 3-8 X1 端子

X1 端子编号	使用定义	地址分配
1	OUTPUT CH1	32
2	OUTPUT CH2	33
3	OUTPUT CH3	34
4	OUTPUT CH4	35
5	OUTPUT CH5	36
6	OUTPUT CH6	37
7	OUTPUT CH7	38
8	OUTPUT CH8	39
9	0 V	
10	24 V	

2）X3 端子

X3 端子接口包括 8 个数字输入，地址分配如表 3-9 所示。

表 3-9　X3 端子

X3 端子编号	使用定义	地址分配
1	INPUT CH1	0
2	INPUT CH2	1
3	INPUT CH3	2
4	INPUT CH4	3
5	INPUT CH5	4
6	INPUT CH6	5
7	INPUT CH7	6
8	INPUT CH8	7
9	0 V	
10	未使用	

3）X5 端子

X5 端子是 DeviceNet 总线接口，端子使用定义如图 3-7 所示。其上的编号 6 ~ 12 跳线用来决定模块（I/O 板）在总线中的地址，可用范围为 10 ~ 63。如表 3-10 所示，如果将第 8 脚和第 10 脚的跳线剪去，2 + 8 = 10 就可以获得 10 的地址。

表 3-10　X5 端子

X5 端子编号	使用定义
1	0 V BLACK
2	CAN 信号线 low BLUE
3	屏蔽线
4	CAN 信号线 high WHITE
5	24 V RED
6	GND 地址选择公共端
7	模块 ID bit0（LSB）
8	模块 ID bit1（LSB）
9	模块 ID bit2（LSB）
10	模块 ID bit3（LSB）
11	模块 ID bit4（LSB）
12	模块 ID bit5（LSB）

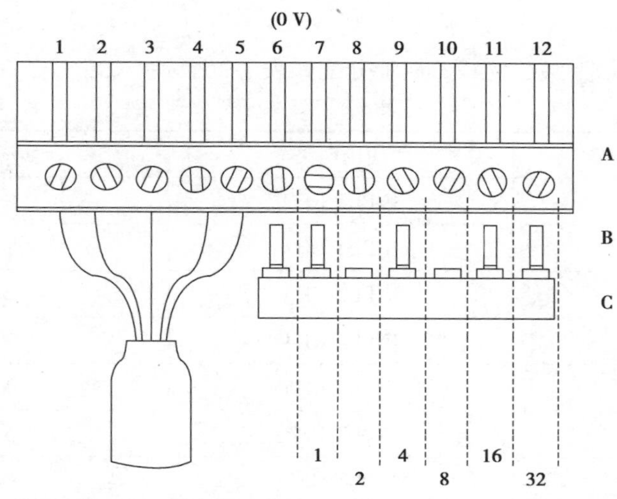

图 3-7　X5 端子接线

4) X6 端子

X6 端子接口包括 2 个模拟输出,地址分配如表 3-11 所示。

表 3-11　X6 端子

X6 端子编号	使用定义	地址分配
1	未使用	
2	未使用	
3	未使用	
4	0 V	
5	模拟输出 ao1	0 ~ 15
6	模拟输出 ao2	16 ~ 31

(2) ABB 标准 I/O 板 DSQC652

DSQC652 板,主要提供 16 个数字输入信号和 16 个数字输出信号的处理。如图 3-8 所示是模块接口的说明,其中 A 部分是信号输出指示灯;B 部分表示的是 X1 和 X2 数字输出接口;C 部分是 X5 是 DeviceNet 接口;D 部分是模块状态指示灯;E 部分是 X3 和 X4 数字输入接口;F 部分是数字输入信号指示灯。

DSQC652 板的 X1、X2、X3、X4、X5 模块接口连接说明如下:

1) X1 端子

X1 端子接口包括 8 个数字输出,地址分配如表 3-12 所示。

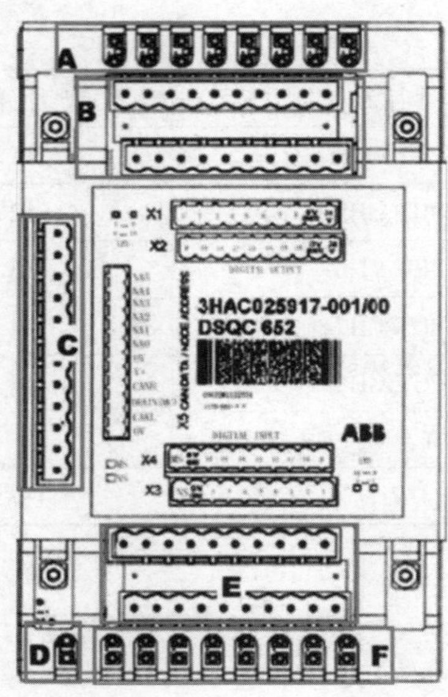

A.信号输出指示灯；
B.X1、X2数字输出接口；
C.X5是DeviceNet接口；
D.模块状态指示灯；
E.X3、X4数字输入接口；
F.数字输入信号指示灯。

图 3-8　DSQC652 板

表 3-12　X1 端子

X1 端子编号	使用定义	地址分配
1	OUTPUT CH1	0
2	OUTPUT CH2	1
3	OUTPUT CH3	2
4	OUTPUT CH4	3
5	OUTPUT CH5	4
6	OUTPUT CH6	5
7	OUTPUT CH7	6
8	OUTPUT CH8	7
9	0 V	
10	24 V	

2) X2 端子

X2 端子接口包括 8 个数字输出，地址分配如表 3-13 所示。

表 3-13　X2 端子

X2 端子编号	使用定义	地址分配
1	OUTPUT CH1	8
2	OUTPUT CH2	9
3	OUTPUT CH3	10

续表

X2 端子编号	使用定义	地址分配
4	OUTPUT CH4	11
5	OUTPUT CH5	12
6	OUTPUT CH6	13
7	OUTPUT CH7	14
8	OUTPUT CH8	15
9	0 V	
10	24 V	

3)X3 端子

X3 端子接口包括 8 个数字输入,地址分配如表 3-14 所示。

表 3-14　X3 端子

X3 端子编号	使用定义	地址分配
1	INPUT CH1	0
2	INPUT CH2	1
3	INPUT CH3	2
4	INPUT CH4	3
5	INPUT CH5	4
6	INPUT CH6	5
7	INPUT CH7	6
8	INPUT CH8	7
9	0 V	
10	未使用	

4)X4 端子

X4 端子接口包括 8 个数字输入,地址分配如表 3-15 所示。

表 3-15　X4 端子

X4 端子编号	使用定义	地址分配
1	INPUT CH9	8
2	INPUT CH10	9
3	INPUT CH11	10
4	INPUT CH12	11
5	INPUT CH13	12

续表

X4 端子编号	使用定义	地址分配
6	INPUT CH14	13
7	INPUT CH15	14
8	INPUT CH16	15
9	0 V	
10	未使用	

5)X5 端子

X5 端子见 ABB I/O 板 DSQC651 中的 X5 端子。

3.2.3　ABB 标准 I/O 板定义及信号设置

(1)总线定义

ABB 常用标准 I/O 板有 DSQC651、DSQC652、DSQC653、DSQC355A、DSQC377A 五种,除分配地址不同外,其配置方法基本相同。下面以 DSQC652 板的配置为例,来介绍 DeviceNet 现场总线连接、数字输入信号 DI、数字输出信号 DO 的配置。

实物总线地址分配好后,需要我们在示教上定义其总线参数以实现总线连接。具体操作步骤如表 3-16 所示。

表 3-16　总线连接具体操作步骤

序号	操作步骤	图片说明
1	ABB 菜单栏下选择“控制面板”	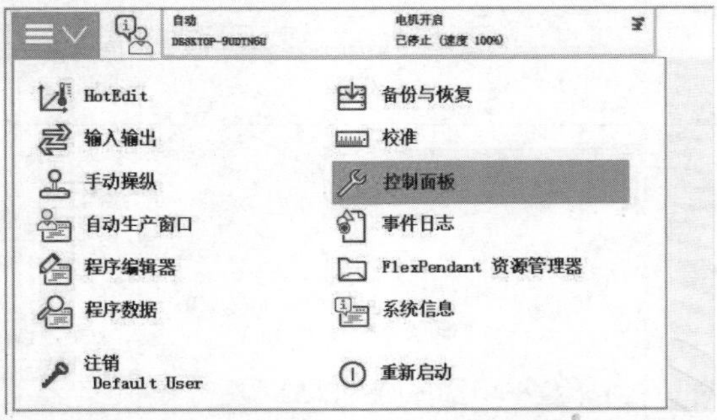 自动 DESKTOP-9UDTN6U 电机开启 已停止 (速度 100%) HotEdit　备份与恢复 输入输出　校准 手动操纵　控制面板 自动生产窗口　事件日志 程序编辑器　FlexPendant 资源管理器 程序数据　系统信息 注销 Default User　重新启动
2	单击“配置系统参数”	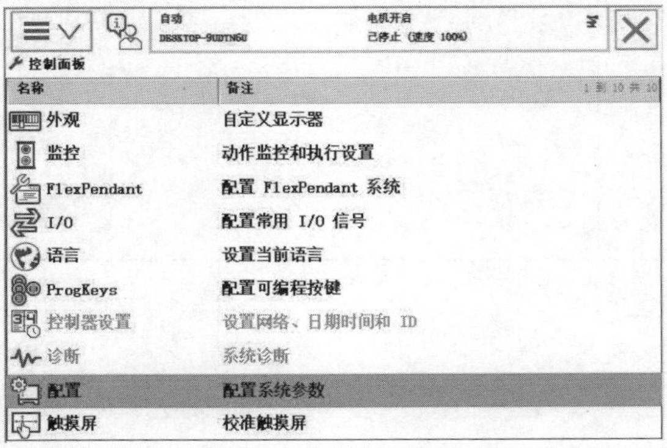 自动 DESKTOP-9UDTN6U 电机开启 已停止 (速度 100%) 控制面板 名称　备注　1 到 10 共 10 外观　自定义显示器 监控　动作监控和执行设置 FlexPendant　配置 FlexPendant 系统 I/O　配置常用 I/O 信号 语言　设置当前语言 ProgKeys　配置可编程按键 控制器设置　设置网络、日期时间和 ID 诊断　系统诊断 配置　配置系统参数 触摸屏　校准触摸屏

续表

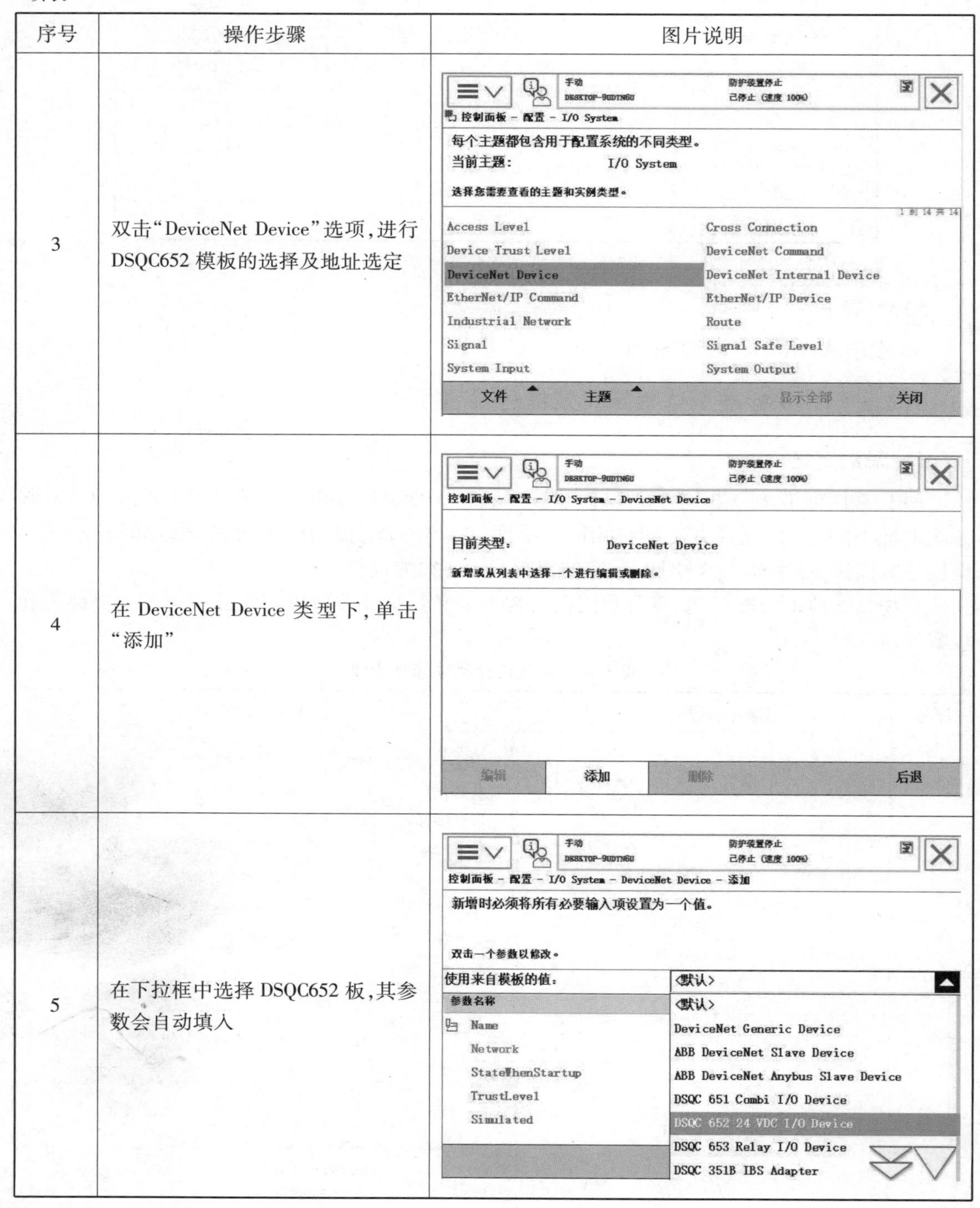

序号	操作步骤	图片说明
3	双击“DeviceNet Device”选项，进行DSQC652模板的选择及地址选定	
4	在DeviceNet Device类型下，单击“添加”	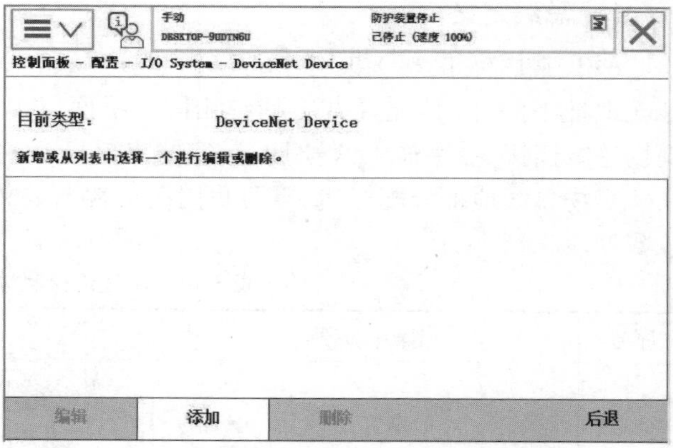
5	在下拉框中选择DSQC652板，其参数会自动填入	

续表

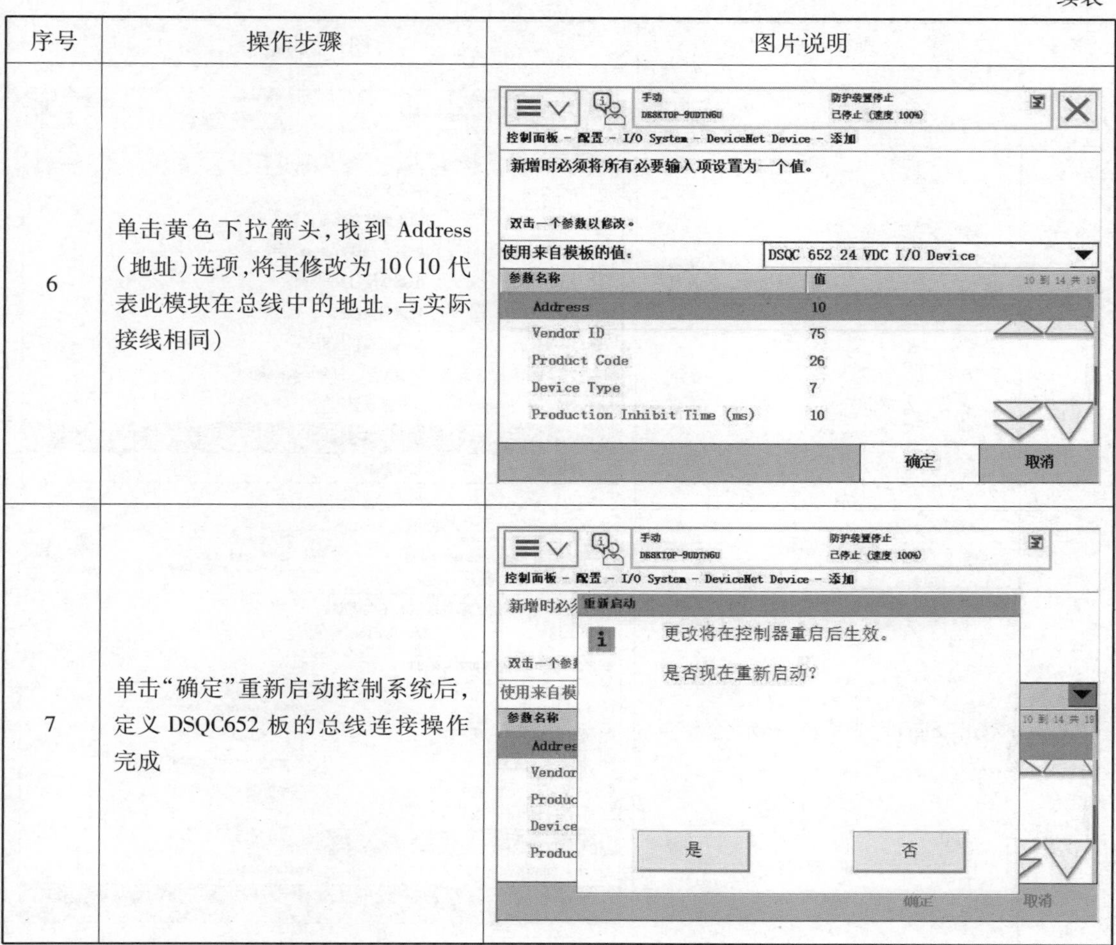

序号	操作步骤	图片说明
6	单击黄色下拉箭头,找到 Address(地址)选项,将其修改为10(10代表此模块在总线中的地址,与实际接线相同)	
7	单击“确定”重新启动控制系统后,定义 DSQC652 板的总线连接操作完成	

(2)信号设置

常用数字输出/输入信号的配置步骤以数字输出信号为例,如表3-17所示。

表3-17　信号配置步骤

序号	操作步骤	图片说明
1	在 ABB 菜单栏中单击“控制面板”	

续表

序号	操作步骤	图片说明
2	控制面板下选择“配置系统参数”	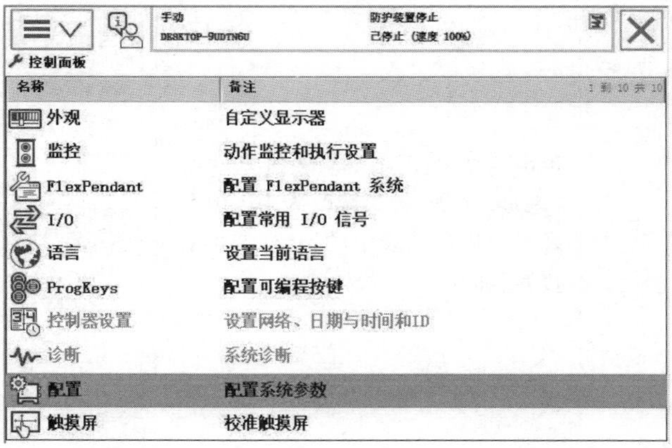
3	双击“Signal”或单击“显示全部”	
4	弹出信号界面,单击“添加”	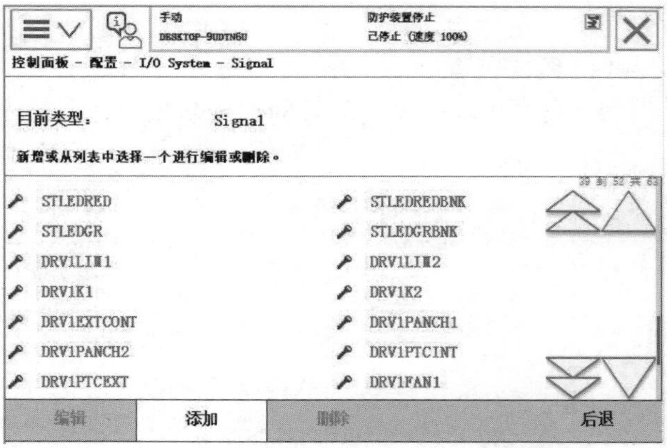

续表

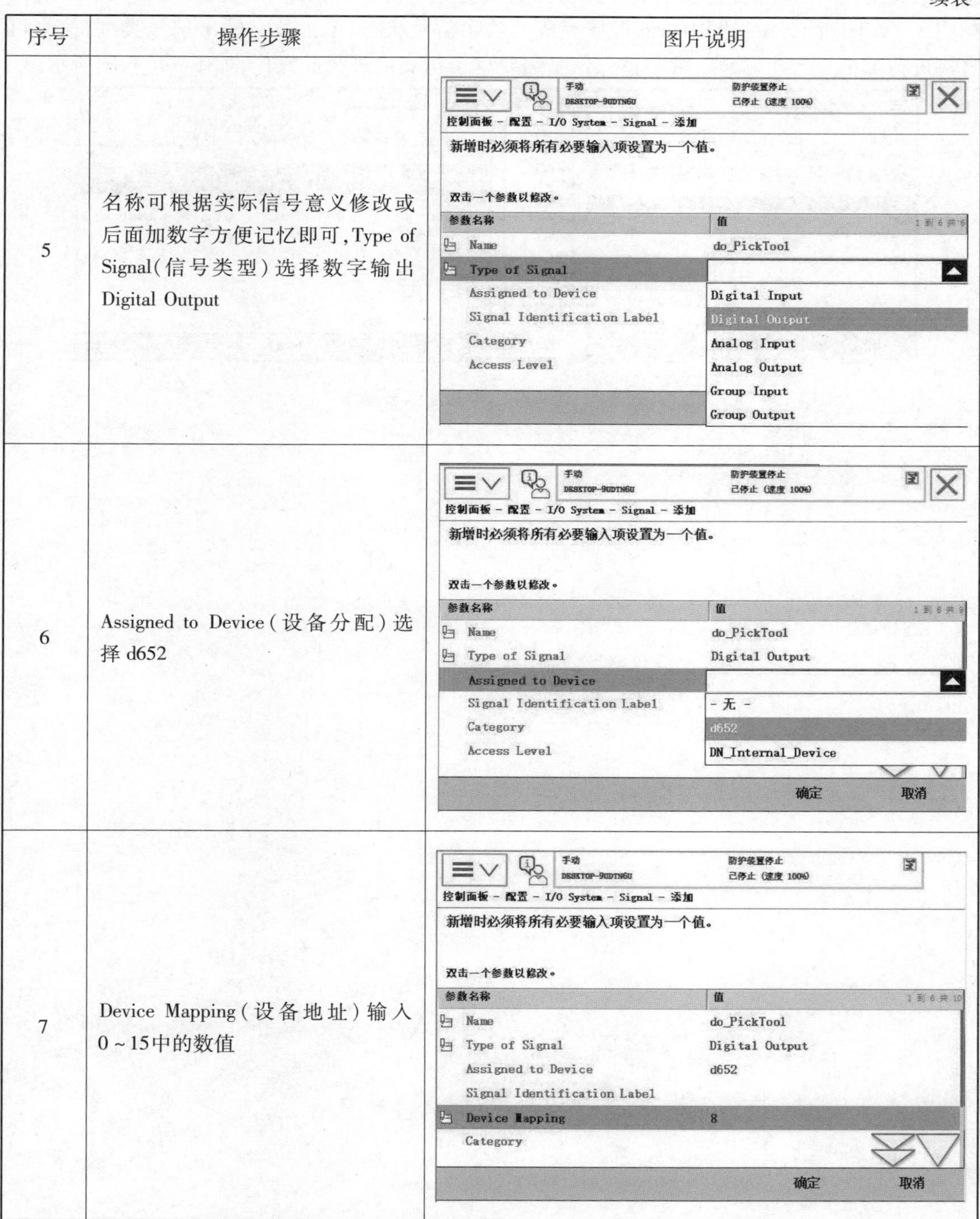

序号	操作步骤	图片说明
5	名称可根据实际信号意义修改或后面加数字方便记忆即可，Type of Signal（信号类型）选择数字输出 Digital Output	
6	Assigned to Device（设备分配）选择 d652	
7	Device Mapping（设备地址）输入 0～15中的数值	

3.2.4　I/O 信号的监控与操作

信号配置完成后，在 ABB 菜单栏下的【输入输出】选项中可对所有 I/O 信号进行地址、状态等信息的监控，通过操作实现 I/O 信号状态或数值的仿真和强制，以便机器人调试和检修。如图 3-9 左图所示，在视图中查看配置完成的数字信号状态，单击数字输出信号类型，信号可直接进行数值“0”“1”操作，数字输入信号需要单击仿真后进行此操作，如图 3-9 右图所示。

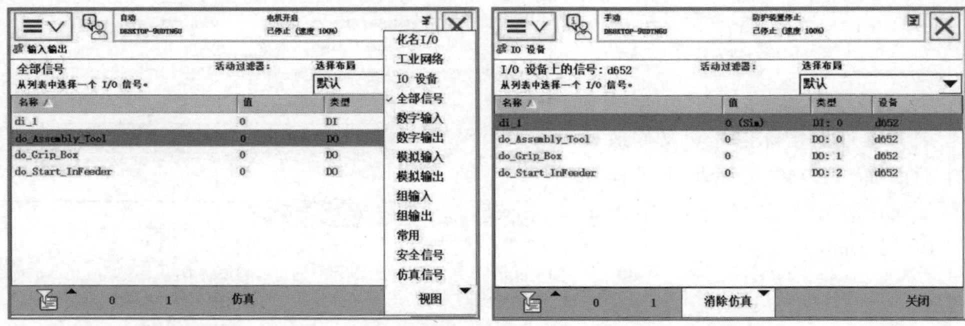

图 3-9　输入输出界面及信号操作

项目4

工业机器人示教编程

任务1 ABB 程序认知

4.1.1 程序基本架构

ABB 程序存储器由程序模块(Program)与系统模块(System)组成。如图4-1所示,其中所有 ABB 机器人都自带 USER 与 BASE 两个系统模块,它们是用于定义机器人各项参数的程序,建议不要对系统模块做出任何修改。通常我们所创建的模块属于程序模块(Program),在程序模块下可以有多个例行程序用于对程序进行划分和在主程序中调用。

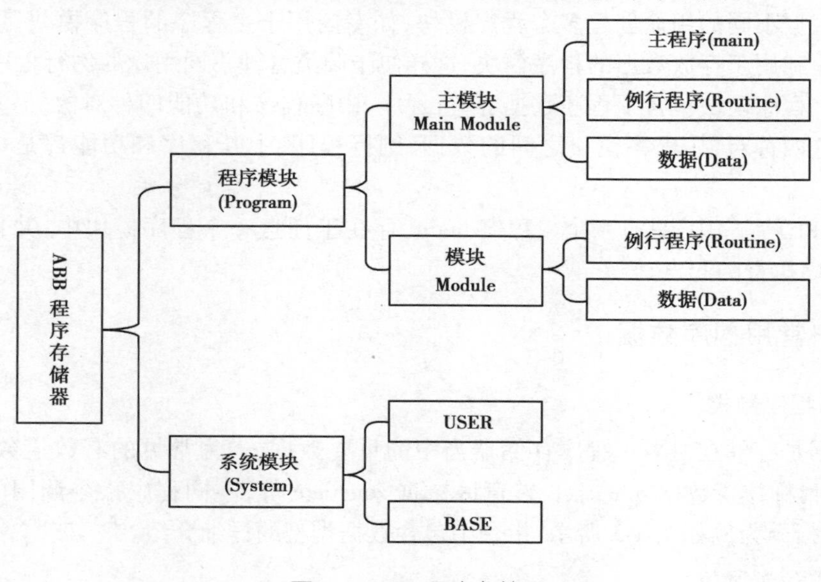

图4-1 ABB 程序存储器

程序存储器的特点：

◆机器人程序存储器是由程序模块与系统模块组成。

◆机器人程序存储器中，只允许存在一个主程序。

◆所有例行程序与数据无论存在于哪个模块，全部被系统共享。

◆所有例行程序与数据除特殊定义外，名称必须是唯一的。

◆所有 ABB 机器人都自带两个系统模块，USER 模块与 BASE 模块。

ABB 所使用的是 RAPID 编程语言，RAPID 是一种英文编程语言，其所包含的指令可使机器人做出相应的动作、设置输出、读取输入，还能实现决策、重复其他指令、构造程序与系统操作员交流等功能。应用程序就是使用 RAPID 编程语言的特定词汇和语法编写而成的。

如图 4-2 所示，RAPID 程序在示教器编辑页面中也有其使用的架构，最上方显示当前的模块信息和程序相关数据信息。PROC 后是当前的历程程序名称，名称下是程序所使用的指令。最后通过 ENDPROC 和 ENDMODULE 结束程序和模块。

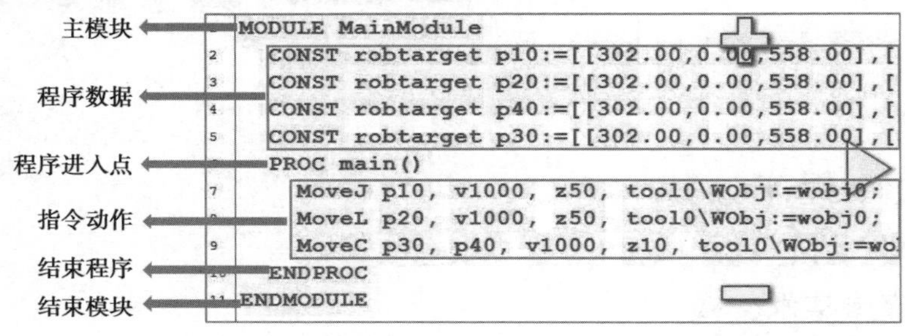

图 4-2　RAPID 程序结构案例

RAPID 程序的架构主要有以下几个特点：

①RAPID 程序是由程序模块与系统模块组成。一般地，只通过新建程序模块来构建机器人程序，而系统模块多用于系统方面的控制。

②可以根据不同的用途创建多个程序模块，如专门用于主程序的程序模块、用于位置计算的程序模块和用于存放数据的程序模块，这样便于归类管理不同用途的例行程序与数据。

③每一个程序模块包含了程序数据、例行程序、中断程序和功能四种对象，但并非每一个模块中都有这四种对象，程序模块之间的数据、例行程序、中断程序和功能都是可以相互调用的。

④在 RAPID 程序中，只有一个主程序 main，存在于任意一个程序模块中，并且是作为整个 RAPID 程序执行的起点。

4.1.2　常用程序数据

(1)常用程序数据

程序数据是存储在机器人程序存储器当中的重要数据，最为常见的有数值数据 num、布尔数据 bool、目标位置数据 robtarget、转弯区数据 zonedate 等，不同程序指令调用的程序数据不同，以运动指令为例如图 4-3 所示，指令中包含数据类型的详细介绍。

1)目标点位置数据

定义目标点的位置分为两种，第一种是相对于坐标系(如果未定义工件坐标系，则根据大地坐标系),包含工具方位、轴配置的位置数据。以 mm 为单位 x、y、z 的值表示目标点在坐标系的位置,四元数(q1、q2、q3、q4)或欧拉角表示工具方位,所有运动指令后都可通过此位置数据表示目标点位置,数据类型为 robtarget。

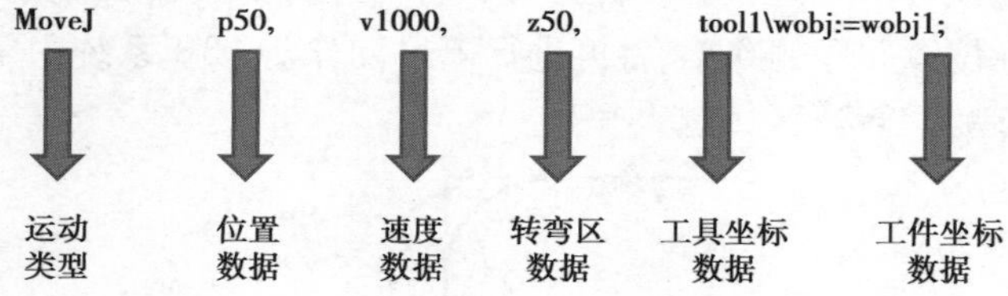

图 4-3　运动指令中的程序数据

第二种是通过工业机器人各个轴的旋转角度确定目标点位置以度数计算,常用于绝对位置运动指令(MoveAbsJ)后确定机械臂或外轴移动到的位置,数据类型为 jointtarget。

如图 4-4 所示,想要表示工具 TCP 点的位置,相对于坐标系下位置通过四元数和轴配置数据确定目标点位置,也可以通过轴关节角度表示(此状态下 5 轴为 30°,其余各轴为 0)。

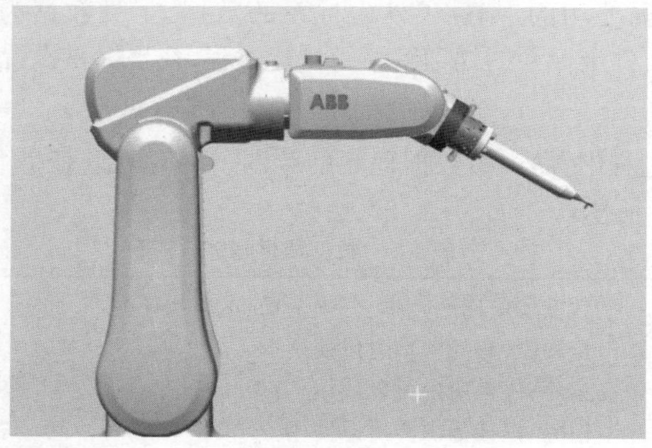

图 4-4　目标点位置表达

2)速度数据

速度数据类型为 speeddata,其定义的速率如图 4-5 所示。其中 TCP 重定位速率和旋转外轴速率以度/秒表示。

	名称	值	数据类型
	speed1:	[1000,500,5000,1000]	speeddata
TCP点移动时速率	v_tcp :=	1000	num
TCP重新定位速率	v_ori :=	500	num
线性外轴速率	v_leax :=	5000	num
旋转外轴速率	v_reax :=	1000	num

图 4-5　速度相关定义数据

可在程序数据 speeddate 下自定义速度数据在程序中调用,当然也可以直接使用系统定义完成的速度数据。ABB 系统中定义了一系列的速度数据可供使用者直接调用。

例如:v1 000 的 TCP 移动速率为 1 000 mm/s、TCP 重定位速率 500°/s、线性外轴速率为 5 000 mm/s、旋转外轴速率为 1 000°/s。

3)转弯区数据

转弯区数据为zonedata,是用来定义TCP点在当前位置结束后,即朝下一个位置移动前的转弯区的,如图4-6所示,转弯区数据设置为z50两轨迹的衔接较为流畅圆滑,设置为fine则TCP点准确到达目标位置并停顿0.1s后再进行下一动作。ABB系统中定义了一系列转弯区数据z0~z200,数据越大,转弯区域越大。

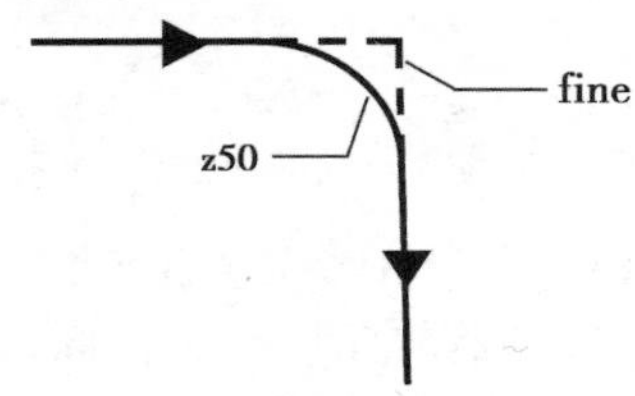

图4-6 转弯区数据

4)工具/工件坐标

运动指令后是当前使用的工具/工件坐标系的数据,工具数据为tooldata,工件数据为wobjdata。相关工具/工件坐标系的详细解释及创建过程,在坐标系设置中可查看。

(2)程序数据声明

程序数据的创建过程中,需声明数据程序的范围、存储类型、任务、模块等设置。数据各项属性的说明如表4-1所示。

表4-1 数据属性说明

范围	数据所应用的范围,分为全局、本地和任务 全局:所有任务都可以使用 本地:仅模块内可以使用 任务:仅任务内部可以使用
存储类型	存储类型分为变量、可变量和常量 变量(VAR):数据数值变化且有初始值和当前值 可变量(PERS):数据数值可变,显示当前值 常量(CONST):数据中数值固定
任务	选择需要应用该数据的任务
模块	选择需要声明该数据的程序模块

(3)建立程序数据

1)num数据

num类型数据常用于程序当中运行次数的叠加或数值的计算。例如码垛程序里数值的叠加或搬运中,偏移量的计算等都是需要先声明数值类型而后才可以在程序当中调用数据。相关创建数据类型的步骤基本相同,以数值数据类型(num)为例详细介绍其操作步骤如表4-2所示。

表 4-2　num 数据建立

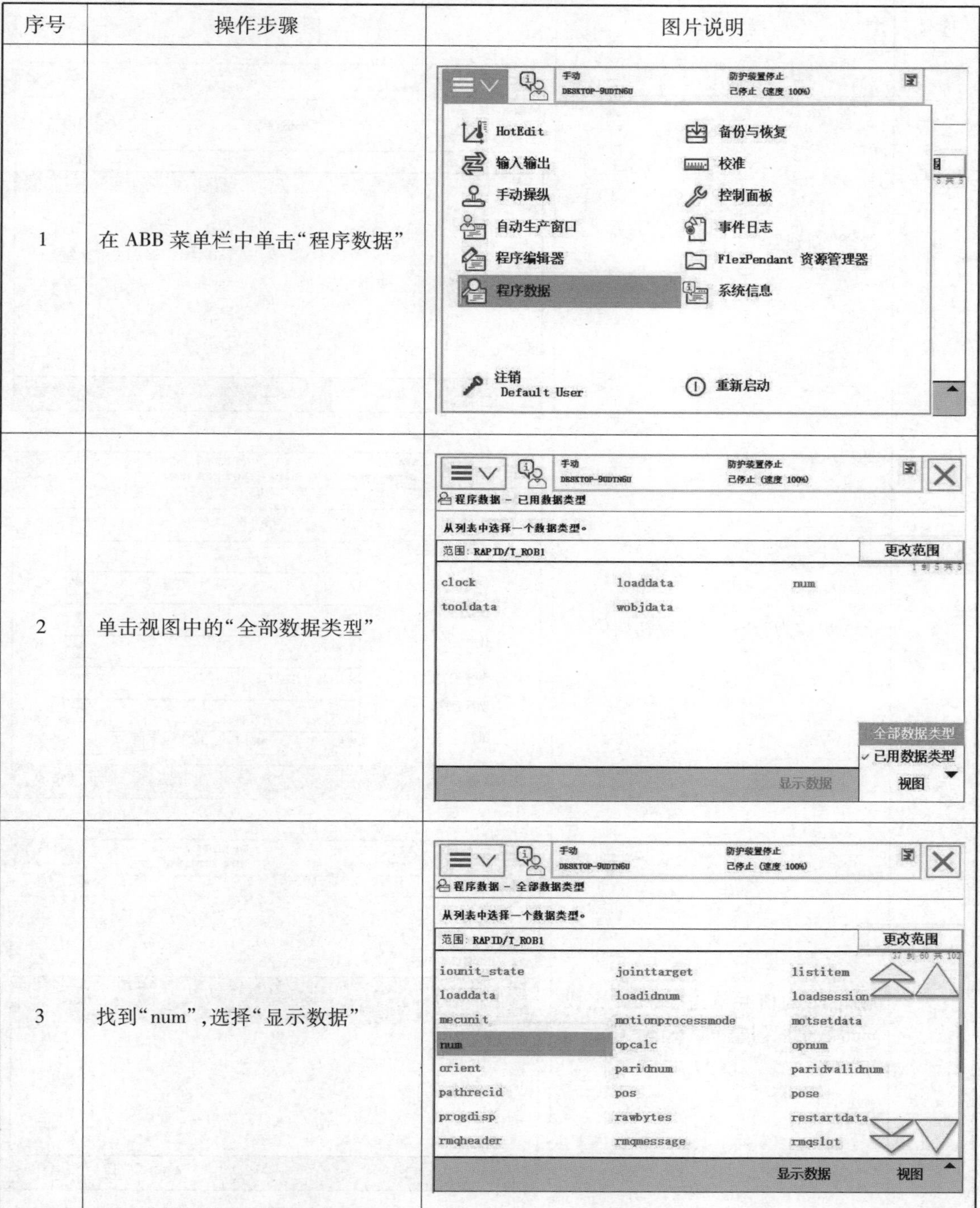

序号	操作步骤	图片说明
1	在 ABB 菜单栏中单击“程序数据”	
2	单击视图中的“全部数据类型”	
3	找到“num”,选择“显示数据”	

续表

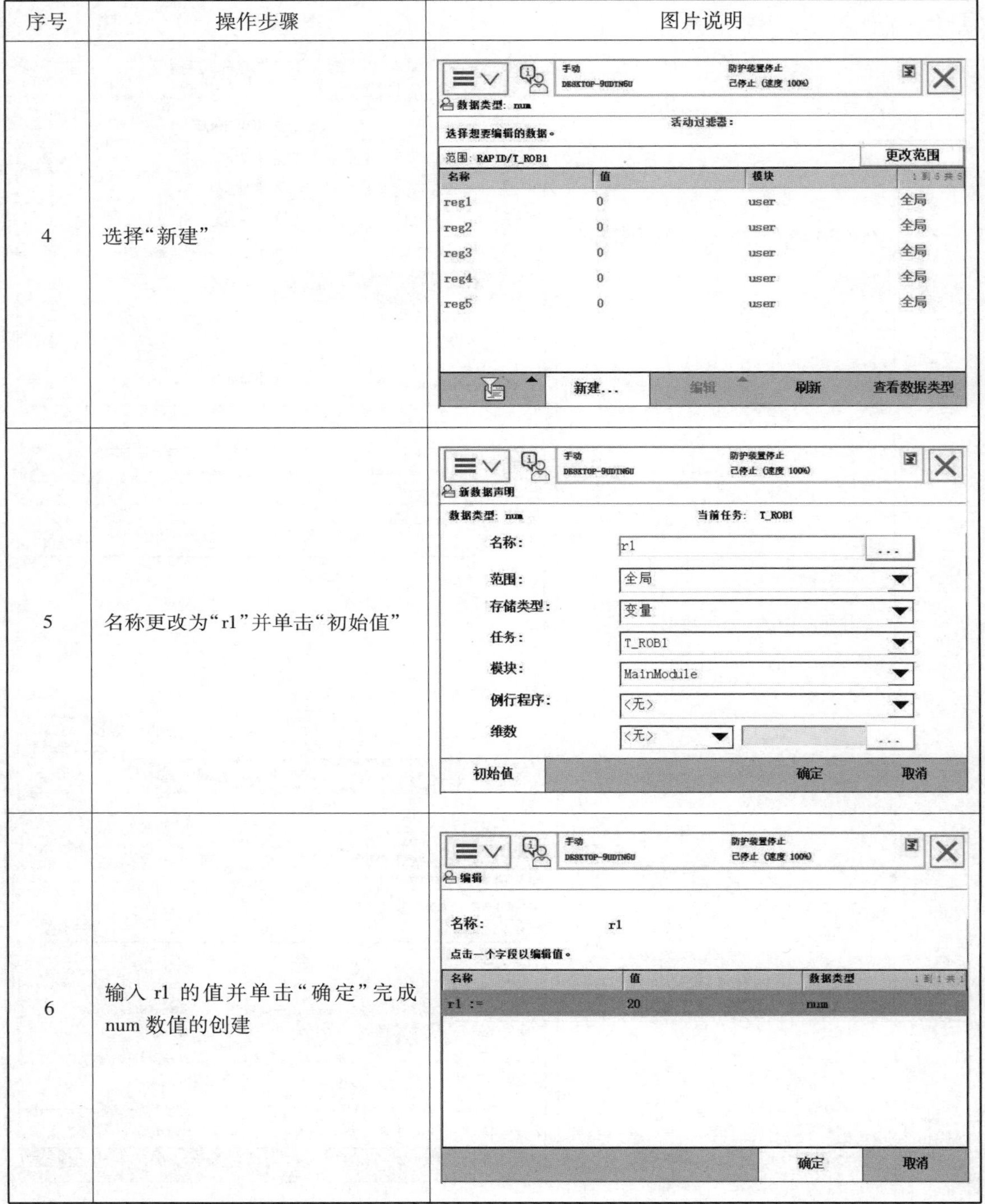

序号	操作步骤	图片说明
4	选择“新建”	
5	名称更改为“r1”并单击“初始值”	
6	输入 r1 的值并单击“确定”完成 num 数值的创建	

2) bool 数据

布尔值只有两个，即 true 和 false。在程序数据中首先声明一个布尔数据为 false，在程序运行前通过条件判断布尔值是否为 false，决定程序是否执行。bool 数据类型创建步骤如表4-3所示。

表 4-3　bool 数据创建

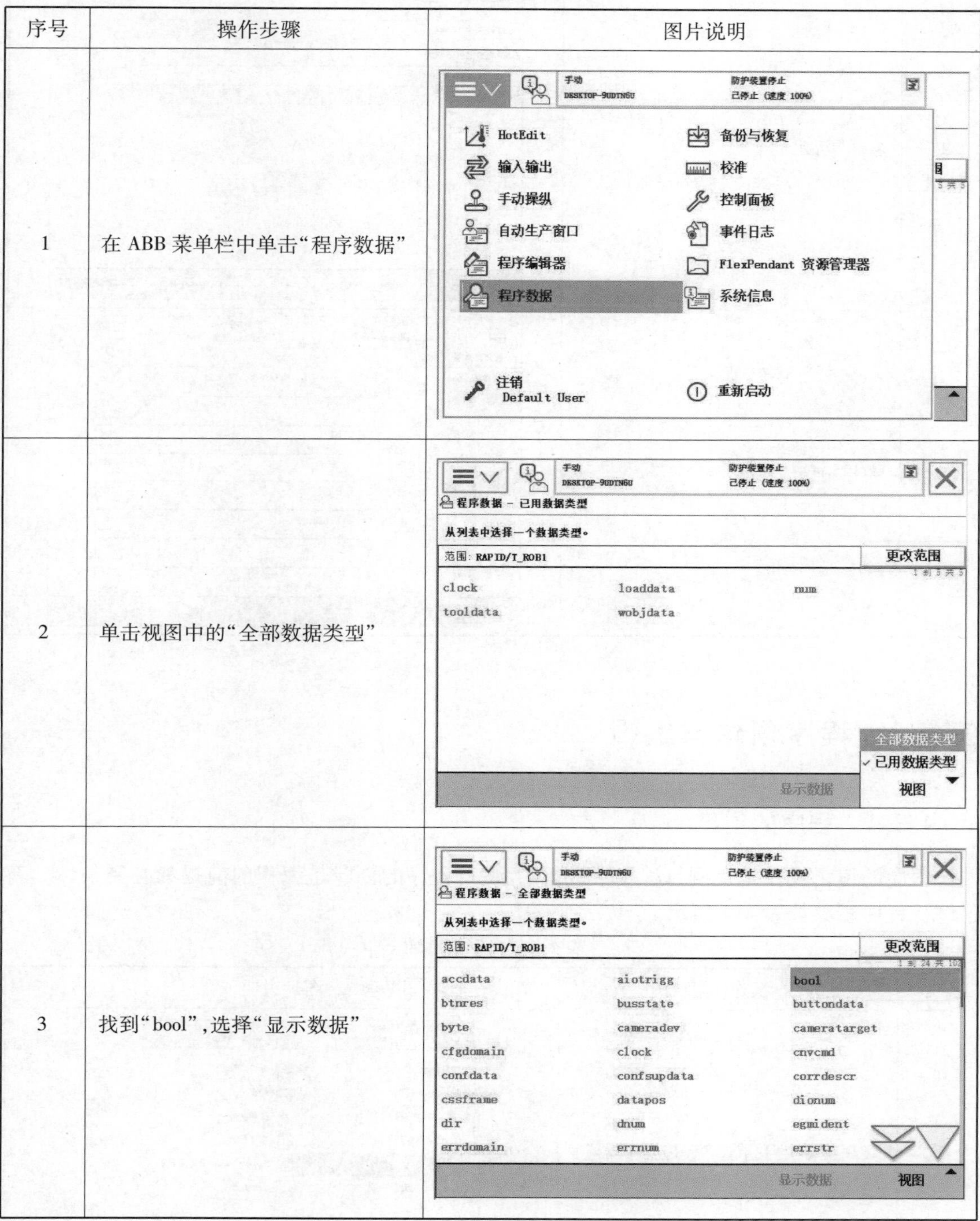

序号	操作步骤	图片说明
1	在 ABB 菜单栏中单击“程序数据”	
2	单击视图中的“全部数据类型”	
3	找到“bool”，选择“显示数据”	

续表

序号	操作步骤	图片说明
4	选择“新建”	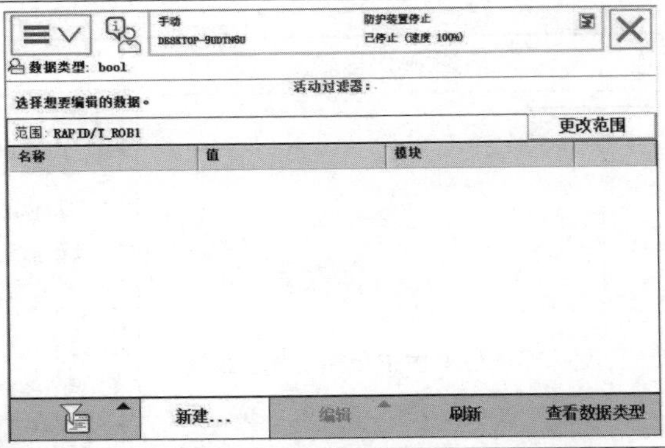
5	单击“确定”	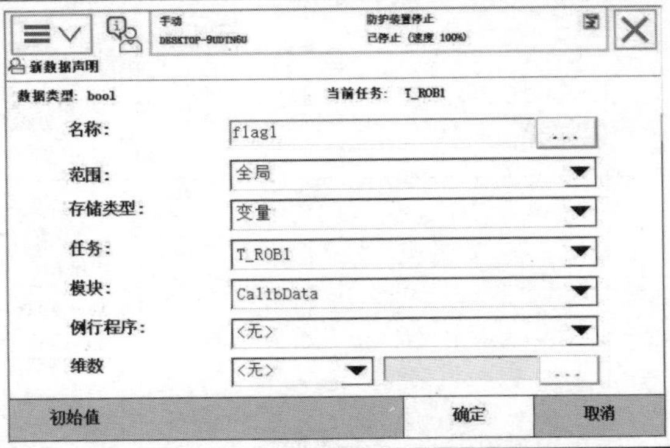

任务 2　程序创建与编辑

4.2.1　程序的创建

程序的编辑操作是在例行程序中进行的，例行程序的创建是编程的前提和必要条件。新建例行程序步骤如表 4-4 所示。

表 4-4　程序的创建

序号	操作步骤	图片说明
1	ABB 菜单栏下单击“程序编辑器”	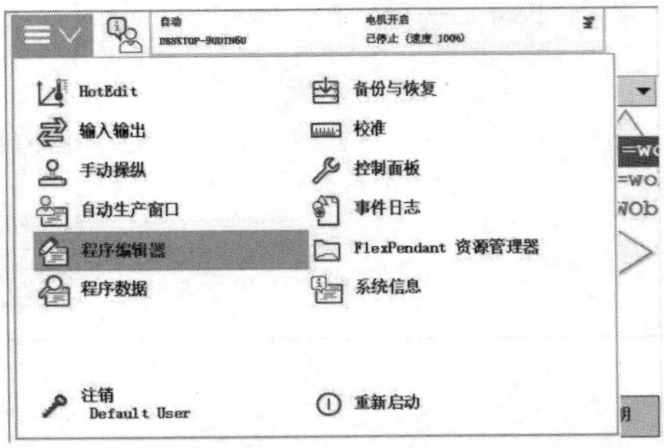

续表

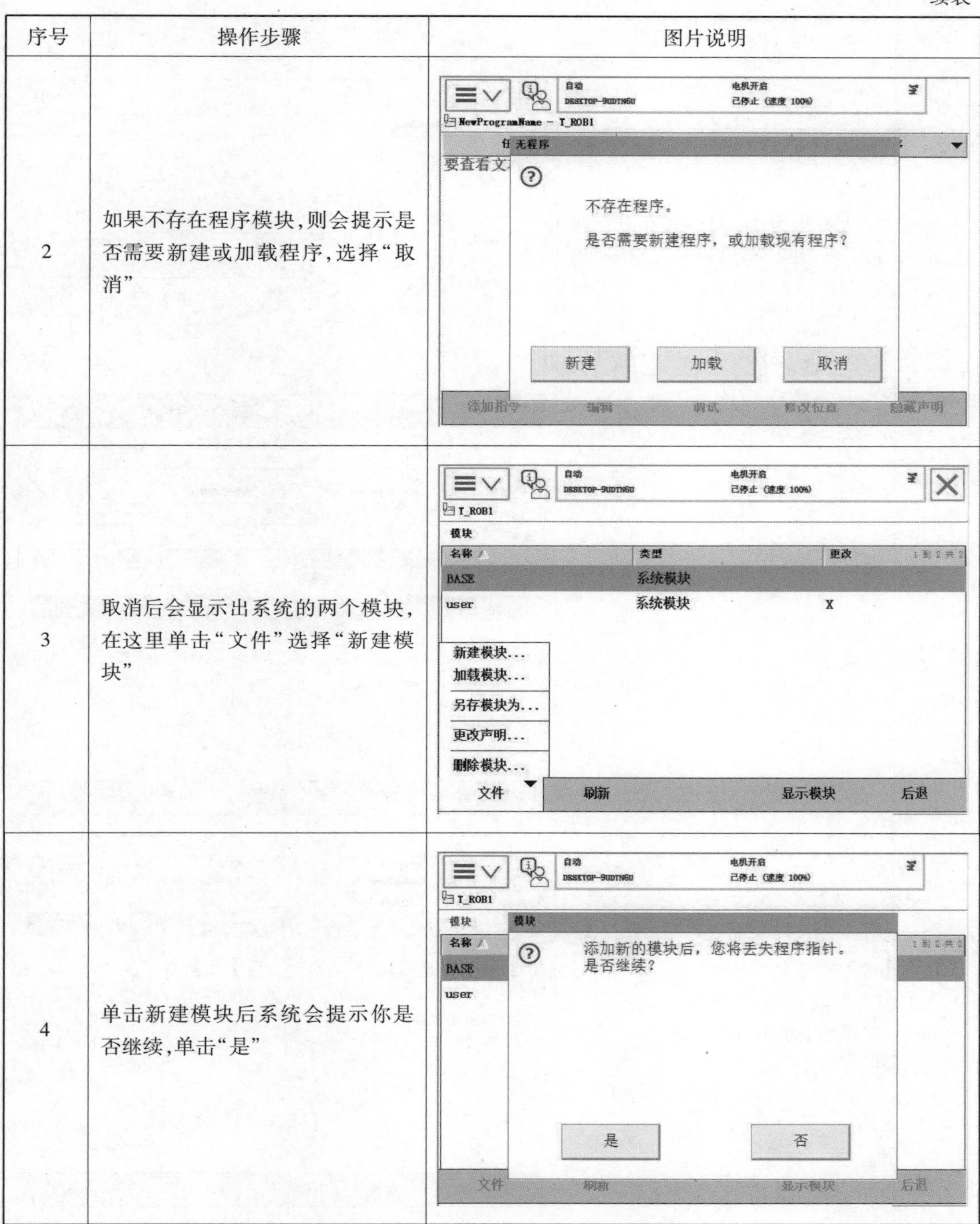

序号	操作步骤	图片说明
2	如果不存在程序模块，则会提示是否需要新建或加载程序，选择“取消”	
3	取消后会显示出系统的两个模块，在这里单击“文件”选择“新建模块”	
4	单击新建模块后系统会提示你是否继续，单击“是”	

续表

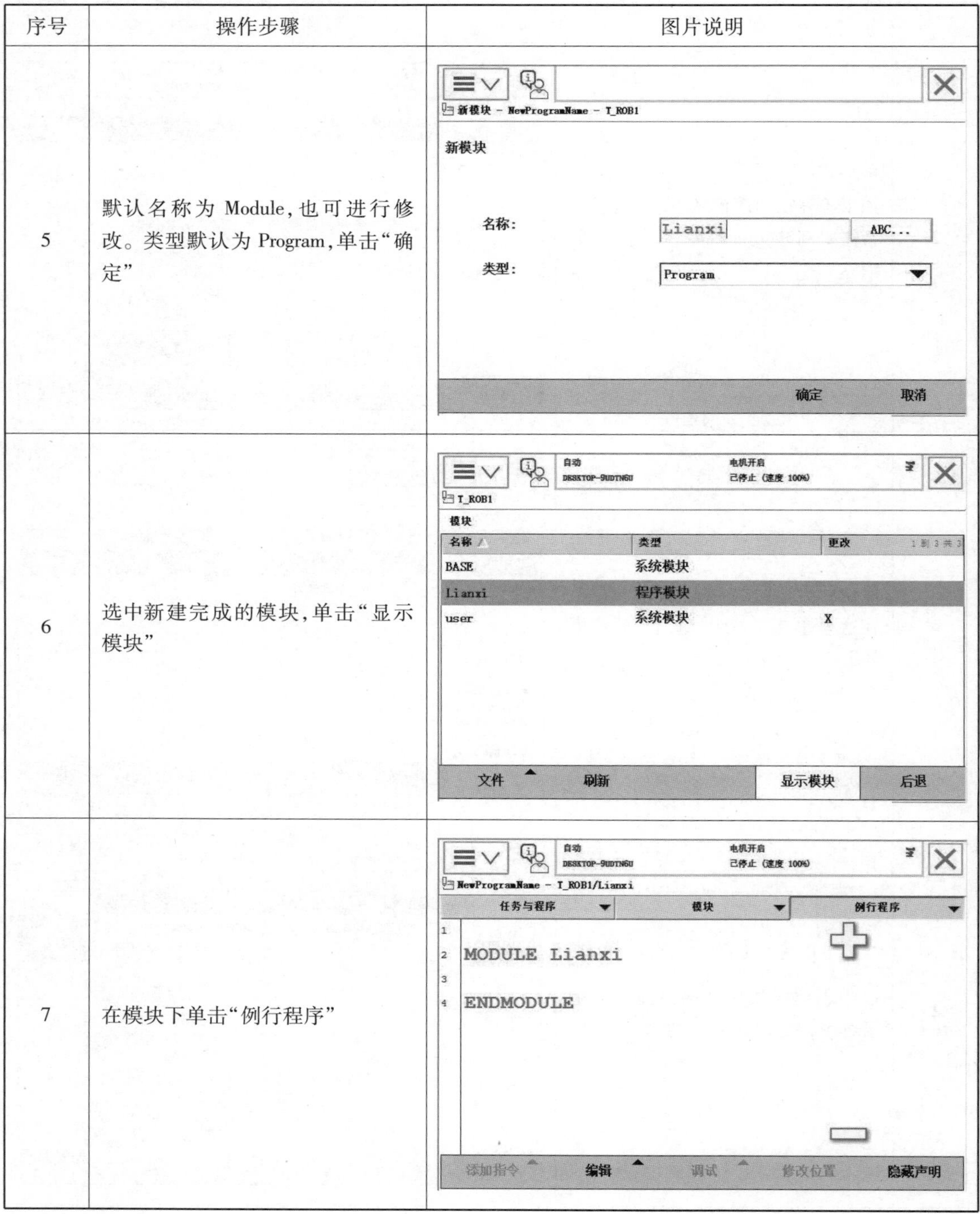

序号	操作步骤	图片说明
5	默认名称为 Module,也可进行修改。类型默认为 Program,单击“确定”	
6	选中新建完成的模块,单击“显示模块”	
7	在模块下单击“例行程序”	

续表

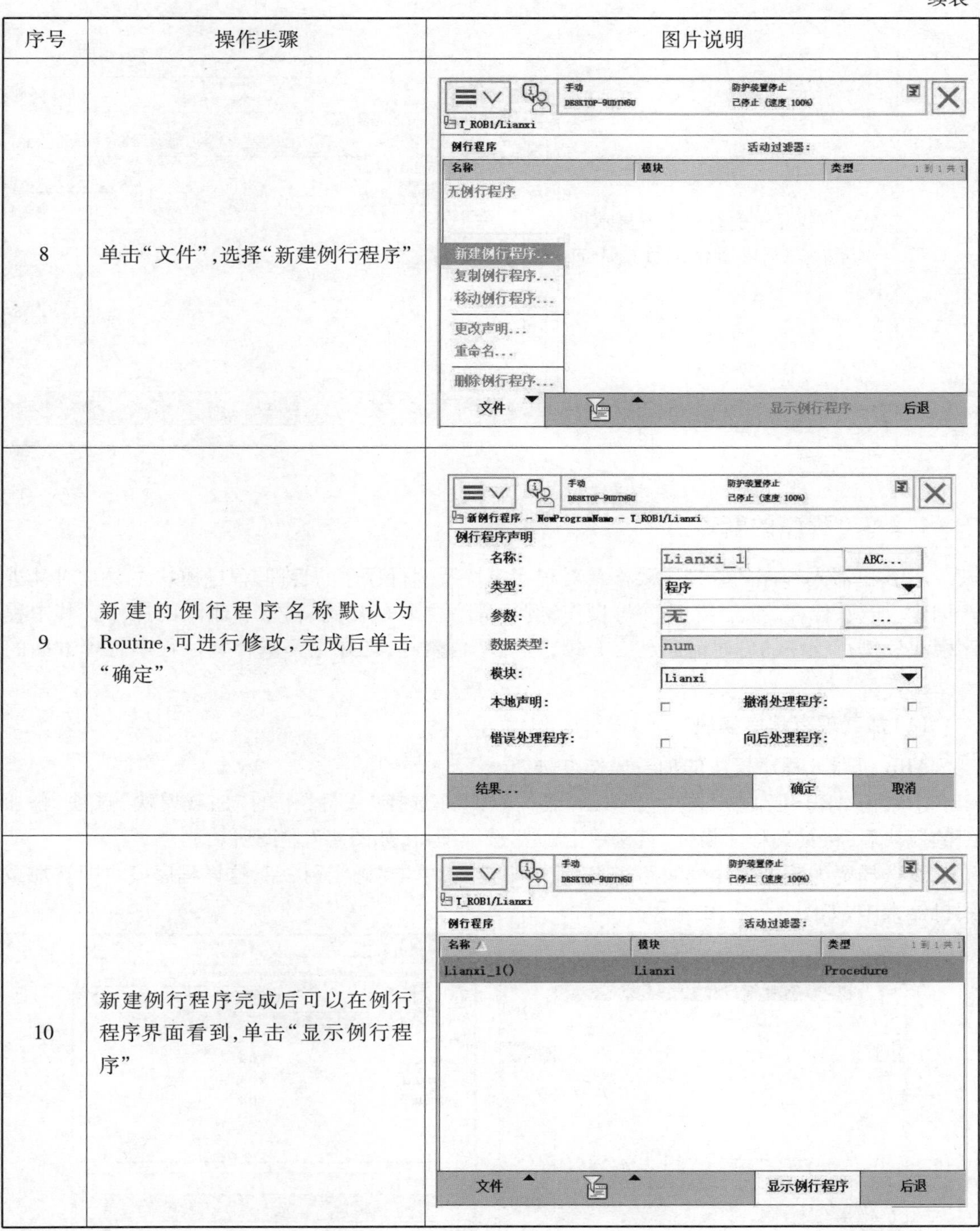

序号	操作步骤	图片说明
8	单击“文件”,选择“新建例行程序”	
9	新建的例行程序名称默认为Routine,可进行修改,完成后单击“确定”	
10	新建例行程序完成后可以在例行程序界面看到,单击“显示例行程序”	

续表

序号	操作步骤	图片说明
11	在当前的显示例行程序下显示出 < SMT >,完成新建例行程序的操作	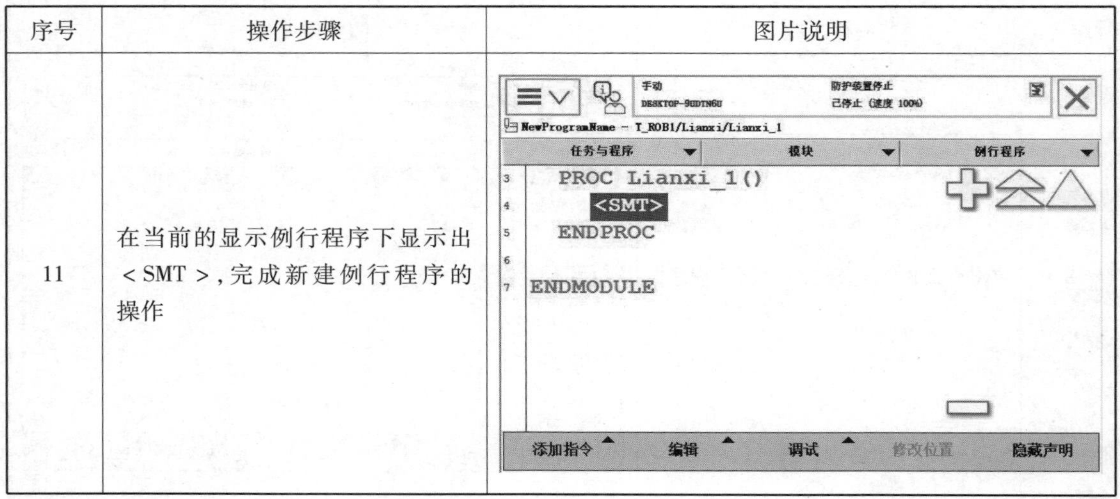

4.2.2 程序的管理

ABB 机器人程序的管理主要涉及对程序模块及例行程序的管理,程序模块主要是对其进行创建、加载、保存、重命名、删除等操作,例行程序主要是复制、移动和删除的操作。其中程序模块和例行程序的创建前面已有介绍,这里不再赘述,现在主要阐释其他程序管理方面的一些操作。

(1)加载现有程序模块

ABB 机器人程序模块的加载操作方法如下:

①单击 ABB 主菜单下的“程序编辑器”菜单,并选择“文件”下的“加载模块”选项,添加新的模块后,将丢失程序指针,直接单击“是”选项即可,如图 4-7 左图所示。

②选择要加载的程序模块路径,然后选中模块,单击“确定”按钮,这样程序模块即被加载到机器人中,如图 4-7 右图所示。

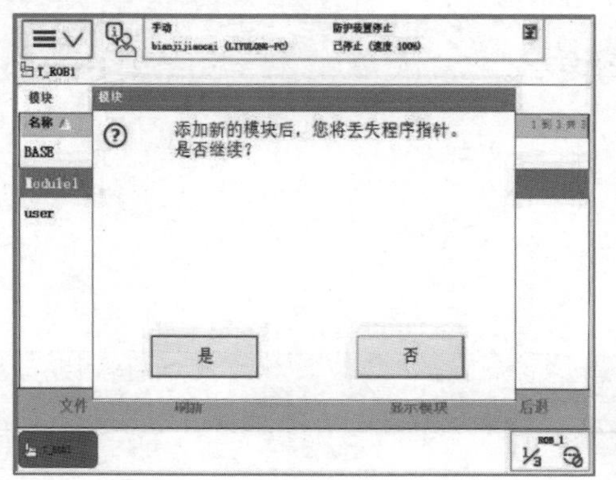

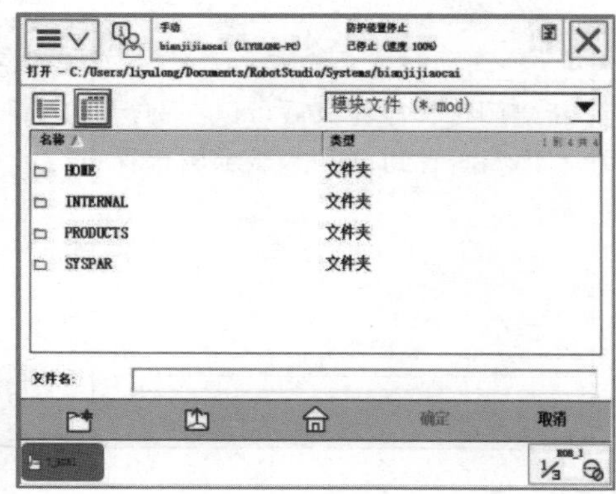

图 4-7 加载模块并选择相应文件

(2)保存程序模块

保存程序模块的具体操作方法如下：

①单击 ABB 主菜单下的“程序编辑器”菜单，选择要保存的程序模块，然后选择“文件”下的“另存模块为…”选项，如图 4-8 左图所示。

②可通过文件搜索工具确定程序模块的保存位置，并使用软键盘输出模块另存时的文件名称，然后单击“确定”按钮，进行保存，如图 4-8 右图所示。

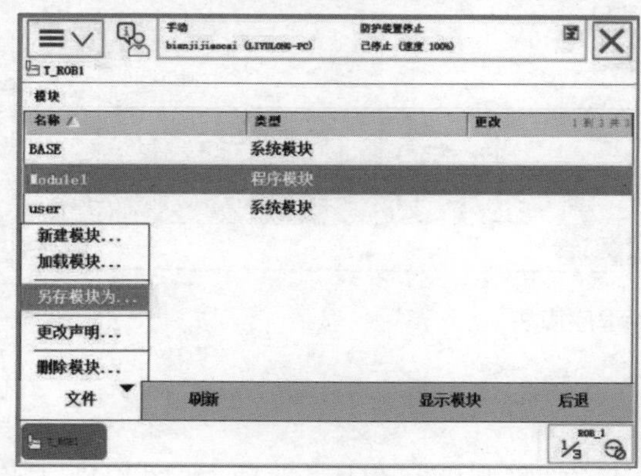

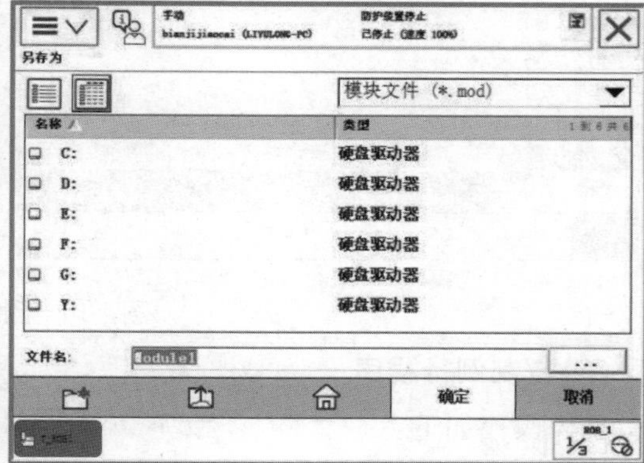

图 4-8　另存程序模块

(3)重命名程序模块和更改程序模块类型

具体的操作如下：

①单击 ABB 主菜单下的“程序编辑器”菜单，选择要更改的程序模块，并选择“文件”下的“更改声明”选项，如图 4-9 左图所示。

②单击“ABC…”按钮，调出软键盘，可对程序模块进行重命名操作，在“类型”一栏可更改程序模块的类型，完成后单击“确定”按钮即可，如图 4-9 右图所示。

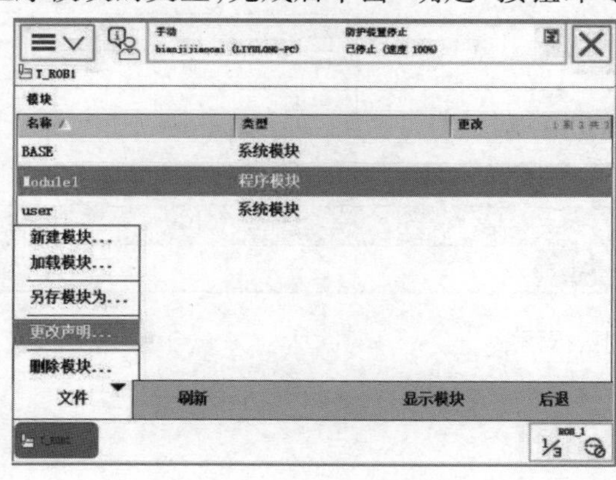

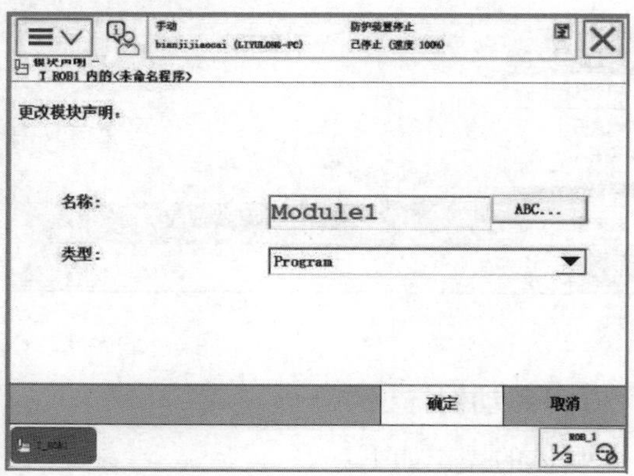

图 4-9　更改程序模块

(4)删除程序模块

具体的操作如下：

①单击 ABB 主菜单下的“程序编辑器”菜单，选择要删除的程序模块，并在“文件”下选择“删除模块”选项，如图 4-10 左图所示。

②之后弹出程序选择对话框，如图 4-10 右图所示，若单击“确定”按钮，则程序模块会删除且不会保存，若想先保存模块，则可单击“取消”按钮，进行保存后再对其进行删除。

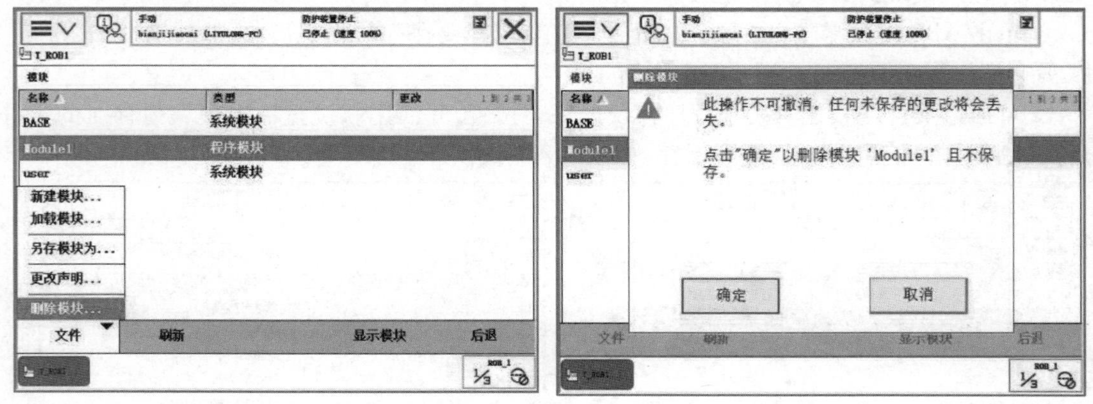

图 4-10　删除程序模块

(5) 复制例行程序

具体操作如下：

①选中要复制的例行程序，并选择“文件”下的“复制例行程序”选项，如图 4-11 左图所示。

②之后系统弹出如图 4-11 右图所示的界面，在此界面，可修改复制后的例行程序的名称、类型、参数及任务模块等参数，然后单击“确定”按钮。

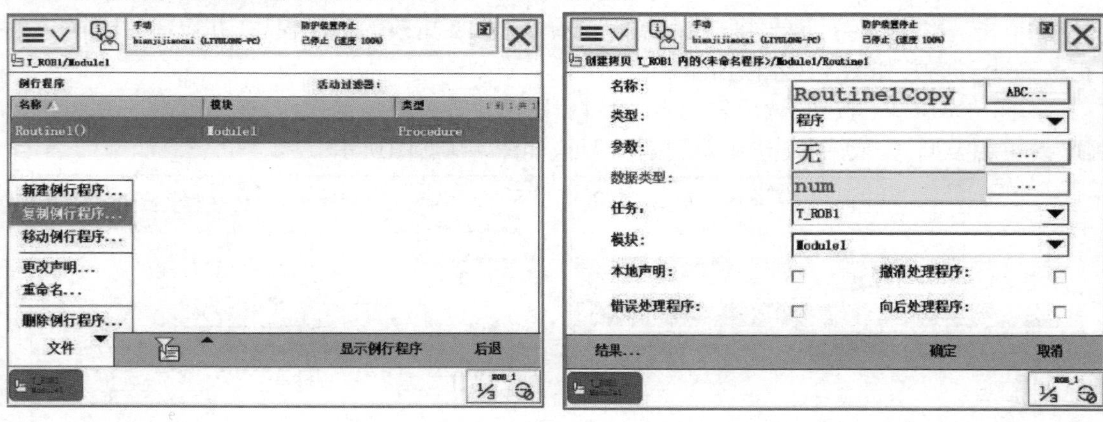

图 4-11　复制例行程序

(6) 移动例行程序

具体的操作如下：

①选中要移动的例行程序，并选择“文件”下的“移动例行程序”选项，如图 4-12 左图所示。

②接着系统弹出如图 4-12 右图所示的界面，只有“任务”与“模块”是可更改项，选择相应的“任务”或“模块”，例行程序则被移动至相应的“任务”或“模块”中。

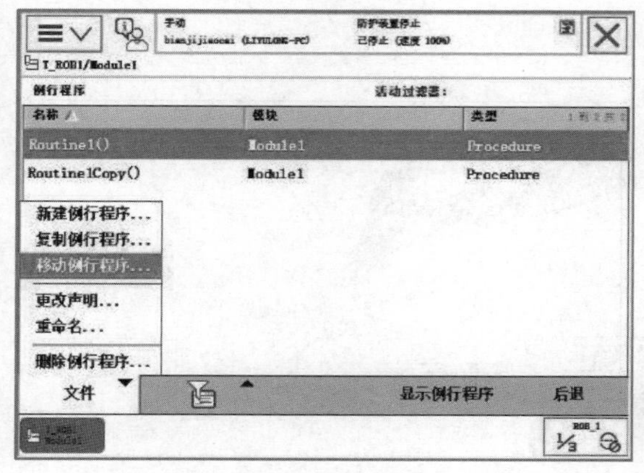

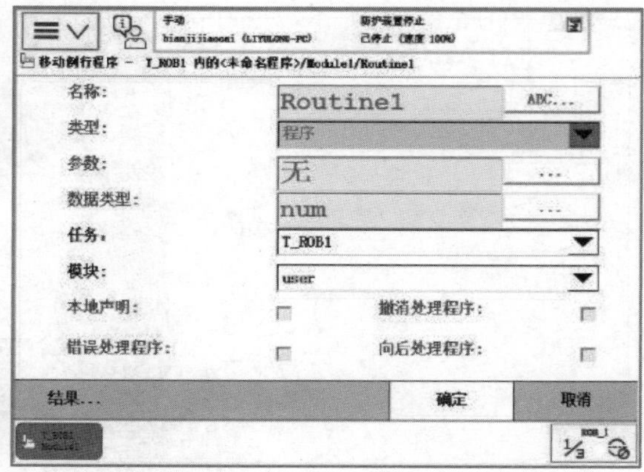

图 4-12　移动例行程序

任务 3　常用编程指令

4.3.1　动作指令

所谓动作指令，是指以指定的移动速度和移动方法使机器人向作业空间内的指定位置进行移动的控制语句。ABB 机器人在空间中的运动主要有关节运动(MoveJ)、线性运动(MoveL)、圆弧运动(MoveC)和绝对位置运动(MoveAbsJ)四种方式，如图 4-13 所示。

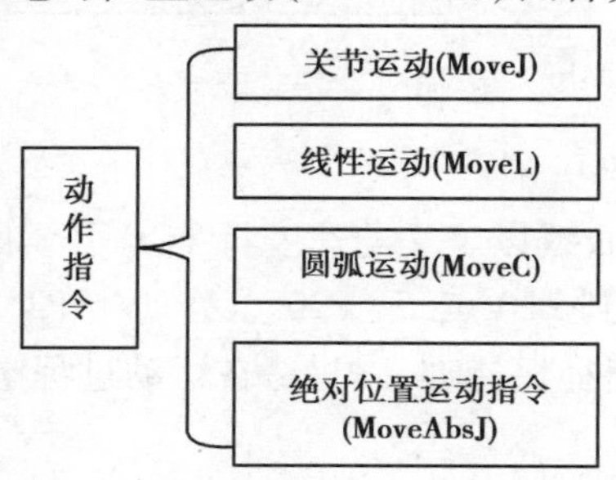

图 4-13　动作指令

(1)关节运动指令——MoveJ

关节运动是指机器人从起始点以最快的路径移动到目标点，这是时间最快也是最优化的轨迹路径，但是最快的路径不一定是直线，由于机器人做回转运动，且所有轴的运动都是同时开始和结束，所以机器人的运动轨迹无法精确地预测，如图 4-14 所示。这种轨迹的不确定性也限制了这种运动方式只适合于机器人在空间大范围移动且中间没有任何遮挡物，所以机器人在调试以及试运行时，应该在阻挡物体附近降低速度来测试机器人的移动特性，否则可能发生碰撞，由此造成部件、工具或机器人损伤。

关节运动指令语句形式如图 4-15 所示。

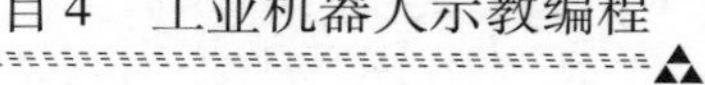

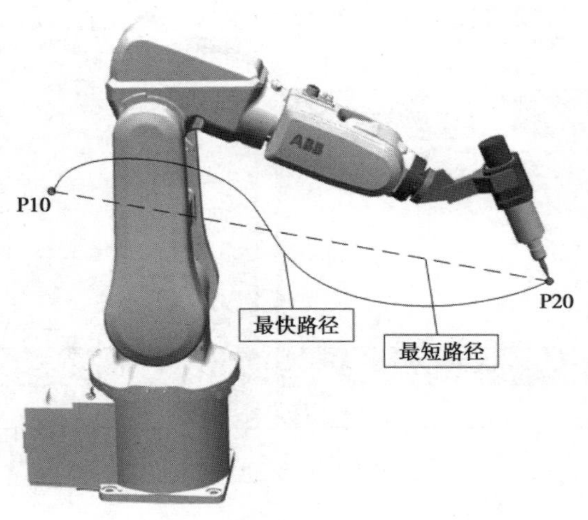

图 4-14　关节运动

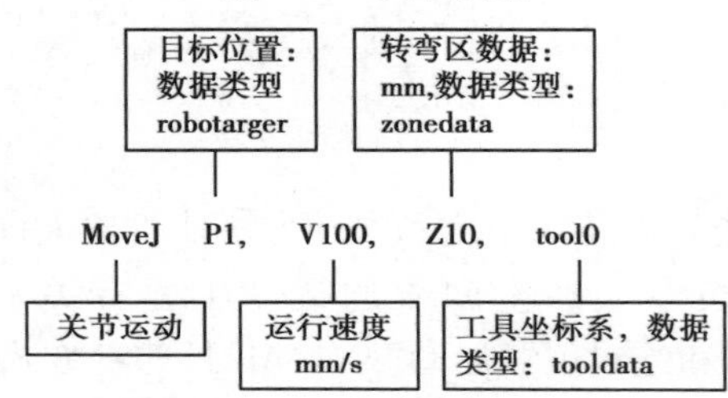

图 4-15　关节运动指令

(2)线性运动指令——MoveL

线性运动是机器人沿一条直线以定义的速度将 TCP 引至目标点，如图 4-16 所示，机器人从 P10 点以直线运动方式移动到 P20 点，从 P20 点移动到 P30 点也是以直线运动方式，机器人的运动状态是可控的，运动路径保持唯一，只是在运动过程中有可能出现死点，常用于机器人在工作状态的移动。

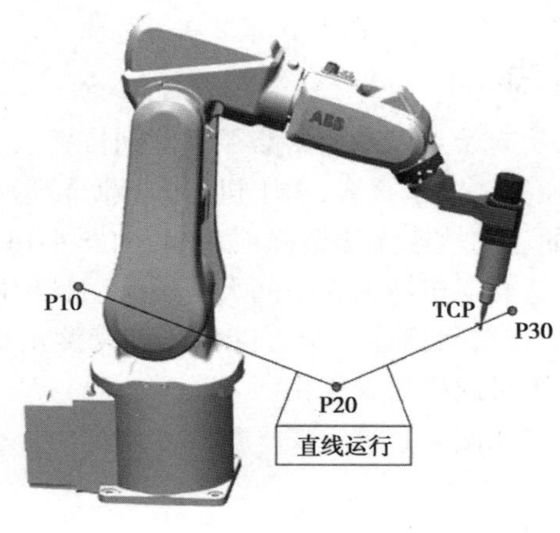

图 4-16　线性运动

线性指令运动语句形式如图 4-17 所示。

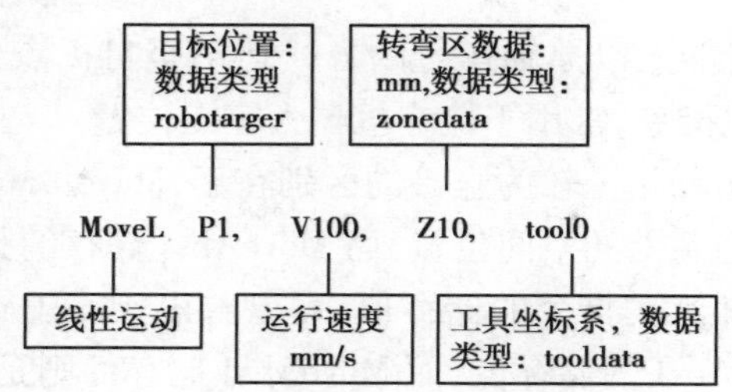

图 4-17　线性运动指令

(3) 圆弧运动指令——MoveC

圆弧运动是机器人沿弧形轨道以定义的速度将 TCP 移动至目标点，如图 4-18 所示，弧形轨道是通过起始点、中间点和目标点进行定义的。上一条指令以精确定位方式到达的目标点可以作为起始点，中间点是圆弧从起始点到目标点中的一个过渡点，X、Y 和 Z 起决定性作用。起始点、中间点和目标点在空间的一个平面上，为了使控制部分准确地确定这个平面，三个点之间离得越远越好。

在圆弧运动中，机器人运动状态可控，运动路径保持唯一，常用于机器人在工作状态的移动。限制是机器人不可能通过一个 MoveC 指令完成一个圆。

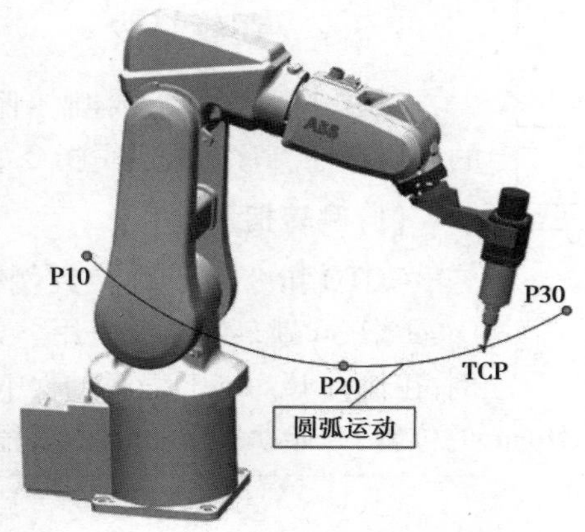

图 4-18　圆弧运动

圆弧运动的指令形式如图 4-19 所示。

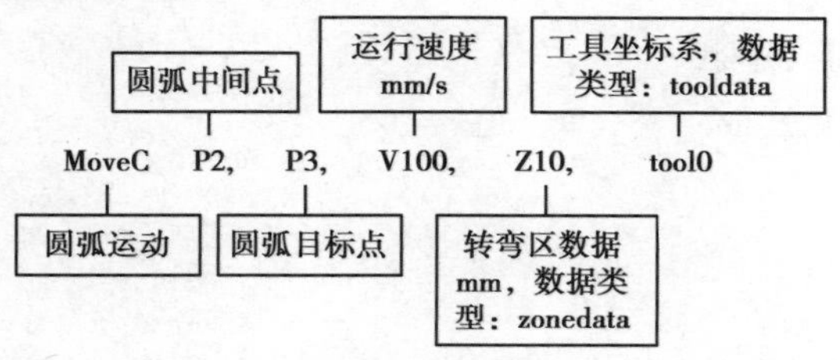

图 4-19　圆弧运动指令

(4)绝对位置运动指令——MoveAbsJ

绝对位置运动指令是机器人以单轴运行的方式运动至目标点，运动状态完全不可控，需要避免在正常生产中使用此指令，常用于检查机器人零点位置。

MoveAbsJ 与另外三个运动指令较为直接的区别在于，MoveJ、MoveL 和 MoveC 运动指令储存的 TCP 点针对于相应坐标系上的空间位置，而 MoveAbsJ 储存的是机器人六轴的关节角度。如图 4-20 左图所示为 MoveJ 运动指令的储存值，可以看出 MoveJ 储存的是 x、y、z 三轴的值。如图 4-20 右图所示为 MoveAbsJ 的储存值，而 MoveAbsJ 储存的则是六个轴的角度。不同的储存方式也决定了指令不同的用途。

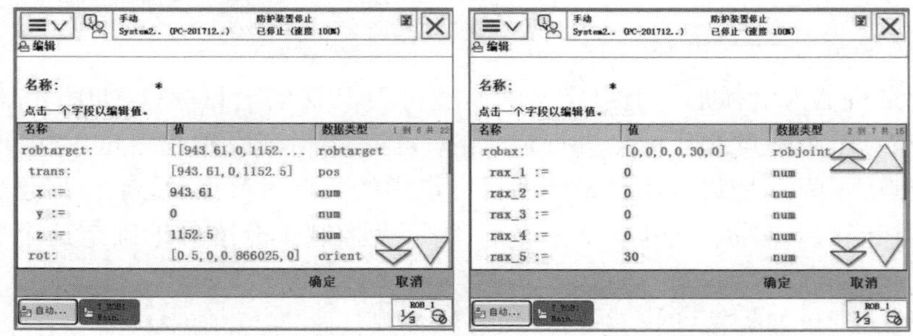

图 4-20　MoveJ 与 MoveAbsJ 运动指令储存值的区别

4.3.2　逻辑指令

ABB 逻辑指令用于控制例行程序的逻辑顺序，确保程序的可执行性。常用的逻辑指令如图 4-21 所示。

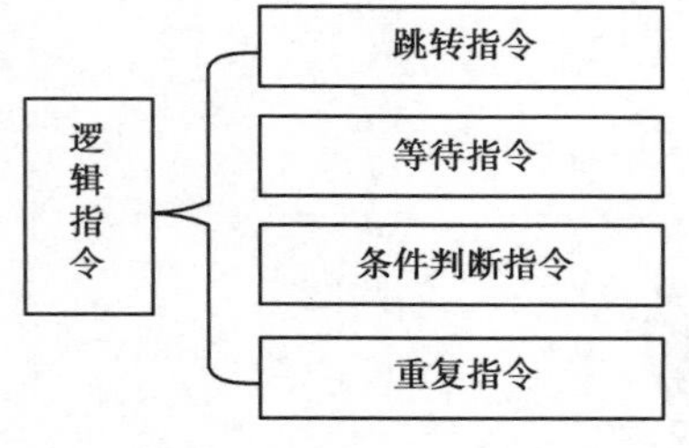

图 4-21　常用逻辑指令

(1)跳转指令

GOTO 指令用于跳转到例行程序内标签的位置，配合 Label 指令(跳转标签)使用。如下为 GOTO 指令的使用实例，在执行 Routine1 程序过程中，当判断条件 di = 1 时，程序指针会跳转到带跳转标签 rHome 的位置，开始执行 Routine2 的程序。

```
MODULE Module1
    PROC Routine1( )
        rHome: - - - - - - - - - - - - - - -跳转标签 Label 的位置
        Routine2;
        IF di1  =  1 THEN
            GOTO rHome;
        ENDIF
    ENDPROC
PROC Routine2( )
MoveJ p10, v1000, z50, tool0;
ENDPROC
ENDMODULE
```

(2)等待指令

等待指令可以使程序进入等待状态,直到设定的条件或者状态达到为止。等待指令主要有时间等待和信号等待。

1)时间等待指令

时间等待指令主要是指等待指定的时间,具体的句法为“Wait Time SEC”,等待的时间值可以用具体的数值来表示,也可以用合适的变量或表达式来表示,如图4-22左图所示为用具体的数值来表示的时间等待,如图4-22右图所示为用表达式来表示的具体等待时间。

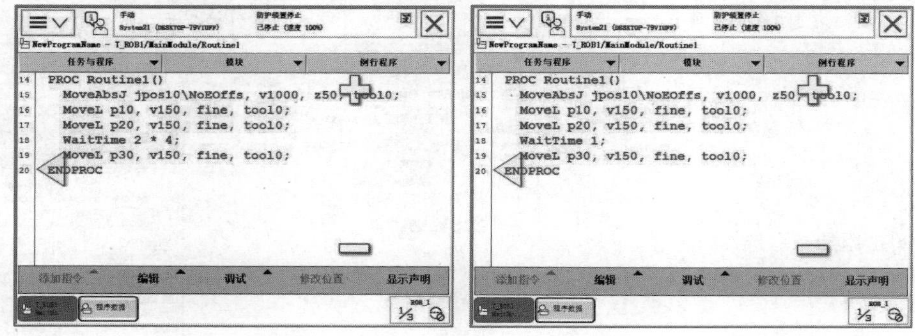

图4-22　时间等待指令形式

2)信号等待指令

信号等待函数是在满足条件时才切换到继续进程,使过程得以继续,若机器人等待超过最长时间后,机器人将停止运行,并显示相应出错信息或进入机器人错误处理程序。常用的指令句法有:

①WaitDI signaldi,1/0——只有当等待的信号为0或1时才执行后面的程序。

②WaitDO signaildo,1/0——只有当等待的信号为0或1时才执行后面的程序。

③WaitUntil　<EXP>——只有当等待的条件满足时,才执行后面的程序。

上述的几种信号等待函数,如果同时选用参变量“\MaxTime”和参变量“\MaxTimeFlag”,等待超过最长时间后,无论是否满足等待的状态,机器人都将自动执行下一句指令,如果在最长等待时间内得到相应信号,则将逻辑量置为FALSE;如果超过最长等待时间,则将逻辑量置为TRUE,如图4-23所示。

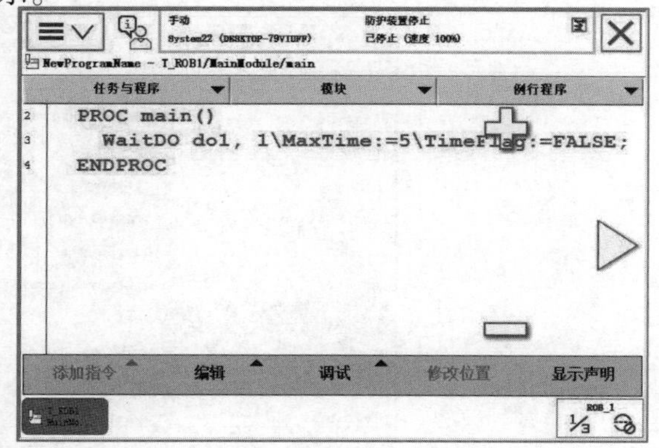

图4-23　信号等待指令

(3)条件判断指令

根据是否满足条件,执行不同的指令时,使用 IF。

示例:IF reg1 >5 THEN

Set do1;

ENDIF

仅当 reg1 大于 5 时,设置信号 do1。操作如表 4-5 所示。

表 4-5　条件判断指令

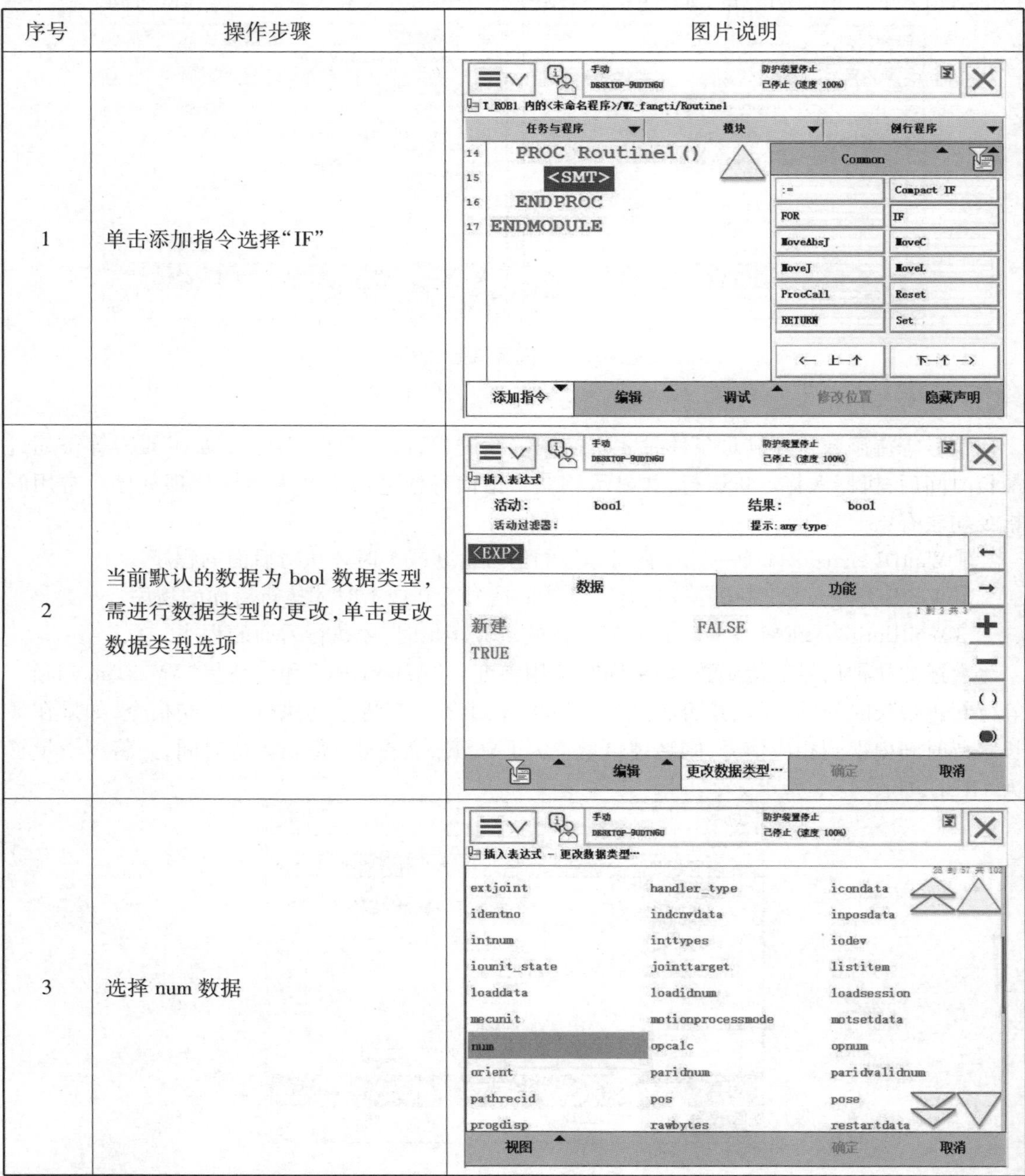

序号	操作步骤	图片说明
1	单击添加指令选择“IF”	
2	当前默认的数据为 bool 数据类型,需进行数据类型的更改,单击更改数据类型选项	
3	选择 num 数据	

续表

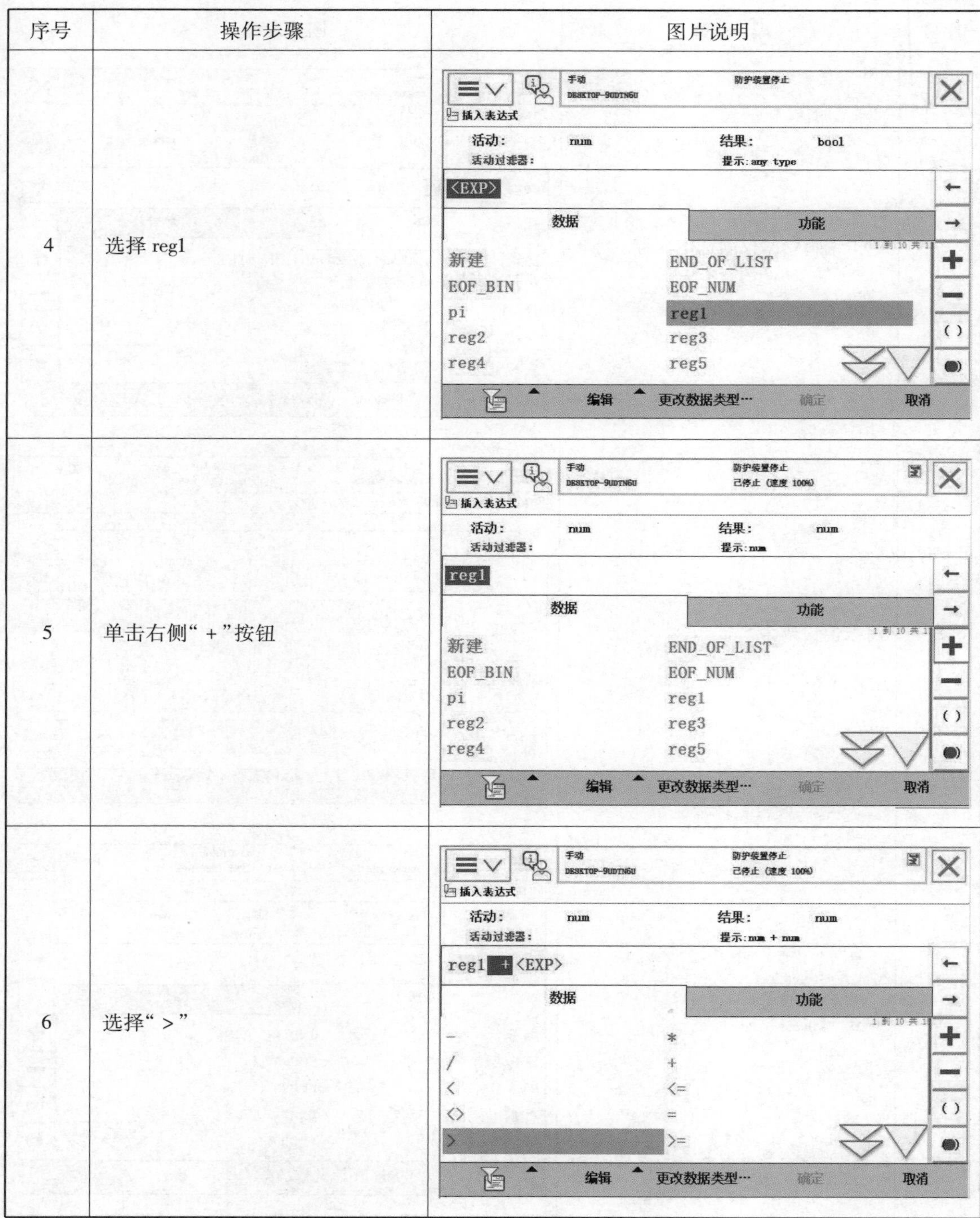

序号	操作步骤	图片说明
4	选择 reg1	
5	单击右侧“+”按钮	
6	选择“>”	

续表

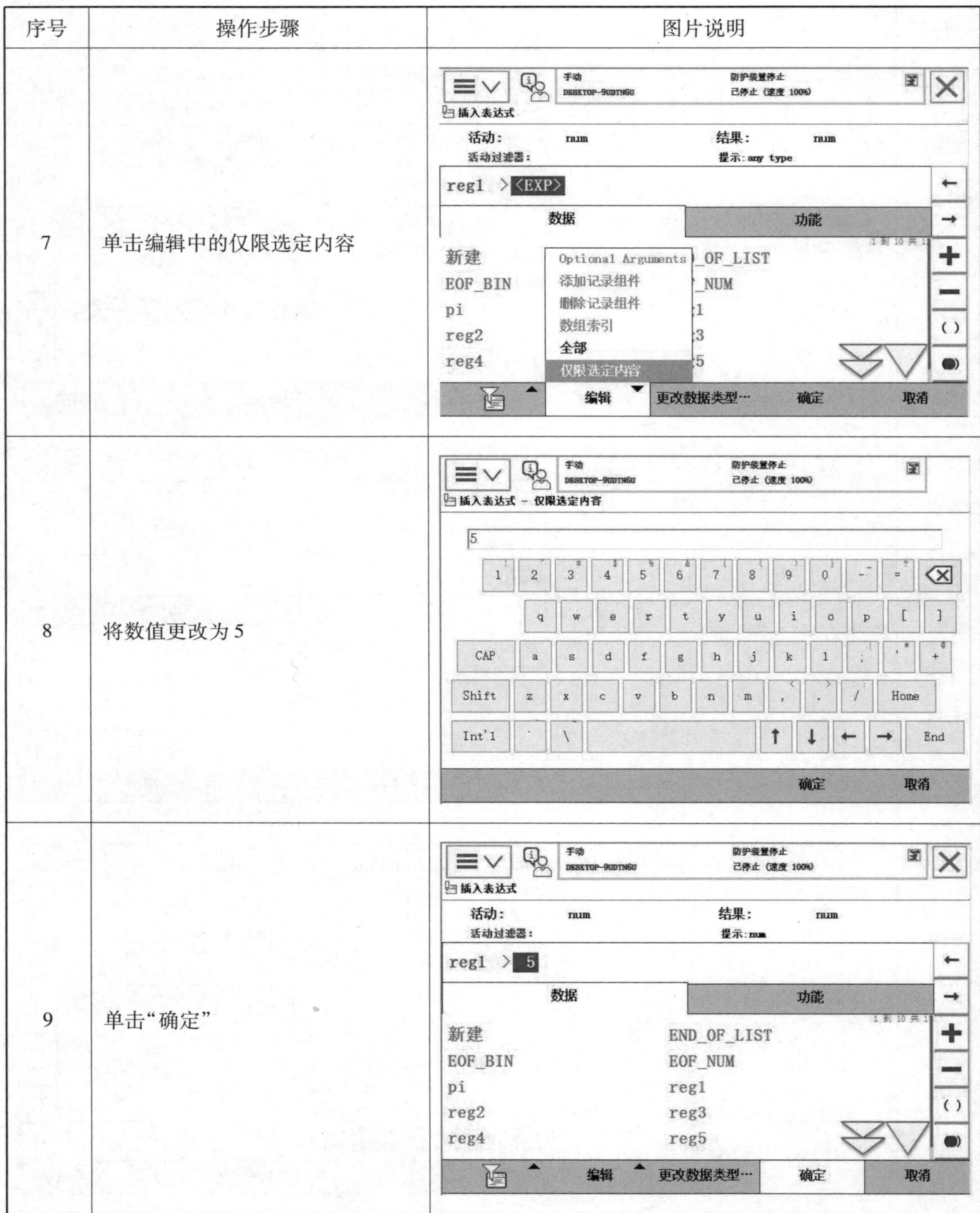

序号	操作步骤	图片说明
7	单击编辑中的仅限选定内容	
8	将数值更改为 5	
9	单击“确定”	

续表

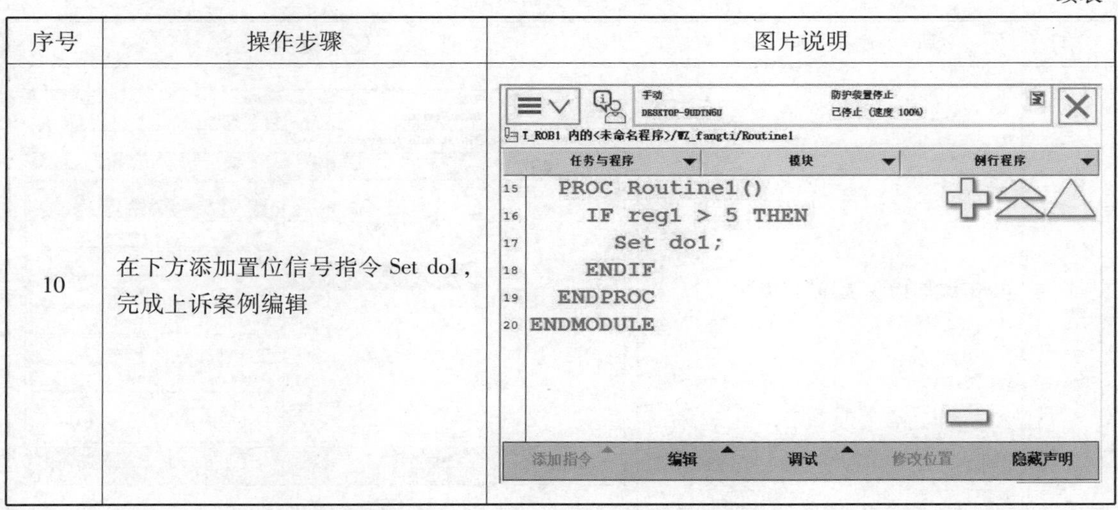

序号	操作步骤	图片说明
10	在下方添加置位信号指令 Set do1，完成上诉案例编辑	

(4)**重复循环指令**

1)While 语句

只要给定条件表达式评估为 TRUE 值，便重复 WHILE 块中的指令直至评估为 FALSE。当重复一些指令时，使用 WHILE。WHILE 语句和 FOR 循环相似并且都可以用作循环。不同的是 WHILE 可用于不确定时的循环，而 FOR 循环的次数是明确的。

示例：
```
WHILE reg1 < reg2 DO
    …
    reg1 := reg1 + 1;
    ENDWHILE
```

只要 reg1 < reg2，则重复 WHILE 块中的指令。

(2)**FOR 语句**

FOR(循环指令)：重复一个或多个指令。

示例：
```
FOR i FROM 1 TO 5 DO
    routine1;
    ENDFOR
```

重复 routine1 无返回值程序 5 次

以 WHILE 语句为例，具体操作如表 4-6 所示。

表 4-6　重复循环指令

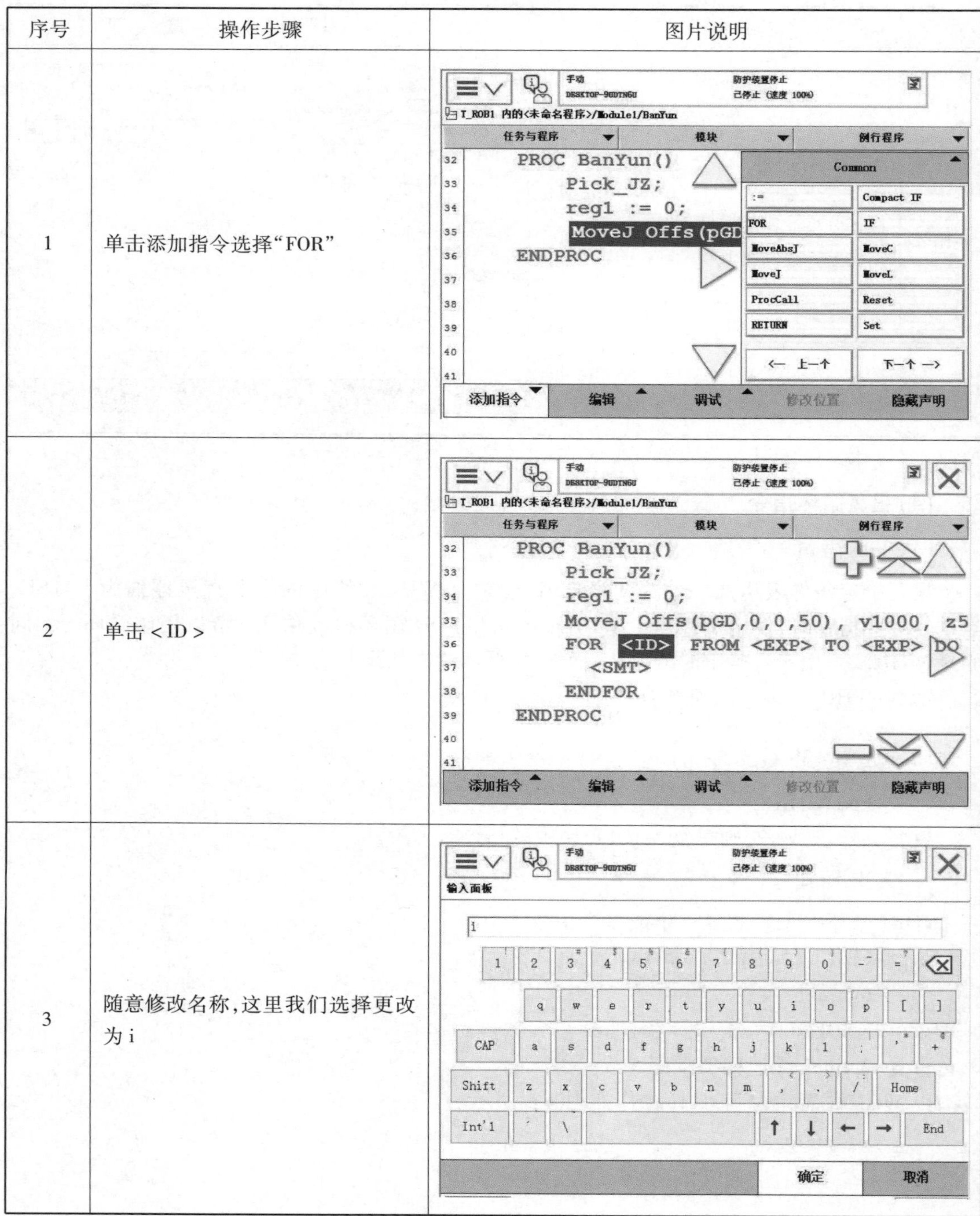

序号	操作步骤	图片说明
1	单击添加指令选择“FOR”	
2	单击 <ID>	
3	随意修改名称，这里我们选择更改为 i	

续表

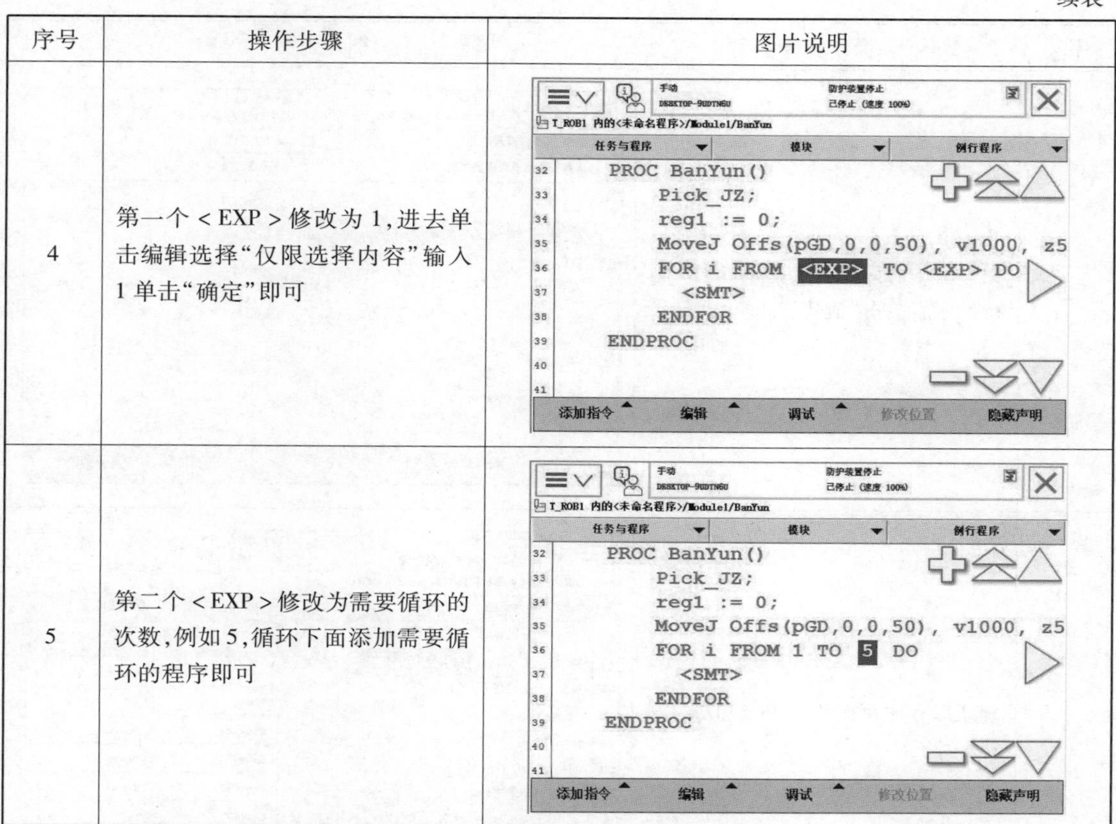

序号	操作步骤	图片说明
4	第一个 < EXP > 修改为 1，进去单击编辑选择“仅限选择内容”输入 1 单击“确定”即可	
5	第二个 < EXP > 修改为需要循环的次数，例如 5，循环下面添加需要循环的程序即可	

4.3.3　其他功能指令介绍

(1) 调用例行程序指令

ProcCall（调用一个无返回值的例行程序）在程序的运行过程中调用其他例行程序。具体操作如表 4-7 所示。

表 4-7　调用例行程序

序号	操作步骤	图片说明
1	单击“添加指令”选择 ProCall	

续表

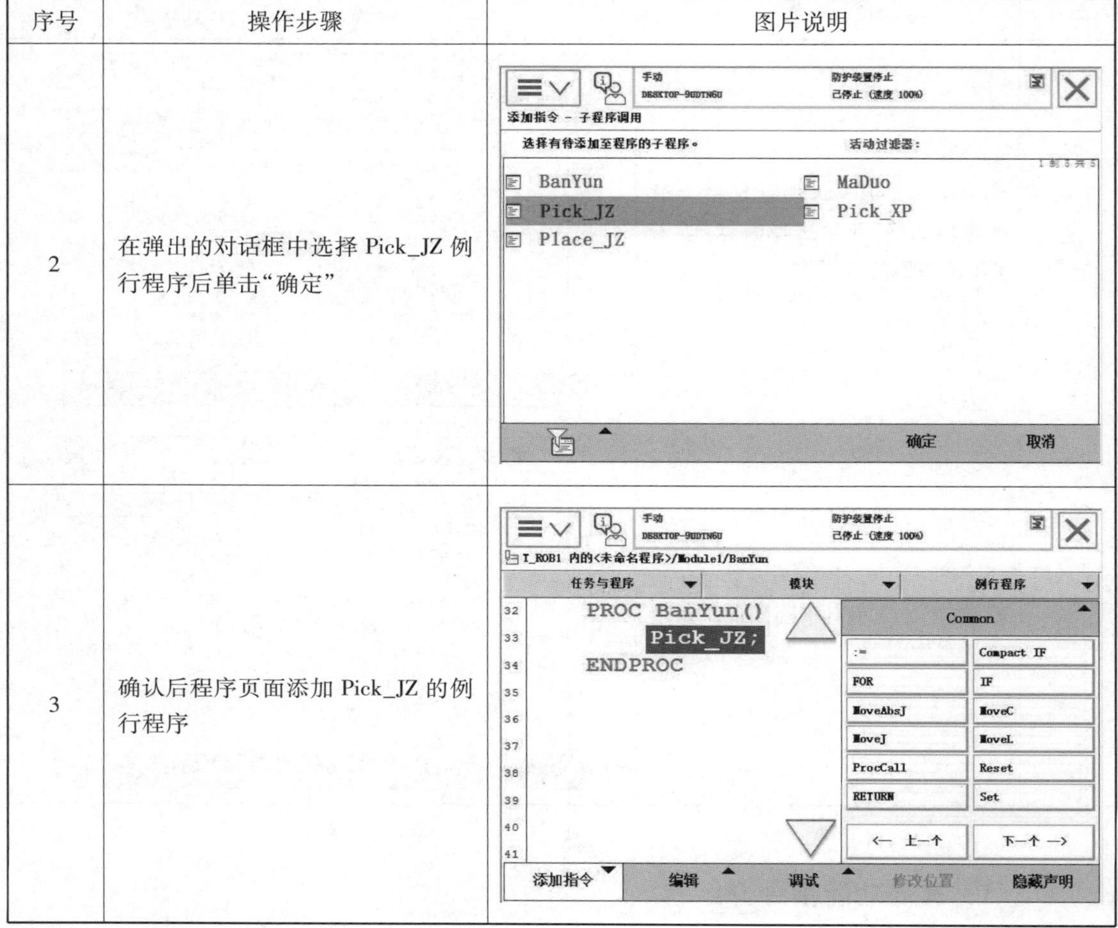

序号	操作步骤	图片说明
2	在弹出的对话框中选择 Pick_JZ 例行程序后单击“确定”	
3	确认后程序页面添加 Pick_JZ 的例行程序	

(2)赋值指令

赋值指令“:=”用于对程序数据进行赋值,赋值可以是一个常量或数学表达式。

常量赋值:reg1:=5 数学表达式赋值:reg2:=reg1 +4

被赋值的对象为 num 数据,我们可以在程序数据中找到 num 类型,自己创建任意数据名称,模块选用我们要应用的模块,范围默认全局即可,初始值一般为 0。当然系统中已有创建完成的数据为 reg1 ~5,方便起见,我们就直接使用 reg1,具体步骤如表 4-8 所示。

表 4-8　赋值指令

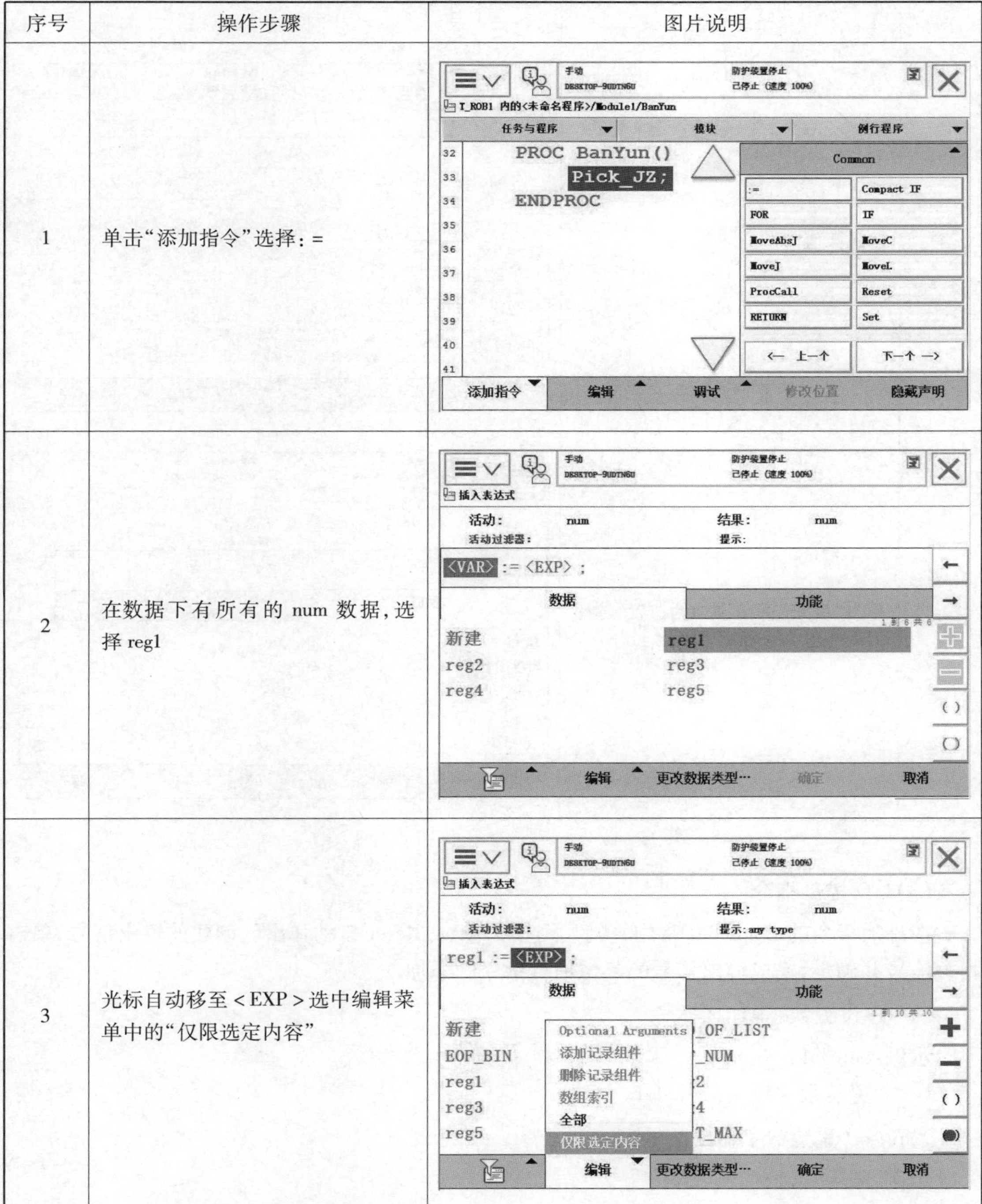

序号	操作步骤	图片说明
1	单击“添加指令”选择：=	
2	在数据下有所有的 num 数据，选择 reg1	
3	光标自动移至<EXP>选中编辑菜单中的“仅限选定内容”	

续表

序号	操作步骤	图片说明
4	输入数值“0”	
5	单击“确定”弹出添加的位置，选择上方或者下方即可	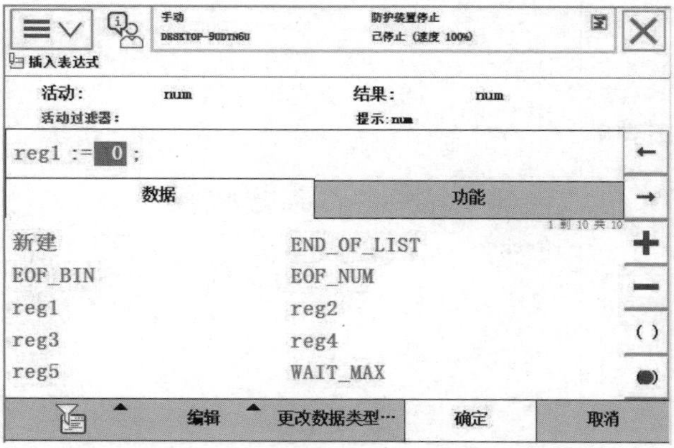

(3) I/O 控制指令

在添加指令的 Common(常用)类型下选择 Set 或 Reset 自动弹出已创建的输出信号，单击相关信号并确定，完成输出信号的复位信号指令的添加。

1) Set(设置数字输出信号)

示例：Set do1;

置位数字输出信号 do1。

2) Reset(重置数字输出信号)

示例：Reset do1;

复位数字输出信号 do1。

(4) 偏移指令

偏移指令有 Offs 和 RelTool 两种偏移方式，Offs 是基于工件坐标系下的 XYZ 的平移，而 Reltool 是指在工具坐标系下的平移，除此之外还可以设置工具的旋转角度。

示例：MoveL Offs(p2，0，0，10)，v1000，z50，tool1；
　　将机械臂移动至距位置 p2(沿 z 方向)10 mm 的一个点。
　　MoveL RelTool (p1，0，0，100\RZ：=25)，v100，fine，tool1；
　　沿工具的 z 方向，使机械臂旋转 25°的同时移动至距 p1 达 100 mm 的位置。

具体操作如表 4-9 所示。

表 4-9　偏移指令使用

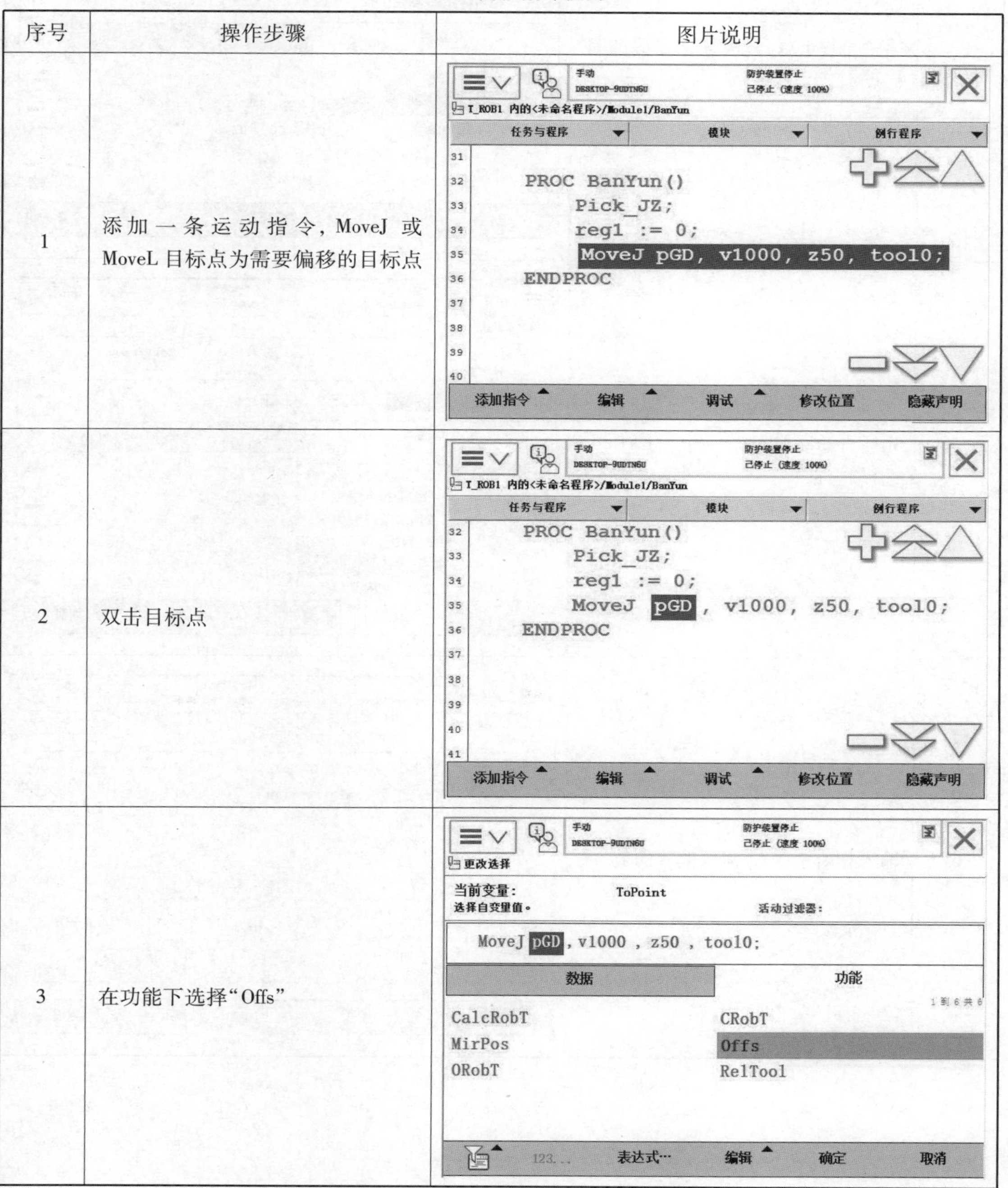

序号	操作步骤	图片说明
1	添加一条运动指令，MoveJ 或 MoveL 目标点为需要偏移的目标点	手动 DESKTOP-9UDTN6U 防护装置停止 已停止 (速度 100%) T_ROB1 内的<未命名程序>/Module1/BanYun 任务与程序 模块 例行程序 PROC BanYun() Pick_JZ; reg1 := 0; MoveJ pGD, v1000, z50, tool0; ENDPROC 添加指令 编辑 调试 修改位置 隐藏声明
2	双击目标点	手动 DESKTOP-9UDTN6U 防护装置停止 已停止 (速度 100%) T_ROB1 内的<未命名程序>/Module1/BanYun 任务与程序 模块 例行程序 PROC BanYun() Pick_JZ; reg1 := 0; MoveJ pGD , v1000, z50, tool0; ENDPROC 添加指令 编辑 调试 修改位置 隐藏声明
3	在功能下选择“Offs”	手动 DESKTOP-9UDTN6U 防护装置停止 已停止 (速度 100%) 更改选择 当前变量： ToPoint 选择自变量值。 活动过滤器： MoveJ pGD , v1000 , z50 , tool0; 数据 功能 1 到 6 共 6 CalcRobT CRobT MirPos Offs ORobT RelTool 123... 表达式… 编辑 确定 取消

续表

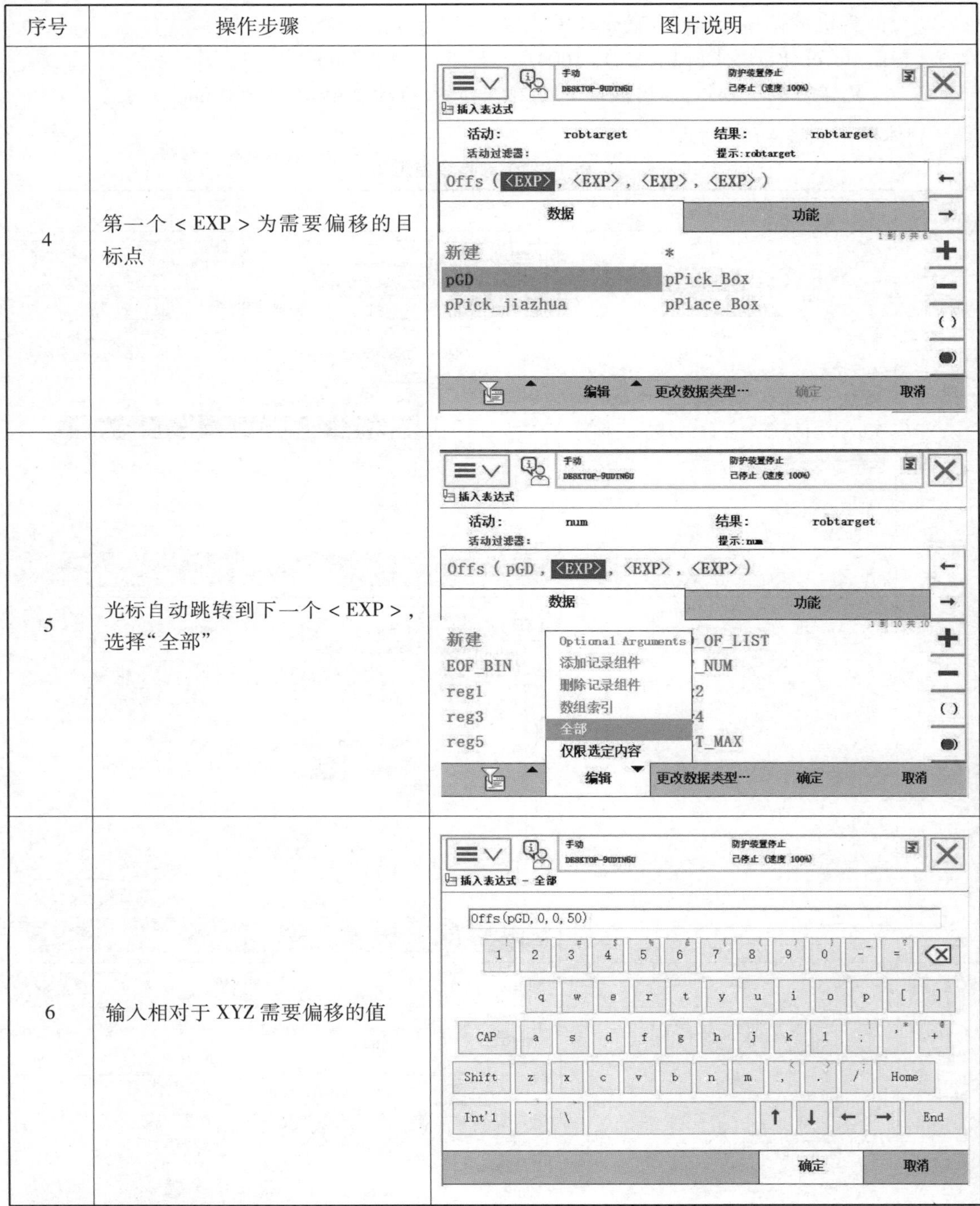

序号	操作步骤	图片说明
4	第一个 < EXP > 为需要偏移的目标点	
5	光标自动跳转到下一个 < EXP >，选择“全部”	
6	输入相对于 XYZ 需要偏移的值	

续表

序号	操作步骤	图片说明
7	单击“确定”完成偏移指令的使用操作	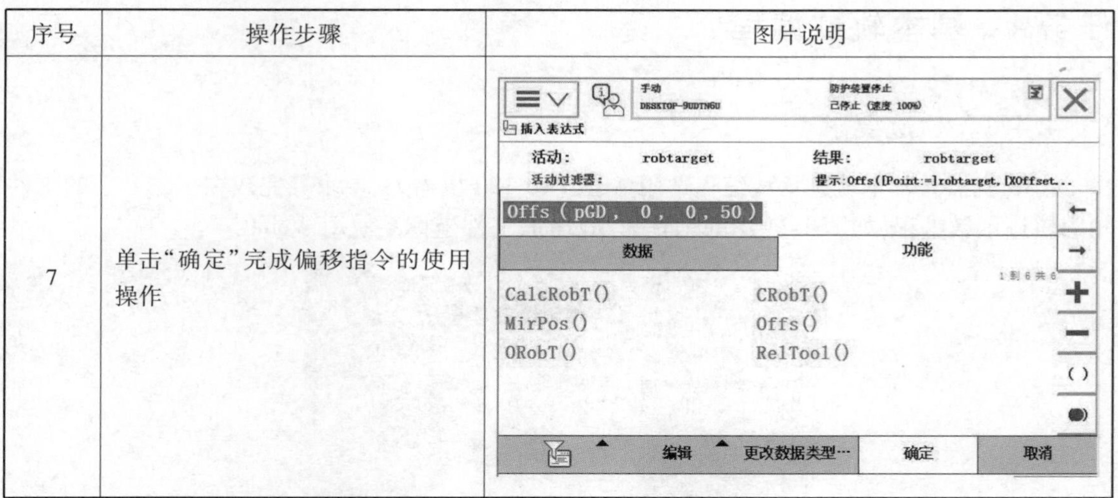

(5)速度设定指令

VelSet 指令用于设定最大的速度和倍率，该指令仅可用于主任务 T_ROB1，或者如果在 MultiMove 系统中，则可用于运动任务中。

示例：MODULE Module1

```
PROC Routine1()
VelSet 50, 400;
MoveL p10, v1000, z50, tool0;
MoveL p20, v1000, z50, tool0;
MoveL p30, v1000, z50, tool0;
ENDPROC
ENDMODULE
```

将所有的编程速率降至指令中值的 50%，但不允许 TCP 速率超过 400 mm/s，即点 P10、p20 和 p30 的速度是 400 mm/s。

(6)加速度设定指令

AccSet 指令可定义机器人的加速度，处理脆弱负载时，允许增加或降低加速度，使机器人移动更加顺畅。该指令仅可用于主任务 T_ROB1，或者如果在 MultiMove 系统中，则可用于运动任务中。

示例：AccSet 50,100;

加速度限制到正常值的 50%。

例2　AccSet 100,50;

加速度斜线限制到正常值的 50%。

任务4　基本轨迹编程

4.4.1　轨迹要求

ABB 机器人基本轨迹示教编程选用 ABB IRB 120 机器人,要求其完成在工作台上的工件轮廓轨迹示教编程,如图 4-24 用的工具为 MyTool,工件坐标系使用 Wobj0。

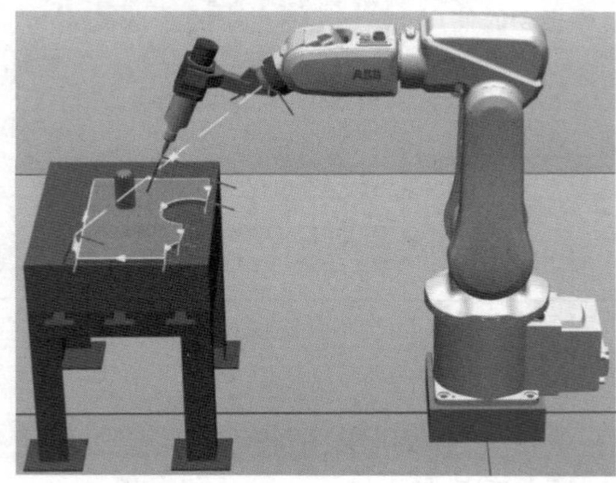

图 4-24　基本轨迹示教

4.4.2　操作步骤

(1)添加 Home 程序

程序的开始都需要设立 Home 点,便于机器人开始能够回到起始位置,根据任务所示添加 Home 点。程序步骤如表 4-10 所示。

表 4-10　Home 程序

序号	操作步骤	图片说明
1	新建的例行程序下,单击“添加指令”在右侧的菜单中选择“MoveAbsJ”	

续表

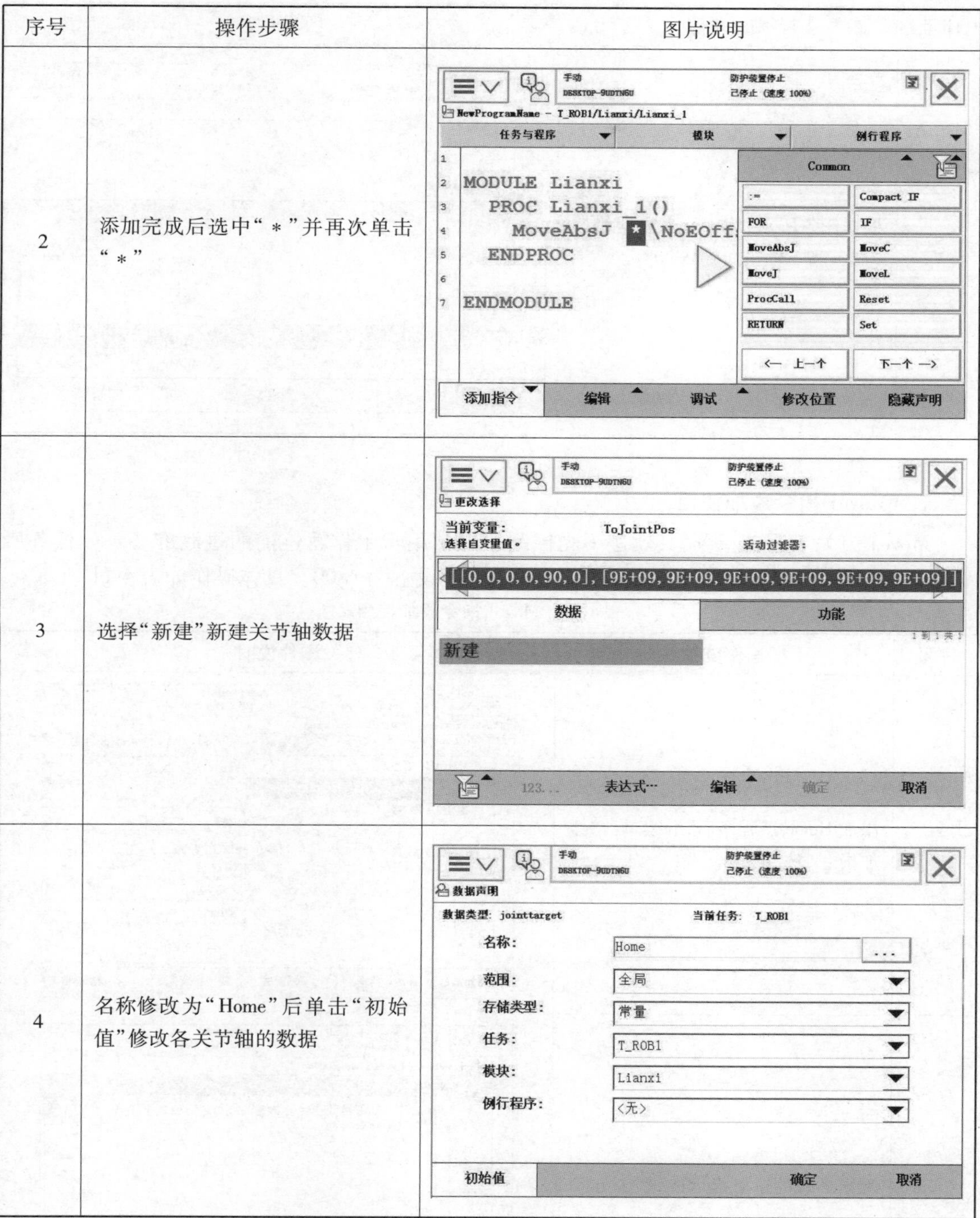

序号	操作步骤	图片说明
2	添加完成后选中“ * ”并再次单击“ * ”	
3	选择“新建”新建关节轴数据	
4	名称修改为“Home”后单击“初始值”修改各关节轴的数据	

续表

序号	操作步骤	图片说明
5	根据任务所示，将 rax_5 数据修改为 90，指 5 轴正向旋转 90°	

(2) MoveJ 指令添加使用

MoveJ 为关节运动指令，其轨迹不受控制所以常用于工作轨迹前的过渡准备。如任务所示，利用 MoveJ 指令到达轨迹起始点的正上方，速度设置为 v800。具体操作如表 4-11 所示。

表 4-11　MoveJ 指令添加使用

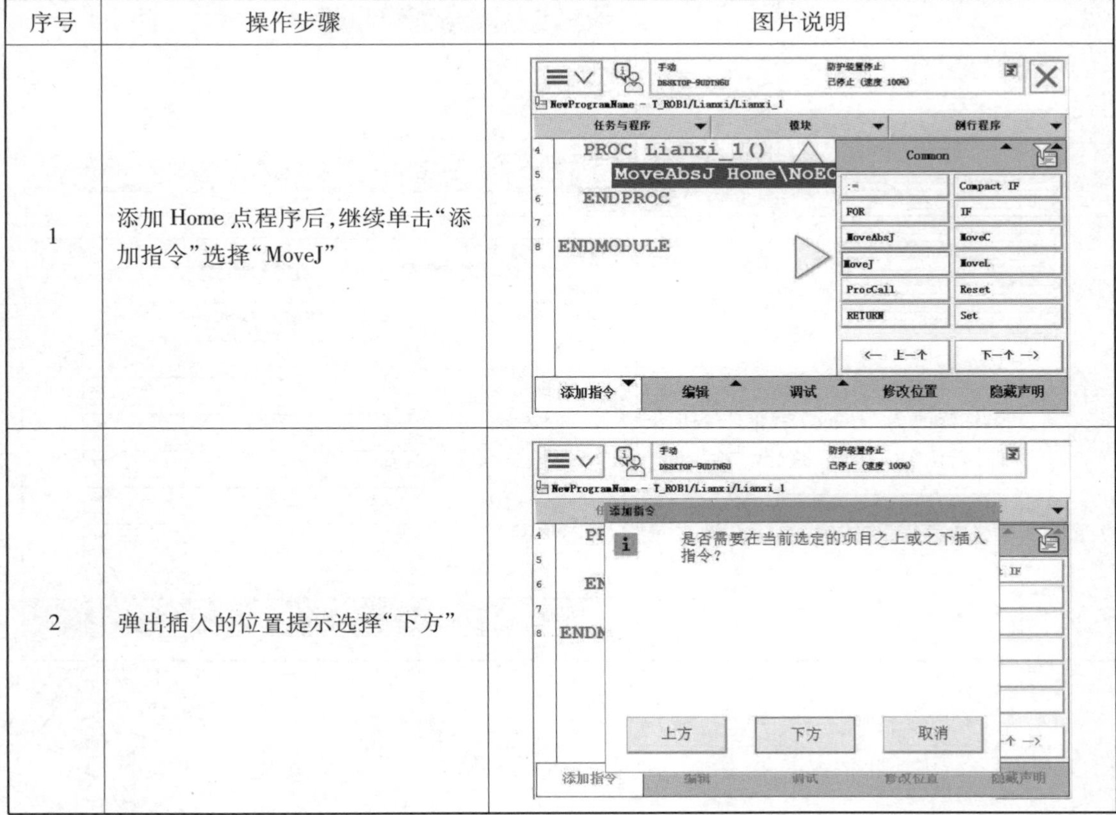

序号	操作步骤	图片说明
1	添加 Home 点程序后，继续单击“添加指令”选择“MoveJ”	
2	弹出插入的位置提示选择“下方”	

续表

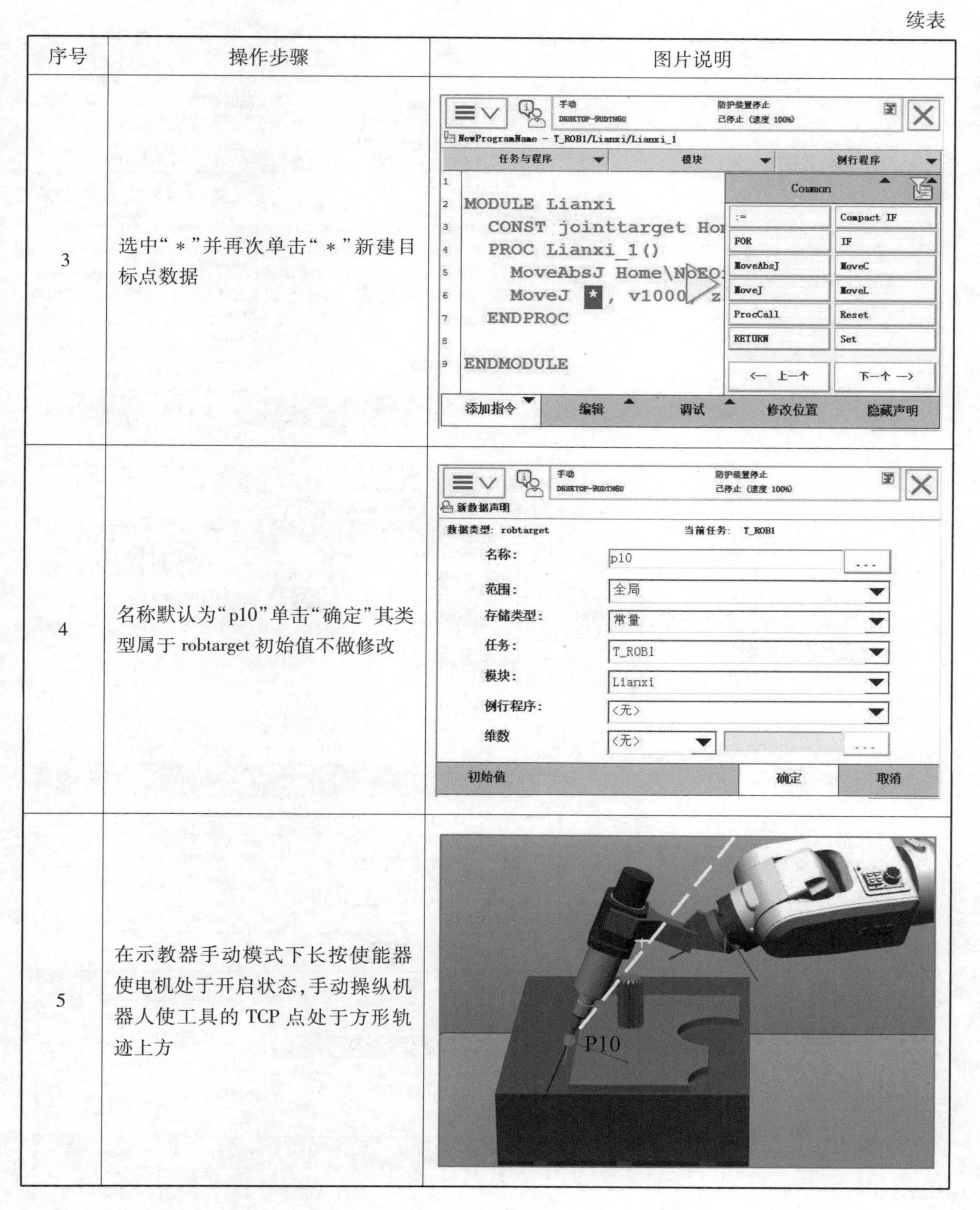

序号	操作步骤	图片说明
3	选中“ * ”并再次单击“ * ”新建目标点数据	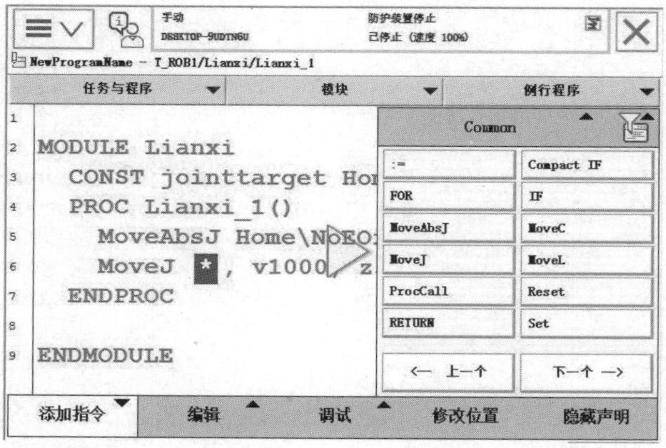
4	名称默认为“p10”单击“确定”其类型属于 robtarget 初始值不做修改	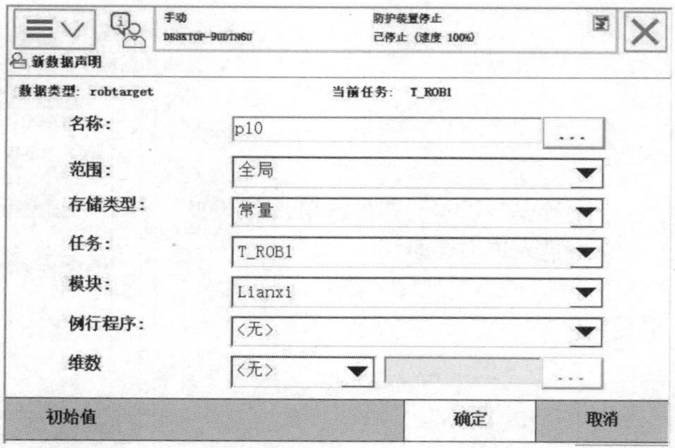
5	在示教器手动模式下长按使能器使电机处于开启状态，手动操纵机器人使工具的 TCP 点处于方形轨迹上方	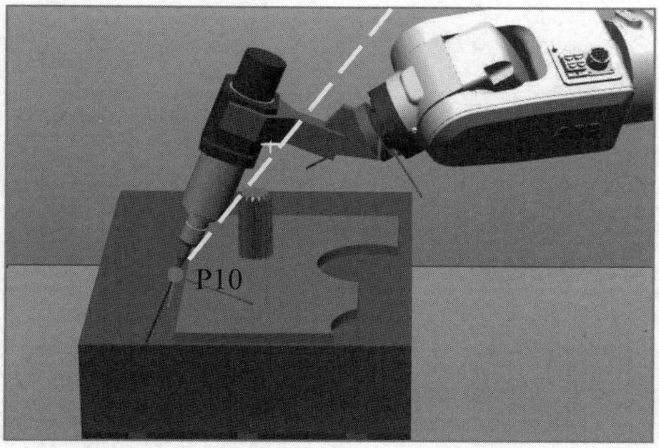

续表

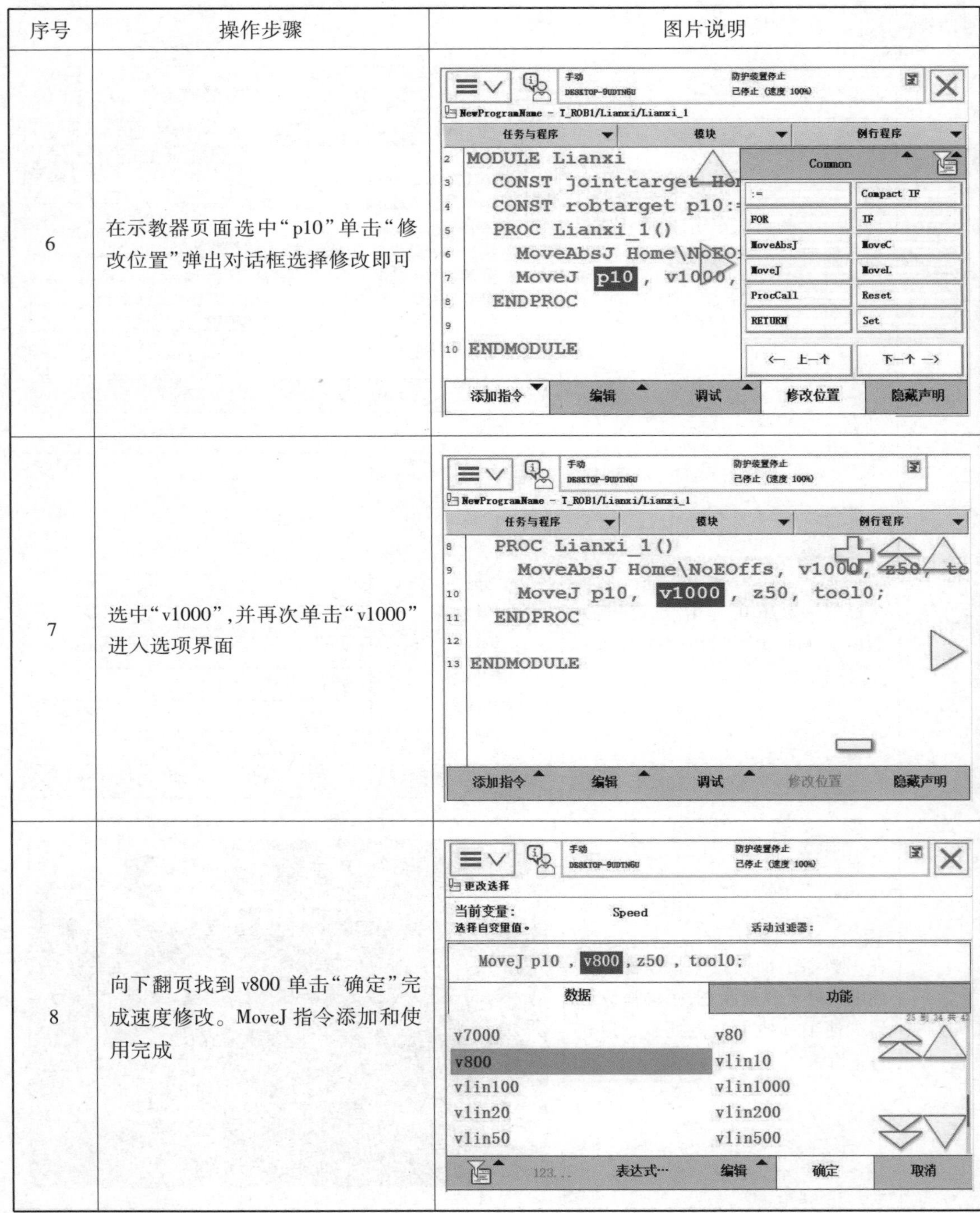

序号	操作步骤	图片说明
6	在示教器页面选中“p10”单击“修改位置”弹出对话框选择修改即可	
7	选中“v1000”，并再次单击“v1000”进入选项界面	
8	向下翻页找到 v800 单击“确定”完成速度修改。MoveJ 指令添加和使用完成	

(3) MoveL、MoveC 指令添加使用

MoveL 为直线运动指令，机器人的 TCP 点始终以线性运动。指令速度设置为 v200，转弯区数据为 fine。MoveC 指令为圆弧指令,指令后为两个目标点即圆弧的中点和结束点,具体操作步骤如表 4-12 所示。

表 4-12　MoveL MoveC 指令的使用

序号	操作步骤	图片说明
1	继续单击“添加指令”选择“MoveL p20”自动添加	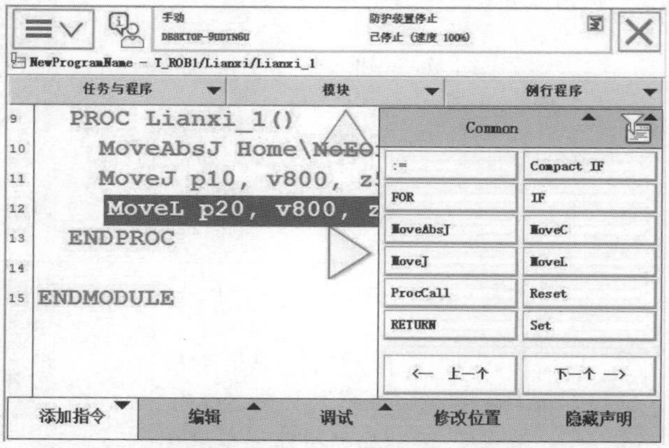
2	手动操纵机器人使工具的 TCP 点处于方形轨迹的第一点。并回到示教器选中 p20 单击“修改位置”	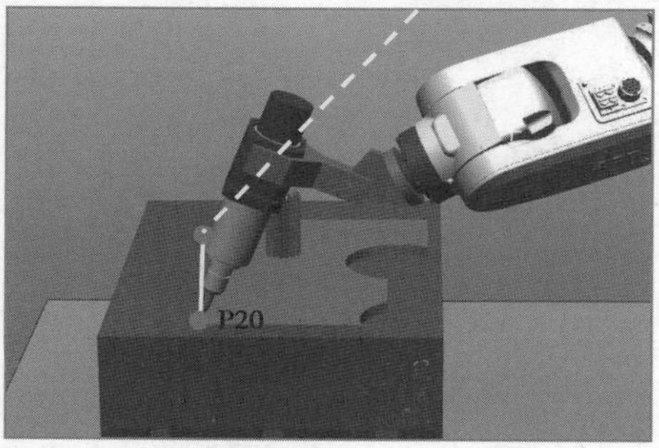
3	继续添加 MoveL 指令,手动操纵机器人至 p30 点位置,并修改位置	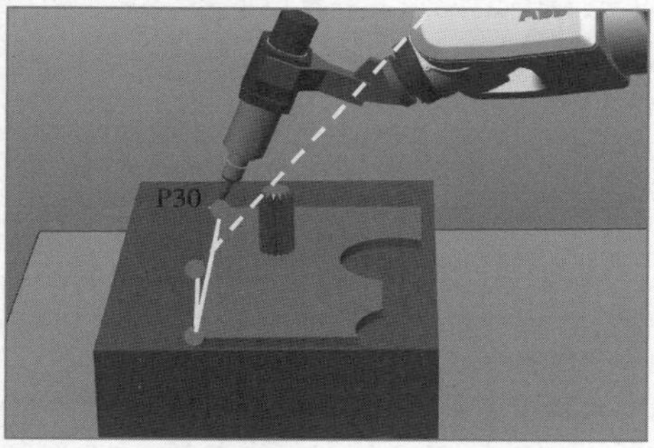
4	继续添加 MoveL 指令,手动操纵机器人至 p40 点位置,并修改位置	

续表

序号	操作步骤	图片说明
5	继续添加 MoveL 指令，手动操纵机器人至 p50 点位置，并修改位置	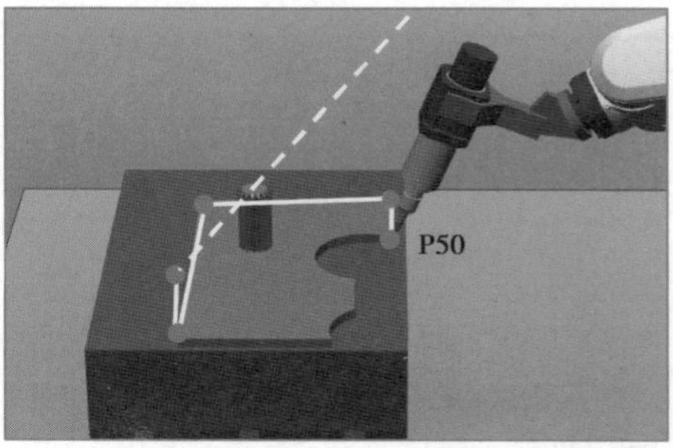 P50
6	添加 MoveC 指令，手动操纵机器人至 P60 位置并修改第一个目标点位置数据，手动操纵机器人至 P70 位置并修改第二个目标点位置数据	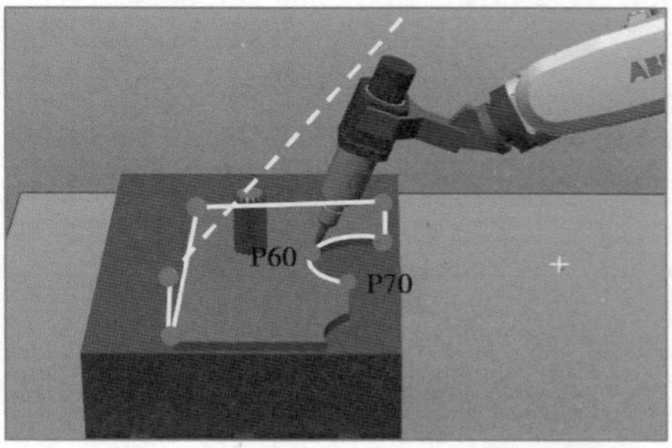 P60 P70
7	添加 MoveL 指令，手动操纵机器人至 p80 点位置，并修改位置	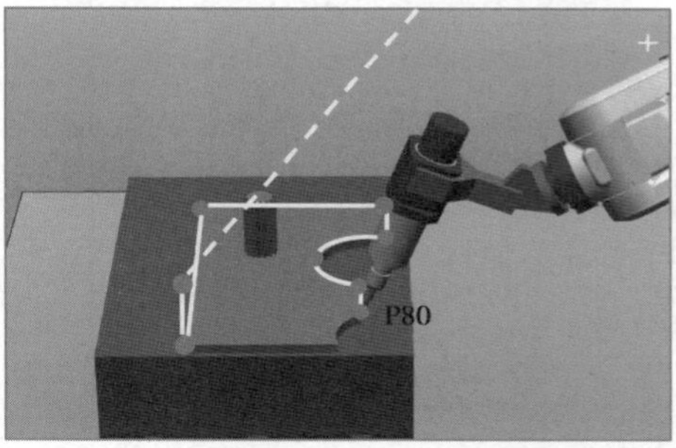 P80
8	添加 MoveC 指令，手动操纵机器人至 P90 位置并修改第一个目标点位置数据，手动操纵机器人至 P100 位置，并修改第二个目标点位置数	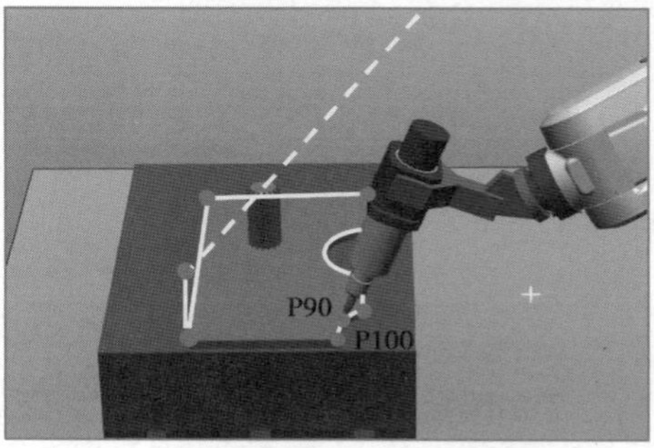 P90 P100

续表

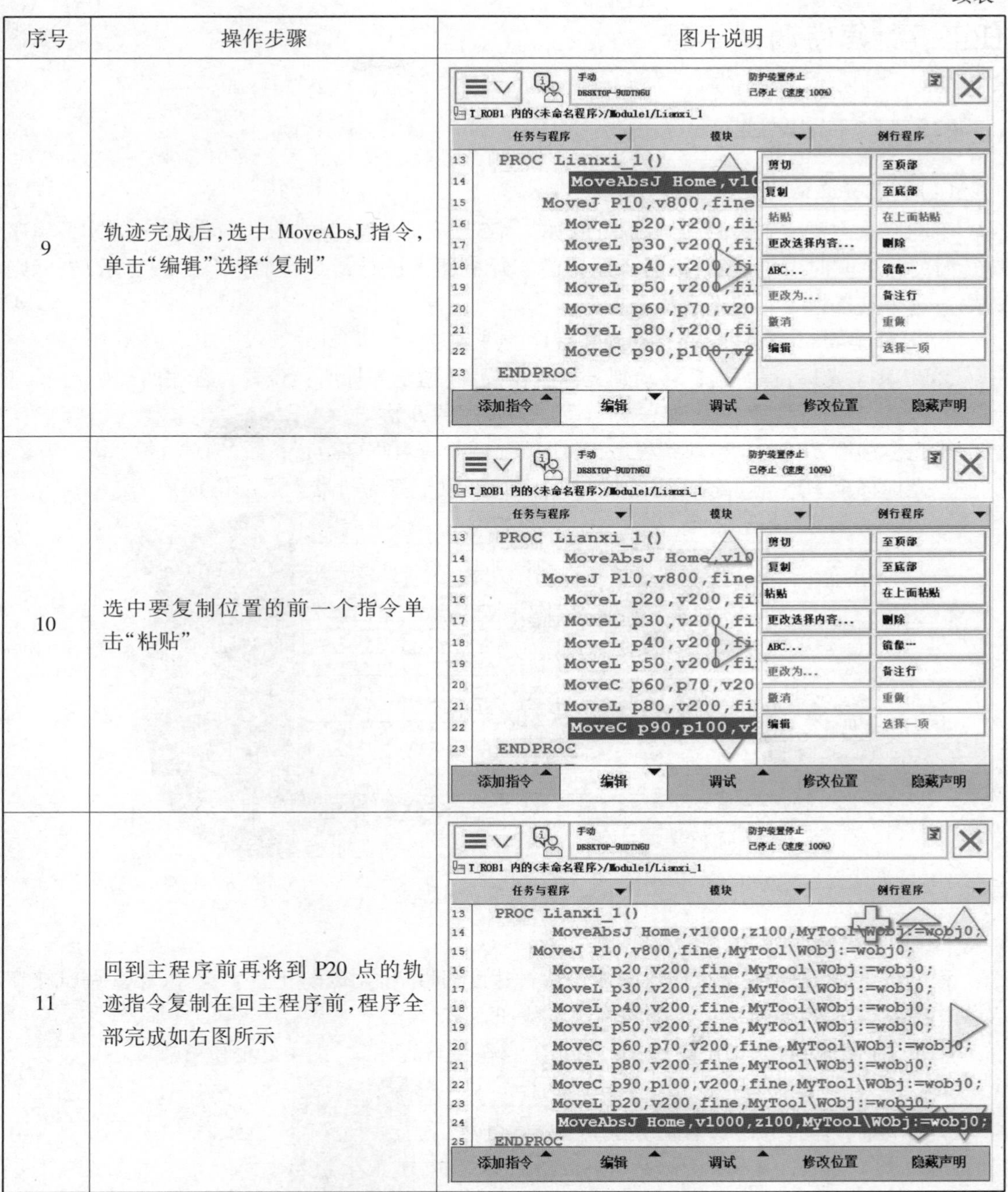

序号	操作步骤	图片说明
9	轨迹完成后，选中 MoveAbsJ 指令，单击“编辑”选择“复制”	
10	选中要复制位置的前一个指令单击“粘贴”	
11	回到主程序前再将到 P20 点的轨迹指令复制在回主程序前，程序全部完成如右图所示	

任务5　程序调试运行

4.5.1　手动调试

(1)调试界面认知

手动调试主要用于检测和调试程序,如图4-25所示为程序的调试界面,程序指针是程序执行时的指令实时位置显示,机器人图标为实际机器人执行指令时的指令位置显示,光标则为用户选中某条指令后的指示状态。

①PP移至Main:程序指针移动到主程序的进入点。

②PP移至光标:程序指针移动到光标所在位置(指定光标所在位置为程序的开始)。

③PP移至例行程序:选择某一例行程序为程序的开始。

④光标移至PP:光标移动到程序指针位置(便于查看程序运行位置)。

⑤光标移至MP:光标移动到机器人图标位置(便于查看机器人运动位置)。

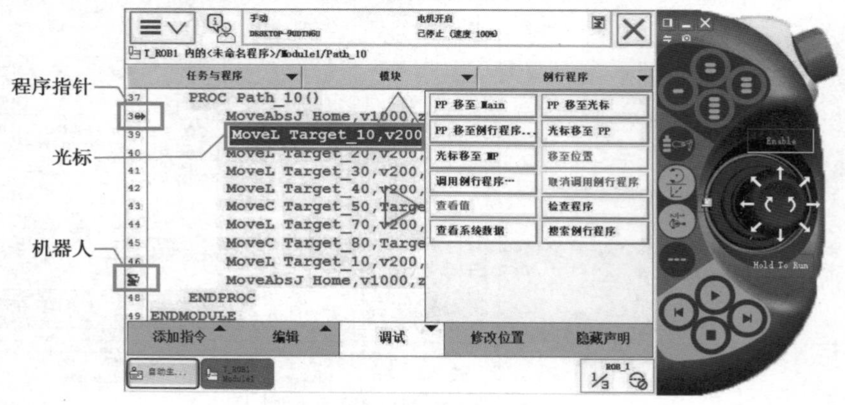

图4-25　程序调试界面

(2)调试步骤

程序调试时,若初次调试应尽量放慢运行速度,且单步调试防止发生意外,相关调试按钮及操作提示如图4-26所示。具体的调试步骤如下:

①单击【调试】打开调试菜单,单击【PPT移至例行程序...】图中红框位置。

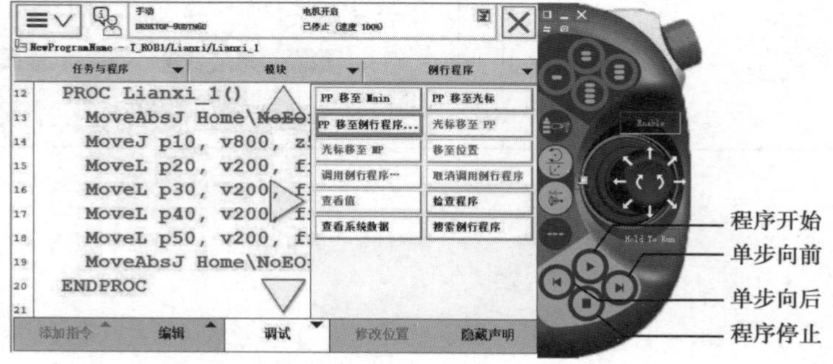

图4-26　程序调试

②选中需要调试例行程序单击【确定】。

③长按使能器使电机处于开启状态,按下操作面板的【程序开始】开始调试(注意在不确定完全安全的情况下可降速先进行单步操作)。

4.5.2　自动运行

在切换到自动模式时,示教器的显示屏上弹出安全提示,如图4-27所示,单击“确定”进入自动生产窗口,或在ABB菜单栏下单击自动生产窗口选项进入。进入后如果不显示相关程序,单击PP移至Main将程序添加到自动生产窗口并移至程序的开始点。显示当前可以自动运行的程序后,按下示教器上的开始按钮,机器人开始自动执行当前程序。

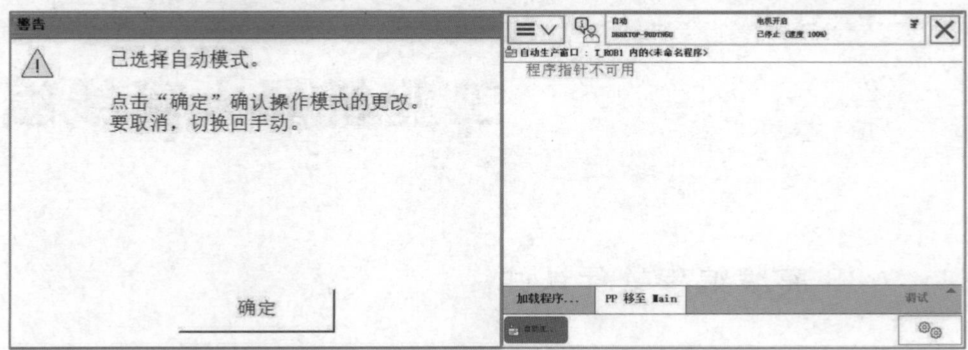

图4-27　自动生产窗口

项目 5

工业机器人离线编程

任务 1　ABB 离线编程软件认知

5.1.1　软件安装

(1) RobotStudio 软件的安装

登录 ABB 离线仿真网址: www. robotstudio. com,单击进入页面“下载 RobotStudio 软件”,单击进入下载,如图 5-1 所示。下载完成后,对压缩包进行解压。解压完成后双击“setup . exe”安装文件根据提示完成软件的安装工作如图 5-1 所示。

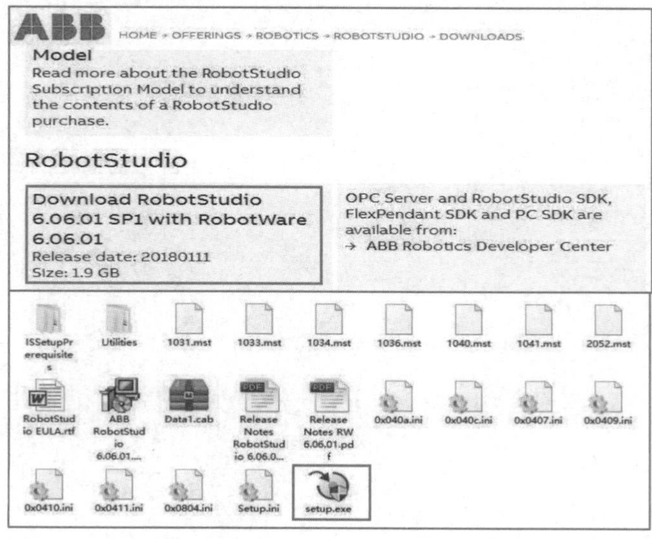

图 5-1　软件下载页面和安装文件

（2）关于 RobotStudio 的授权

在第一次正确安装 RobotStudio 以后，软件提供 30 天的全功能高级版免费试用，30 天以后，如果还未进行授权操作的话，则只能试用基本版的功能。

软件基本版：提供所选的 RobotStudio 功能，如配置、编程和运行虚拟控制器，还可以通过以太网对实际控制器进行编程、配置和监控等在线操作。

软件高级版：提供 RobotStudio 所有的离线编程和多机器人仿真功能，高级版中包含基本版中的所有功能，若要使用高级版需进行激活。

RoborStudio 的授权购买可以与 ABB 公司进行联系购买。针对学校使用 RobotStudio 软件用于教学用途有特殊优惠政策，详情请发邮件到 school@ robotpartner. cn 进行查询。

（3）激活授权的操作

从 ABB 公司获得的授权许可证有两种，一种是单机许可证，一种是网络许可证。单机许可证只能激活一台电脑的 RobotStudio 软件，而网络许可证可在一个局域网内建立一台网络许可证服务器，给局域网内的 RobotStudio 客户端进行授权许可，客户端的数量由网络许可证所决定。在授权激活后，如果电脑系统出现问题并重新安装 RobotStudio 的话，将会造成授权失效。激活授权的操作如下：

在激活之前，请将电脑连接互联网。选择软件中的“文件”菜单，并选择下拉菜单“选项”，如图 5-2 左所示。在出现的“选项”框中选择“授权”选项，并单击“激活向导”，如图 5-2 右所示。

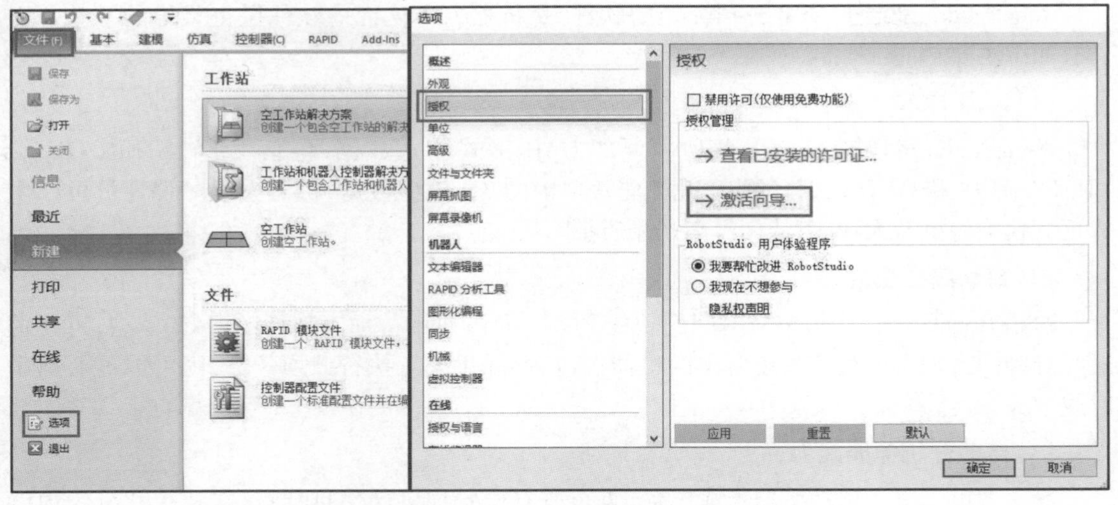

图 5-2　选项和授权界面

根据授权许可证选择“单机许可证”或“网络许可证”，选择完成后，单击“下一个”按钮，按照提示即可完成激活操作，如图 5-3 所示。

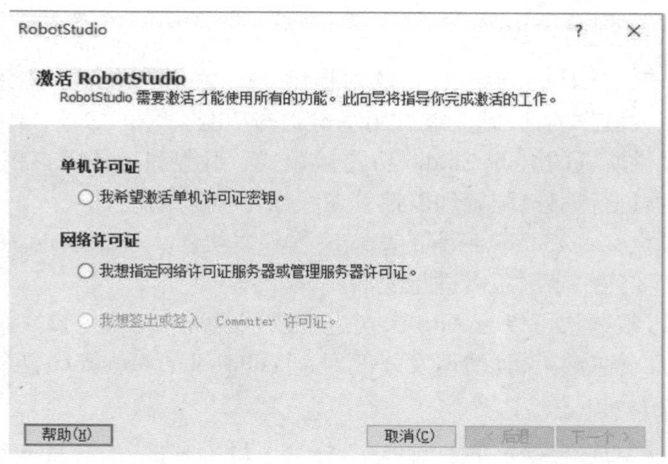

图 5-3　选择许可证

5.1.2　软件功能

近年来,随着机器人远距离操作、传感器信息处理技术等的进步,基于虚拟现实技术的机器人作业示教已成为机器人学中的新兴研究方向。它将虚拟现实作为高端的人机接口,允许用户通过声、像、力以及图形等多种交互设备实时地与虚拟环境交互,根据用户的指挥或动作提示,示教或监控机器人进行复杂作业。

RobotStudio 是瑞士 ABB 公司配套的软件,是机器人本体商中软件做得最好的一款。它具有如下主要功能:

(1)CAD 导入

RobotStudio 可以轻易地以各种主要的 CAD 格式导入数据,包括 IGES、STEP、VRML、VDAFS、ACIS 和 CATIA。通过使用此类非常精确的 3D 模型数据,机器人程序设计员可以生成更为精确的机器人程序,从而提高产品质量。

(2)自动路径生成

这是 RobotStudio 中最节省时间的功能之一。通过使用待加工部件的 CAD 模型,可在短短几分钟内自动生成跟踪曲线所需的机器人位置,如果人工执行此项任务,则可能需要数小时或数天。

(3)自动分析伸展能力

操作者可以灵活移动机器人或工件,直至所有位置均可到达目标点,在短短几分钟内就可以完成验证和优化工作单元布局。

(4)碰撞检测

在 RobotStudio 中,我们可以对机器人在运动过程中是否可能与周边设备发生碰撞进行一个验证与确认,以确保机器人离线编程得出程序的可用性。

(5)在线作业

使用 RobotStudio 与真实的机器人进行连接通信,可以对机器人进行便捷的监控、程序修改、参数设定、文件传送及备份恢复的操作,使得调试与维护工作更轻松。

(6)模拟仿真

根据设计在 RobotStudio 软件中进行工业机器人工作站的动作模拟仿真以及周期节拍,为工程的实施提供百分百真实的验证。

(7)应用功能包

针对不同的应用推出功能强大的工艺功能包,将机器人更好地与工艺应用进行有效的融合。

(8)二次开发

提供功能强大的二次开发的平台,使机器人应用实现更多的可能,满足机器人的科研需要。

5.1.3 软件界面

在界面的上方是功能区,主要有文件、基本、建模、仿真、控制器、RAPID 和 Add-Ins 这七个功能选项,左上角是自定义快速工具栏,点开自定义快速访问可以自行定义快速访问项目和进入窗口布局。

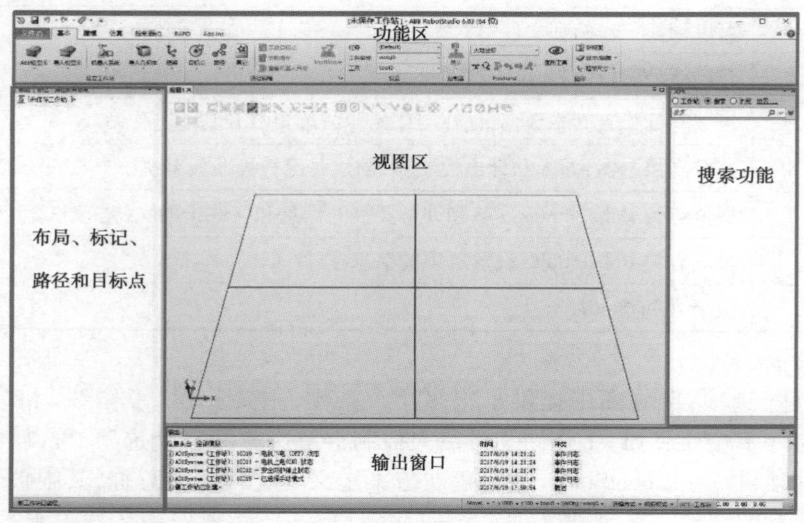

图5-4 软件界面

界面左侧是布局浏览器、路径和目标点浏览器和标记浏览器,主要显示工作站中的项目路径和数据等。

界面中间部分是视图区,整体的工作站布局都会在此显示出来。界面右侧是文档窗口,可以搜索和浏览 RobotStudio 文档,例如处于不同位置的大量库和几何体等。也可以添加与工作站相关的文档,作为链接或嵌入一个文件在工作站中。界面下方是输出窗口,显示工作站内出现事件的相关信息,例如,启动或停止仿真的时间,输出窗口中的信息对排除工作站故障很重要。

(1)RobotStudio 软件的各项选项卡功能

RobotStudio 软件的功能菜单有文件、基本、建模、仿真、控制器、RAPID 和 Add-Ins 这七项功能选项卡。

1)文件

“文件”功能选项,打开软件后首先进入的界面就是“文件”选项,单击会打开 RobotStudio 后台视图,显示当前活动的工作站的信息和数据及最近打开的工作站并提供一系列用户选项,包括创建新工作站、连接到控制器、将工作站保存为查看器等。“文件”选项下各种可用选项及其描述如表 5-1 所示:

表 5-1 “文件”选项下各种可用选项

选项	描述
保存/保存为	保存工作站
打开	打开保存的工作站。在打开或保存工作站时,选择加载几何体选项,否则几何体会被永久删除
关闭	关闭工作站
信息	在 RobotStudio 中打开某个工作站后,单击信息后将显示该工作站的属性,以及作为打开的工作站的一部分的机器人系统和库文件
最近	显示最近访问的工作站和项目
新建	可以创建工作站和文件
打印	打印活动窗口内容,设置打印机属性
共享	可以与其他人共享数据,创建工作站包或解包打开其他工作站
在线	连接到控制器,导入和导出控制器,创建并运行机器人系统
帮助	提供有关 RobotStudio 安装和许可授权的信息和一些帮助支持文档
选项	显示有关 RobotStudio 设置选项的信息
退出	关闭 RobotStudio

关于“新建”选项,在界面中提供了很多用户选项,主要分为“工作站”和“文件”两种。“工作站”标题下有空工作站、工作站和机器人控制器解决方案三个选项,可以根据不同的需要创建对应的项目。在 RobotStudio 中将解决方案定义为文件夹的总称,其中包含工作站、库和所有相关元素的结构。在创建文件夹结构和工作站前,必须先定义解决方案的名称和位置。“文件”标题下有 RAPID 模块文件和控制器配置文件两个选项,可以分别创建 RAPID 模块文件和标准控制器配置文件,并在编辑器中打开。

2)基本

“基本”功能选项,包含构建工作站、创建系统、编辑路径以及摆放工作站的模型项目所需要的控件。按照功能的不同将菜单中的功能选项分为建立工作站、路径编辑、设置、控制器、Freehand 和图形六个部分,如图 5-5 所示。

图 5-5 基本功能选项

在“建立工作站”中单击“ABB 模型库”按钮,可以从相应的列表中选择所需的机器人、变位机和导轨模型,将其导入到工作站中;“导入模型库”使用该按钮,可以导入设备、几何体、变位机、机器人、工具以及其他物体到工作站内;“机器人系统”可以为机器人创建或加载系统,建立虚拟的控制器;“导入几何体”则是可以导入用户自定义的几何体和其他三维软件生成的几何体;“框架”可以用来创建一般的框架和制定方向的框架。

“基本”功能选项中的“路径编辑”主要是进行轨迹相关的编辑功能,其中“目标点”是实现目标点的创建功能,“路径”可以创建空路径和自动生成路径,“其他”是用来创建工件坐标系和工具数据以及编辑逻辑指令。在路径编辑中还有示教目标点、示教指令和查看机器人目标的功能,点开路径编辑下方小箭头还可以打开指令模板管理器,用来更改 RobotSudio 自带的默认设置之外其他指令的参数设置。

“设置”中“任务”是在下拉菜单中选择任务,所选择的任务表示当前任务,新的工作对象、工具数据、目标、空路径或来自曲线的路径将被添加到此任务中。这里的任务是在创建系统时一同创建的。“工件坐标”是选择当前所要使用的工件坐标系,新目标点的位置将以工件坐标系为准。“工具”是从工具下拉列表中选择工具坐标系,所选择的表示当前工具坐标系。

“控制器”中的“同步”功能可以实现工作站和虚拟示教器之间设置和编辑的相互同步。

“Freehand”是选择对应的参考坐标系,然后通过移动、手动控制机器人关节、旋转、手动线性、手动重定位和多个机器人的微动控制,实现机器人和物体的动作控制。

“图形”功能是分为视图设置和编辑设置,使用 View(视图)选项可选择视图设置、控制图形视图和创建新视图,并显示/隐藏选定的目标、框架、路径、部件和机构。Edit(编辑)选项则是包含涉及几何对象的材料及其应用的命令。

3)建模

“建模”功能选项上的功能项可以帮助进行创建 Smart 组件、分组组件、创建部件、创建固体、表面、测量、进行与 CAD 相关的操作以及创建机械装置、工具和输送带等。如图 5-6 所示是“建模”功能选项中包含的功能项。

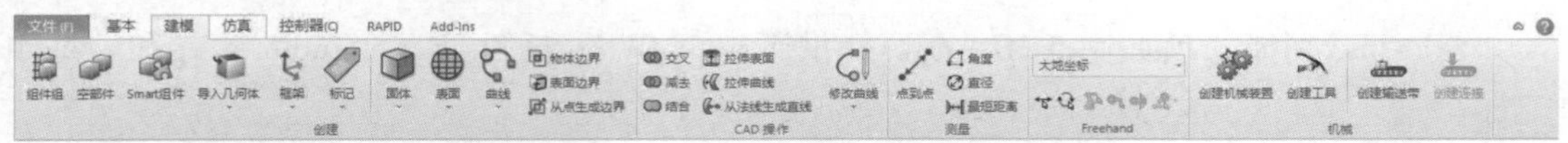

图 5-6　建模功能选项

4)仿真

“仿真”功能选项如图 5-7 所示,包括创建碰撞检测、配置仿真、仿真控制、监控和记录仿真的相关控件。

图 5-7　仿真功能选项

“碰撞监控”可以创建碰撞集,包含两组对象 ObjectA 和 Object B,将对象放入其中以检测两组之间的碰撞。点开下方小箭头可以进行碰撞检测的相关设置。

“配置”中 “仿真设定”是进行设置仿真时机器人程序的序列、进入点和选择需要仿真的对象等,“工作站逻辑”是进行工作站与系统之间的属性和信号之间的连接设置,点开下方小箭头可以打开“事件管理器”,通过“事件管理器”可以设置机械装置动作与信号之间的连接。

“仿真控制”则是控制仿真的开始、暂停、停止和复位功能。

“监控”可以查看并设置程序中 I/O 信号、启动 TCP 跟踪和添加仿真计时器。

“信号分析器”信号分析功能可用于显示和分析来自机器人控制器的信号,进而优化机器人程序。

“录制短片”可以对仿真过程、应用程序和活动对象进行全程的录制,生成视频。

5)控制器

“控制器”功能选项如图 5-8 所示,包含用于虚拟控制器的配置和分配给它的任务的控制措施,还有用于管理真实控制器的控制功能。RobotStudio 允许使用离线控制器,即在 PC 上本地运行的虚拟 IRC5 控制器,这种离线控制器也被称为虚拟控制器(VC)。还允许使用真实的物理 IRC5 控制器(简称为“真实控制器”)。

图 5-8　控制器功能选项

6)RAPID

“RAPID”功能选项如图 5-9 所示,提供用于创建、编辑和管理 RAPID 程序的工具和功能。可以管理真实控制器上的在线 RAPID 程序、虚拟控制器上的离线 RAPID 程序或者不隶属于某个系统的单机程序。

图 5-9　RAPID 功能选项

7)Add-Ins

“Add-Ins”功能选项如图 5-10 所示,提供了 RobotWare 插件、RobotStudio 插件和一些组件等。

图 5-10　Add-Ins 功能选项

(2)恢复默认 RobotStudio 界面的操作

操作 RobotStudio 时,当出现操作窗口意外关闭,布局、路径与目标点和标记浏览窗口或输出信息窗口关闭,从而无法找到对应的操作对象和查看相关的信息时,可以进行恢复默认 RobotStudio 界面的操作。单击上方自定义快速工具栏中的下拉按钮,在菜单中选择“默认布局”。如图 5-11 所示,恢复至默认布局状态。

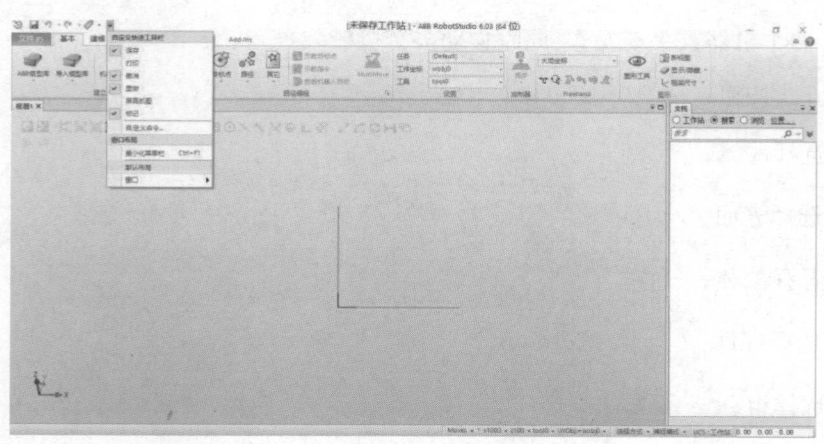

图5-11　选择默认布局

(3)常用工具简介

1)视图操作工具(表5-2)

表5-2　视图操作快捷键

目的	使用键盘/鼠标组合	说明
选择项目		只需单击要选择的项目即可
平移工作站	CTRL +	在按CTRL键和鼠标左键的同时,拖动鼠标对工作站进行平移
旋转工作站	CTRL + SHIFT +	在按CTRL + SHIFT及鼠标左键的同时,拖动鼠标对工作站进行旋转
缩放工作站	CTRL +	在按CTRL键和鼠标右键的同时,将鼠标拖至左侧(右侧)可以缩小(放大)
使用窗口缩放	SHIFT +	在按SHIFT键及鼠标右键的同时,将鼠标拖过要放大的区域
使用窗口选择	SHIFT +	在按SHIFT并单击鼠标左键的同时,将鼠标拖过该区域,以便选择与当前选择层级匹配的所有选项

2)手动操作按钮

①移动:在当前的参考坐标系中拖放对象;

②旋转:沿对象的各轴旋转;

③拖拽:拖拽取得物理支持的对象;

④手动关节:移动机器人的各轴;

⑤手动线性:在当前工具定义的坐标系中移动;

⑥手动重定位:旋转工具的中心点;

⑦  多个机器人手动操作:同时移动多个机械装置。

3)选择方式按钮

①选择曲线;

②选择表面;

③选择物体;

④选择部件;

⑤选择组;

⑥选择机械装置;

⑦选择目标点或框架;

⑧选择移动指令;

⑨选择路径。

4)捕捉模式按钮

①捕捉对象;

②捕捉中心点;

③捕捉中点;

④捕捉末端或角位;

⑤捕捉边缘点;

⑥捕捉重心;

⑦捕捉对象的本地原点;

⑧捕捉 UCS 的网格点。

5)测量工具的按钮

①点到点:测量视图中两点的距离;

②角度:测量两直线的相交角度;

③直径:测量圆的直径;

④最短距离:测量在视图中两个对象的直线距离;

⑤保持测量:对之前的测量结果进行保存;

任务2　字体轨迹编程与调试

如图5-12所示,机器人末端安装笔形工具完成“中国”字体的轨迹编写,面对复杂轨迹的程序编辑,如果以传统的手动示教目标点的方式,则示教点较多且精度无法达到相应要求,还会消耗大量时间,对此引入离线编程方式,采用RobotStudio离线仿真软件的自动路径功能可以完成对复杂轨迹的程序编辑工作。

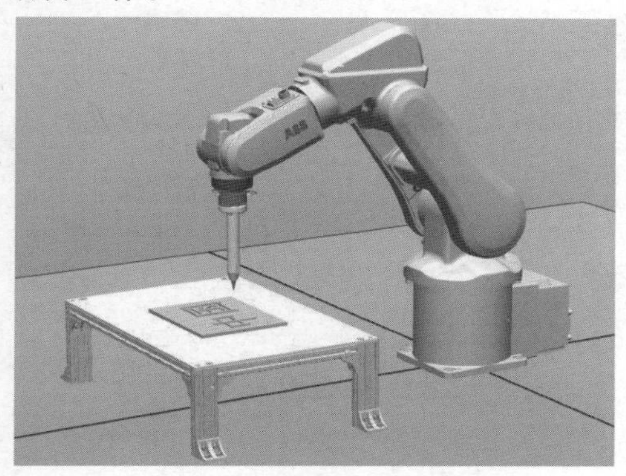

图5-12　字体轨迹工作站

5.2.1　准备工作

(1)新建工作站

打开RobotStudio,单击【新建】选项卡,双击【空工作站】或单击右下角创建按钮进入软件的主界面,如图5-13所示。

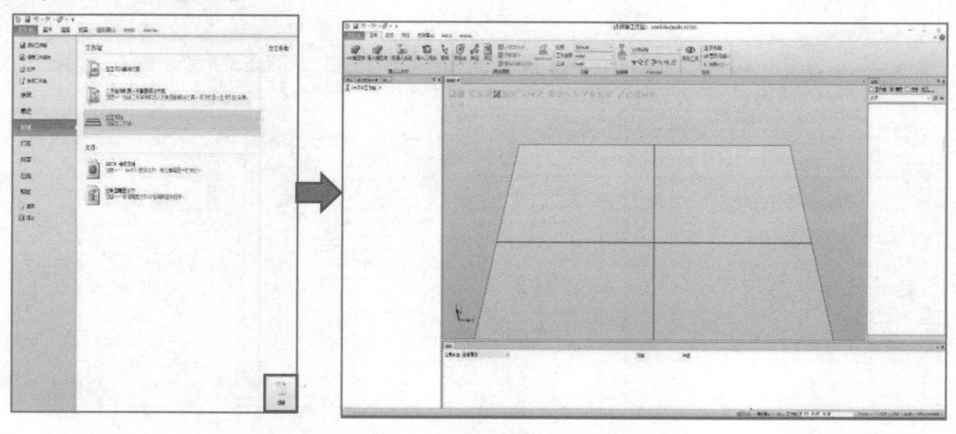

图5-13　新建工作站

(2)搭建工作站

新建完成空的工作站后,需要搭建实际的工作站情境,我们根据实际的编程需要导入相应的模型即可,这里导入简易的桌子和一个字体模型用于轨迹编辑,在ABB模型库中导入IRB 120机器人,如图5-14所示。

注意:模型的格式一定要是 RobotStudio 支持的格式,其中常用的是 STEP 和 IGES。

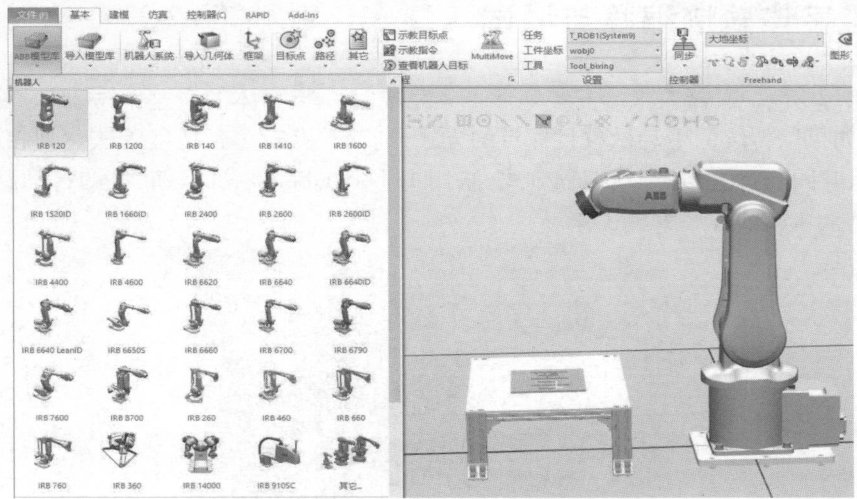

图 5-14　工作站搭建

(3)创建系统

机器人创建系统如图 5-15 所示,具体步骤如下:

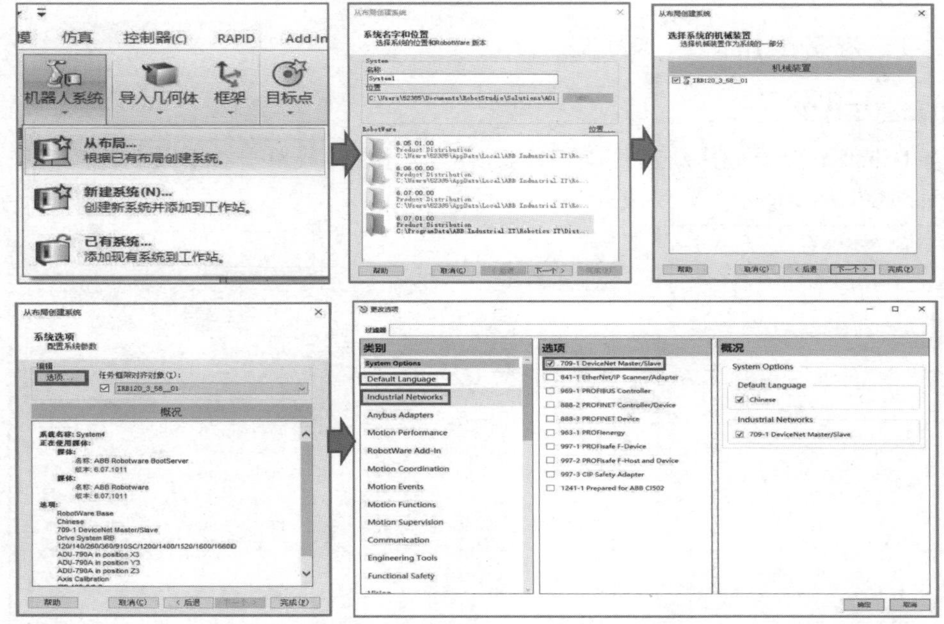

图 5-15　创建系统

①单击【机器人系统】选择【从布局】。

②在弹出的对话框中更改系统名称和选择相应的系统,单击【下一个】。

③工作站中的机械装置会在对话框中显示,单击【下一个】即可。

④在对话框中单击【选项】按钮配置系统参数。

⑤在 Default Language 选择中文,Industrial Networks 选择第一个即可。

(4)创建工具

在离线编辑字体轨迹程序之前,需先创建合适的笔形工具并设定好位置及 TCP 点安装于机器人法兰盘,用于机器人离线编程。所需工具具体步骤如表 5-3 所示。

表 5-3　创建工具

序号	操作步骤	图片说明
1	在基本选项卡下单击“导入几何体”导入笔型的模型,并将模型移动到坐标系原点位置	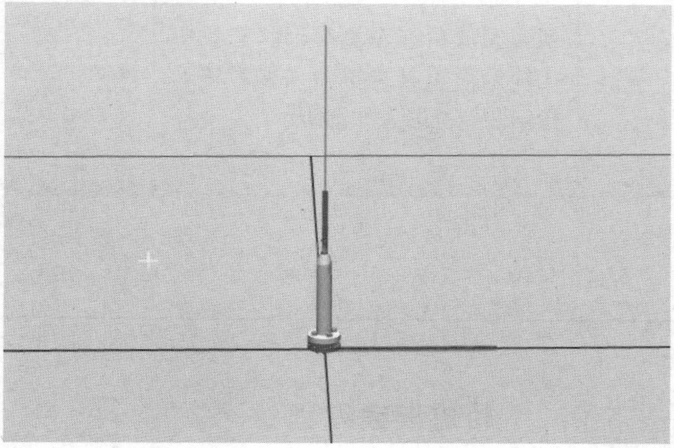
2	单击建模菜单下的“创建工具”按钮,组件使用导入进来的笔形模型	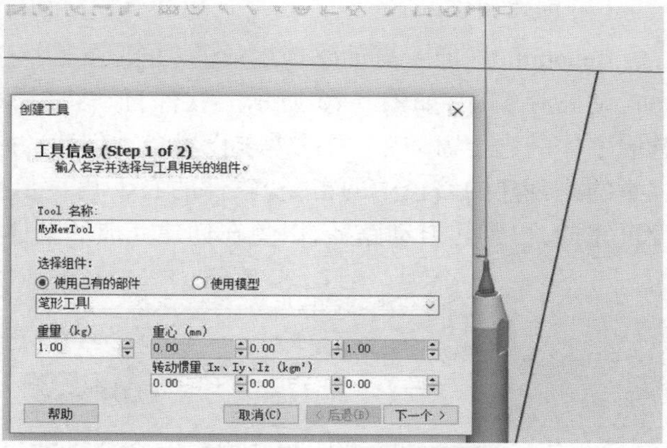
3	通过视图上方的捕捉工具选取笔尖为 TCP 点,数值自动导入后单击右侧按钮出现 TCP 名称后单击“确定”	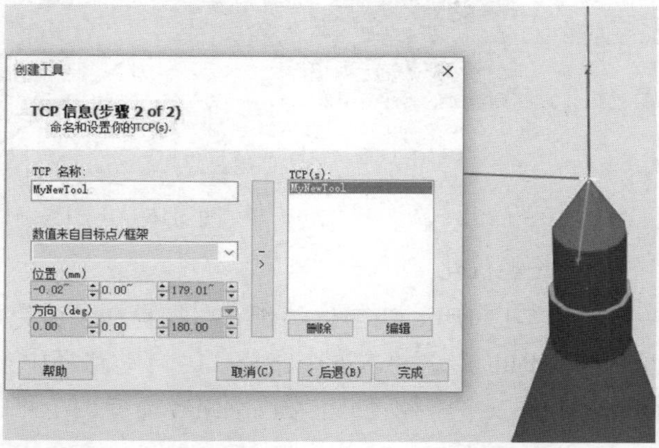

续表

序号	操作步骤	图片说明
4	创建完成后在左侧布局状态栏中拖拽笔形工具至机器人或右键选择安装到机器人如图所示	

5.2.2 轨迹离线编程

(1)创建自动路径

RobotStudio 拥有自动路径生成的功能，在基本选项卡下单击路径的“自动路径”功能，弹出自动路径窗体，如图 5-16 所示。软件自动将对象切换为表面，捕捉对象切换为捕捉边缘。选取字体的边至窗体中，根据需求设置自动创建的路径偏移量、运动类型、最小距离等。需要注意的是创建的路径中的指令，软件的右下角显示当前的指令，在程序较多的情况下先将其设置完成，再创建自动路径，以免在创建完成后整体修改。

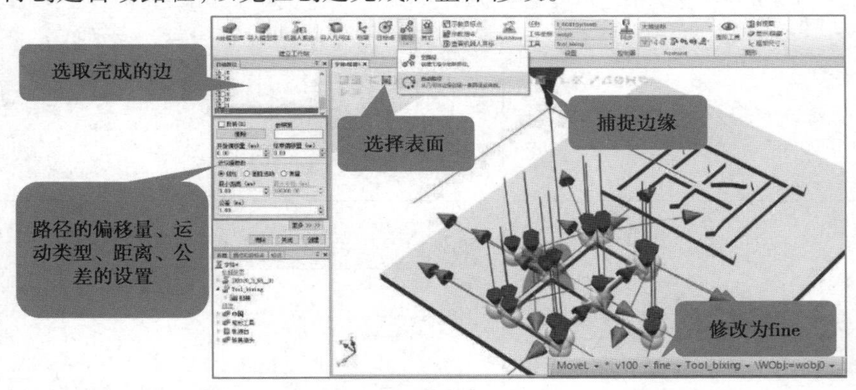

图 5-16　自动路径功能介绍

(2)路径优化

如图 5-17 所示，当字体的所有路径自动创建完成后，在路径和目标点一栏中的路径步骤下出现以 Path 命名的若干个路径。因自动路径中选取的边需要有连接，所以再创建“中”字路径时需要三个路径，创建“国”字路径需要四个路径。

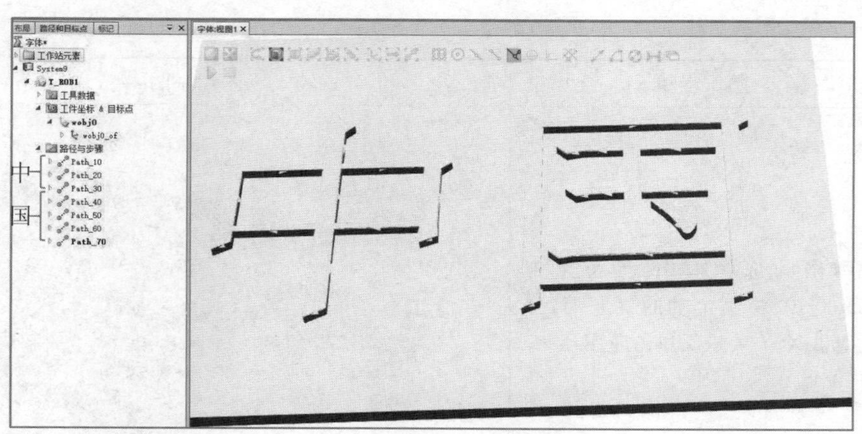

图 5-17　路径与步骤

1）工具方向的批量修改

自动创建的路径在不进行修改配置的情况下，很容易出现机器人到达不了的情况即轴配置错误或出现奇异点。为避免这一情况通常我们需要自动创建目标点的工具方向，具体步骤如表 5-4 所示。

表 5-4　工具方向的批量修改

序号	操作步骤	图片说明
1	选中“Target_10 目标点”右键“查看目标处工具”确定该目标点的工具方向，可通过旋转调节方向	
2	通过 Shift 将剩余的目标点全部选中，右键修改目标选择“对准目标点方向”	

续表

序号	操作步骤	图片说明
3	在弹出的选择框中，参考点为 Target_10，将锁定轴的√取消，分别对准 X、Y、Z 依次单击应用	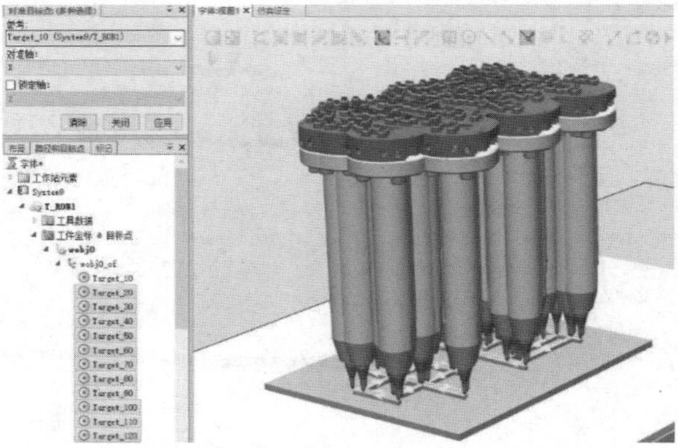

2)添加过渡点

为了在机器人运行轨迹时更符合实际情况，通常在画完一部分后回到一个安全位置在进行下一部分轨迹的运行，在后续我们熟悉编程指令后可以通过偏移指令来实现，这里就添加一个简单的过渡点来实现，具体步骤如表 5-5 所示。

表 5-5　过渡点的添加

序号	操作步骤	图片说明
1	为使添加的过渡点和轨迹中目标点的形态相同，随意选中一目标点单击右键“跳转到目标点”机器人跳转到目标点处	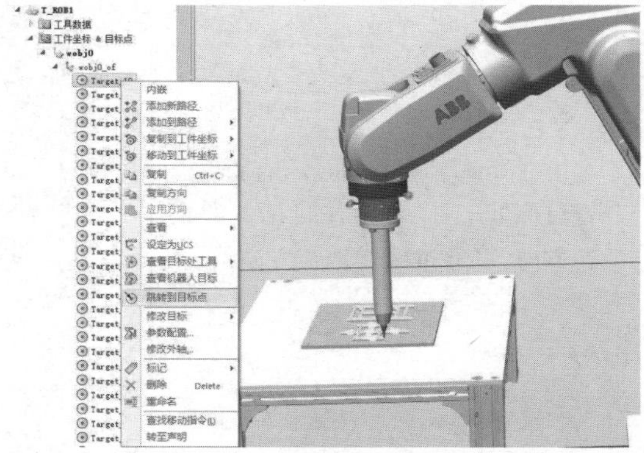
2	选中手动线性工具，单击机器人出现坐标后，拖拽坐标使机器人处于过渡点位置	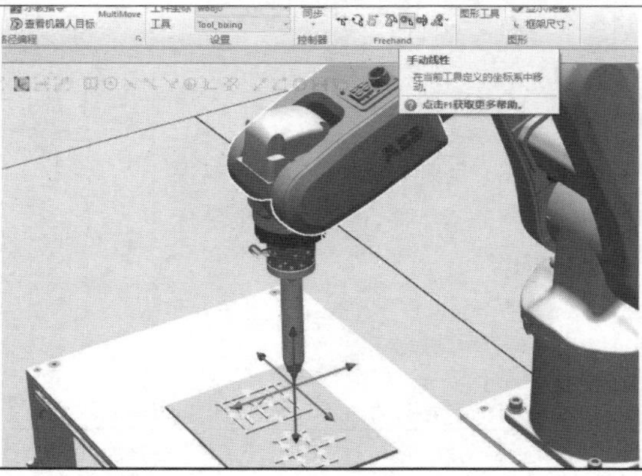

续表

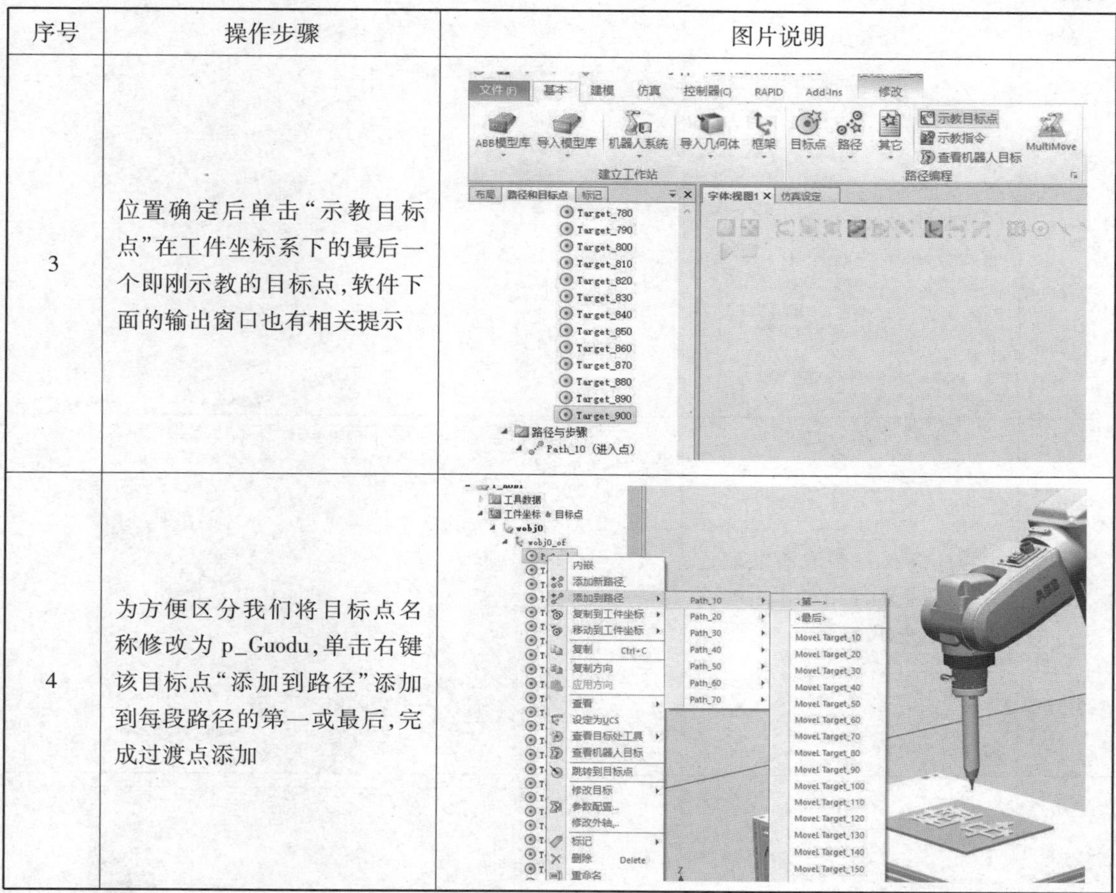

序号	操作步骤	图片说明
3	位置确定后单击“示教目标点”在工件坐标系下的最后一个即刚示教的目标点，软件下面的输出窗口也有相关提示	
4	为方便区分我们将目标点名称修改为 p_Guodu，单击右键该目标点“添加到路径”添加到每段路径的第一或最后，完成过渡点添加	

3）主程序添加

一个完整的程序都需要有主程序，主程序中可以调用子程序或添加逻辑指令，主程序是程序运行的进入点。相关步骤如表 5-6 所示。

表 5-6　主程序的添加

序号	操作步骤	图片说明
1	右键路径和步骤选择“创建路径”新的路径 Path_80 生成	

续表

序号	操作步骤	图片说明
2	名称修改为 main,选中子程序拖拽至 main 主程序中	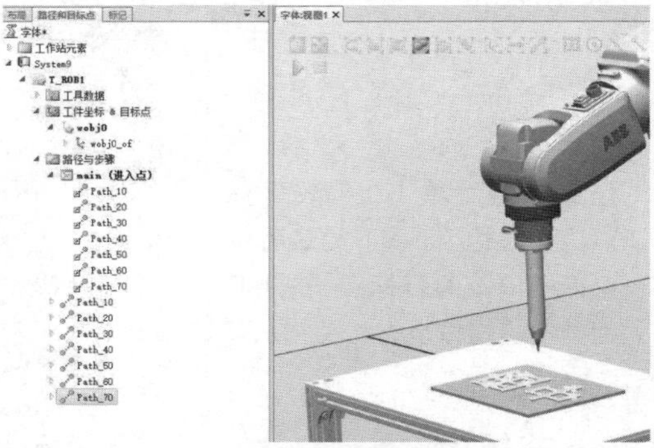
3	主程序插入一条取消轴配置指令,在主程序中单击右键选择“插入逻辑之令”	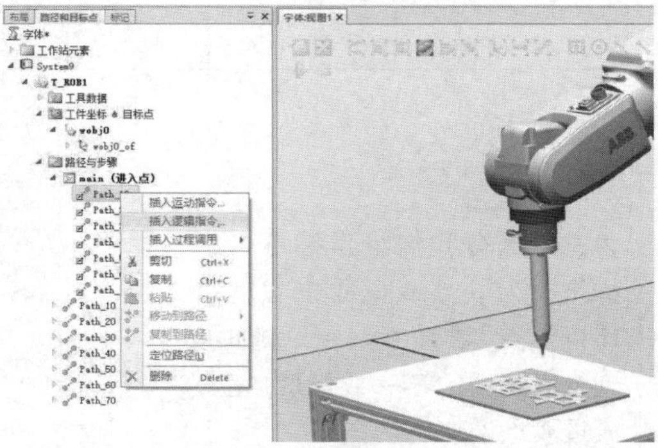
4	指令模板中选择“ConfL Off”取消轴配置指令,单击“创建”	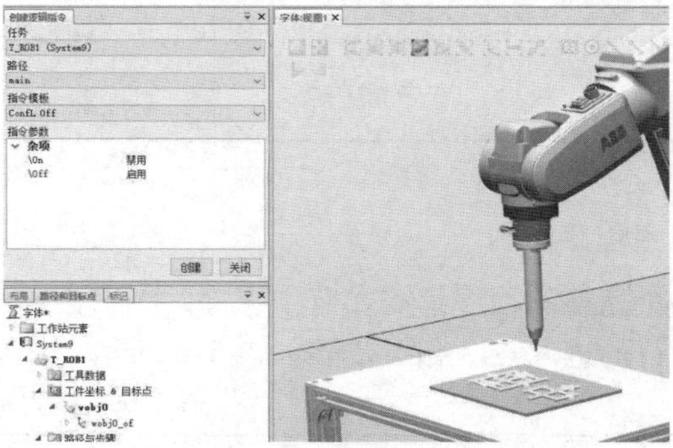
	调整指令位置至主程序的开始	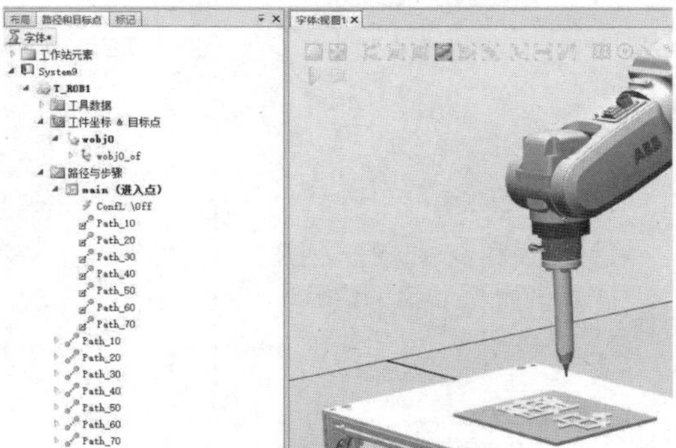

5.2.3　运行与调试

(1)仿真运行

工作站程序编辑完成后,我们需要将程序同步到 RAPID,同步完成后才可以在仿真中运行程序。如图 5-18 所示单击右键当前任务 T_ROB1 选择“同步到 RAPID”,坐标系路径等同步到的模块和存储类型的提示,确定后完成同步,在仿真栏下选择仿真设定确定当前仿真的进入点,确定无误后,单击播放观看机器人运行情况。

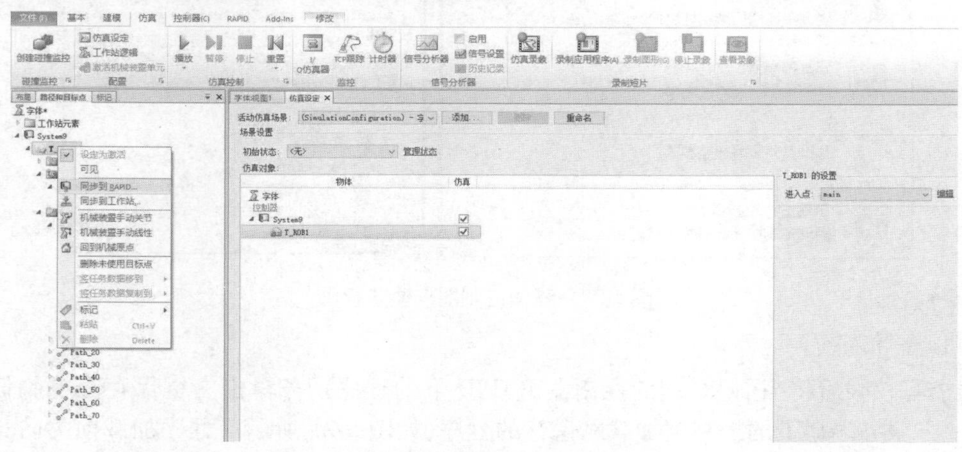

图 5-18　仿真运行

(2)实际调试

离线仿真程序无误后将程序导入实际的控制器以完成机器人书写字体轨迹,离线程序导入实际控制器可利用 U 盘单击示教器下的导入程序或加载模块完成导入,这里利用控制器的服务端口(X2)与 PC 基本通信的方式完成程序的导入。

1)建立连接

如图 5-19 左所示机器人控制器的服务端口与 PC 端通过以太网连接并将 PC 端的 IP 地址设置为 192.168.125.2(2 – 255)如图 5-19 右所示。

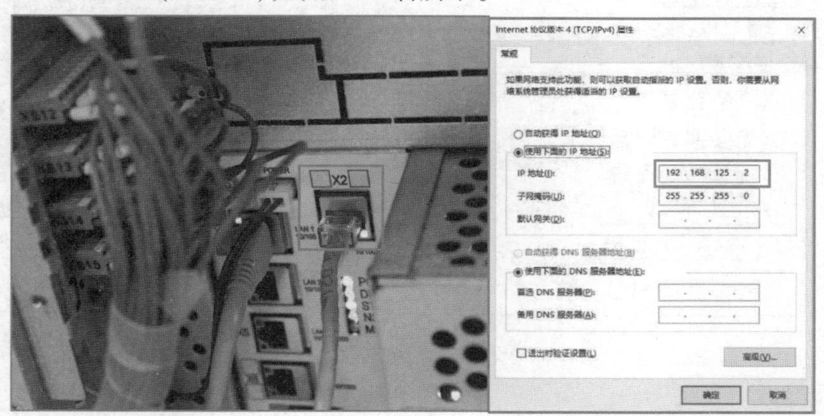

图 5-19　机器人服务端口与 PC 端 IP 地址

设置完成后打开离线仿真软件在控制器选项卡下单击“添加控制器”选择一键连接如图5-20左所示，连接后控制器下显示当前通过服务端口连接的控制器的信息如图5-20右所示。单击“请求写权限”在示教器上单击“同意”进入权限后可进行文件和程序的传输。控制器下的相关功能按钮如“在线监视器”“在线信号分析器”等也可使用。

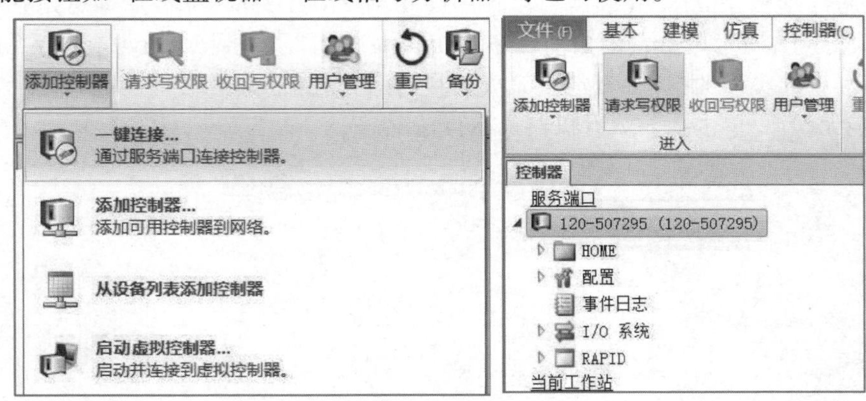

图5-20 添加控制器与请求权限

2）程序导入

请求写权限后将当前PC端的控制器RAPID下的程序任务单击右键保存至电脑任意位置，在上方服务端口下的控制器加载刚保存的程序，如图5-21所示。程序加载前为防止原有程序丢失，可将原有程序保存后再进行加载操作或以保存与加载模块的形式加载字体程序。

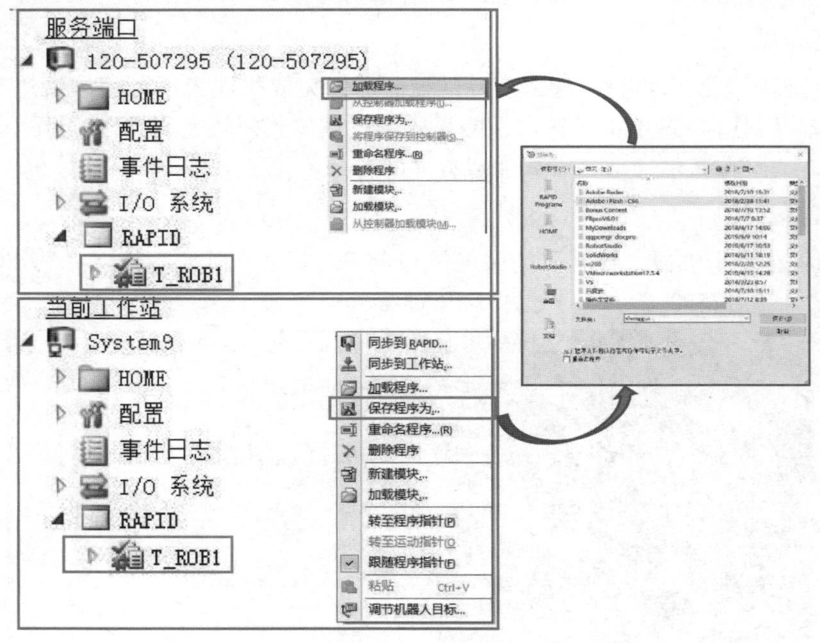

图5-21 程序导入

3）调试运行

离线仿真软件中的字体轨迹的目标点与实际中存在位置上的差异，根据工件坐标系的特点将程序中使用的工件坐标系做出调整即实现实际轨迹的书写。若目标点创建时使用的默认 wobj0 则需将目标点全部转移到新的工件坐标下，系统提示是否创建新的目标点，选择"否"即完成目标点位置不变且全部附属到新的坐标系下的步骤，完成更改后将程序同步到 RAPID 并执行程序导入的操作，完成程序中坐标系更改的操作，如图 5-22 所示。（字体轨迹目标点生成前新建并使用合适的工件坐标系可省去移动坐标系的步骤）

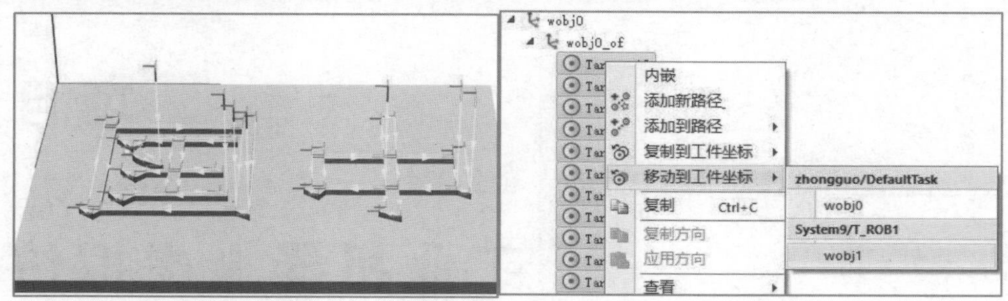

图 5-22　新建工件坐标系与目标点的移动

如图 5-23 左所示，使用示教器手动操纵机器人，根据位置修改程序中工件坐标系。将程序的运行速度设置较低后单步运行程序观察机器人与物体的接触情况，若存在偏差可根据偏差距离使用示教器对工件坐标系进行（X、Y、Z）数值的更改或在离线编程软件中更改目标点的偏移值的方式修正位置、调试结果如图 5-23 右所示。

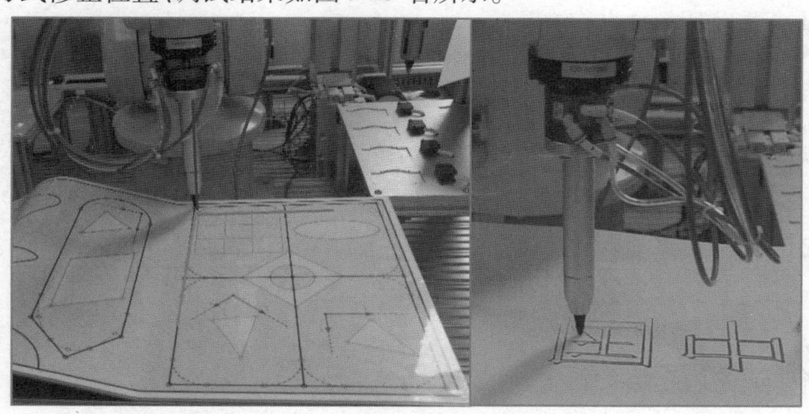

图 5-23　修改工件坐标系与调试运行

项目 6

工业机器人虚拟仿真

在 RobotStudio 中创建离线仿真工作站，动态效果对整个工作站的仿真起到一个关键的作用。如表 6-1 所示，动态效果的创建主要有两种方法分别适用不同的动态效果。在 6.05 版本更新之后也新添加了物理特性功能使物体动态效果更加符合实际。某些情况下也可直接添加物理特性制造更为逼真的动态效果。

表 6-1　事件管理器与 Smart 组件

名称	时间管理器	Smart 组件
使用难度	简单容易掌握	需要系统学习后使用
特点	适合制作简单的动画	适合制作复杂的动画
适用范围	简单的动画仿真	需要逻辑控制的动画

任务 1　创建机械装置

机械装置用于完成虚拟仿真中动态效果的装置，配合机器人完成工作任务。通过创建机械装置将静态组件转化成可运动组件，再将设置完成的机械装置的姿态与机器人的信号连接后，实现机械装置与机器人的配合。如图 6-1 所示创建气缸机械装置为例实现气缸的推出缩回动作。

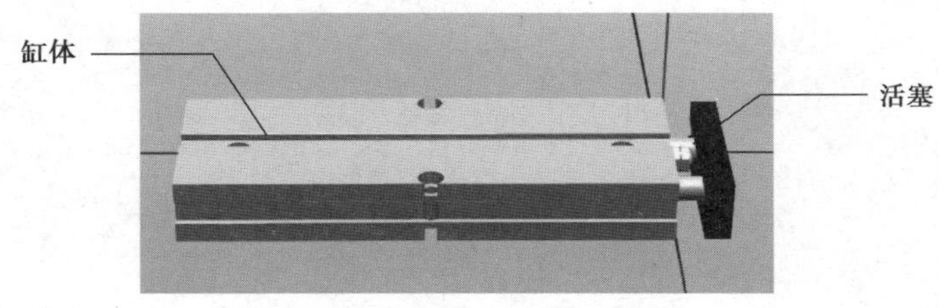

图 6-1　气缸

(1)创建机械装置

创建机械装置功能位于建模选项卡下如图6-2所示,机械装置的名称可根据需求更改,机械装置类型分为机器人、工具、外轴和设备。根据气缸类别选择设备机械装置类型。

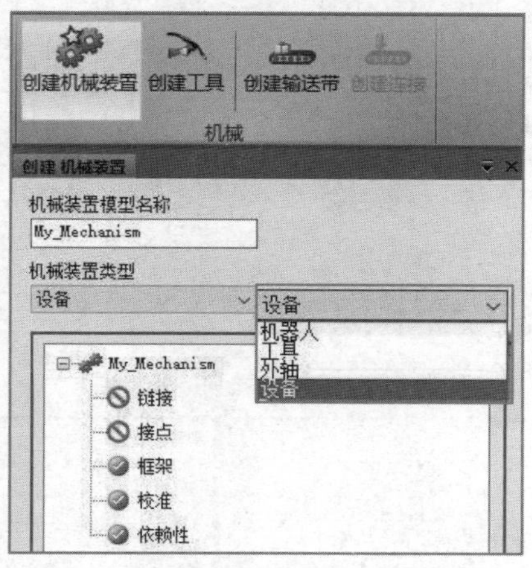

图6-2　创建机械装置

(2)链接设置

双击"链接"创建气缸的缸体和活塞两部件的链接如图6-3所示。创建L1链接并选择缸体部件为基链接即在"设置为BaseLink"前打对勾如图中红框位置,创建活塞部件为L2链接单击确定完成链接的创建。

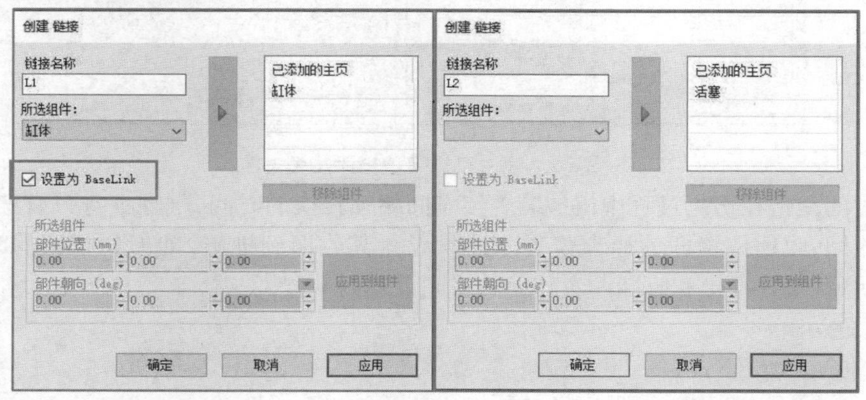

图6-3　创建链接

(3)接点设置

双击"接点"创建气缸的运动关节如图6-4所示,根据气缸运动关节类型选择为往复型的,根据关节轴运动方向设置其位置,气缸活塞运动方向即坐标系X轴的方向,故设置X数值即可。拖拽操纵轴观察气缸运动是否合理并根据活塞推出距离设置其限制。单击确定完成接点创建。

(4)姿态和时间设置

相关链接和接点设置完成后单击编译机械装置,如图6-5所示,在姿态栏添加气缸的推出、缩回的姿态,完成机械装置的姿态添加。

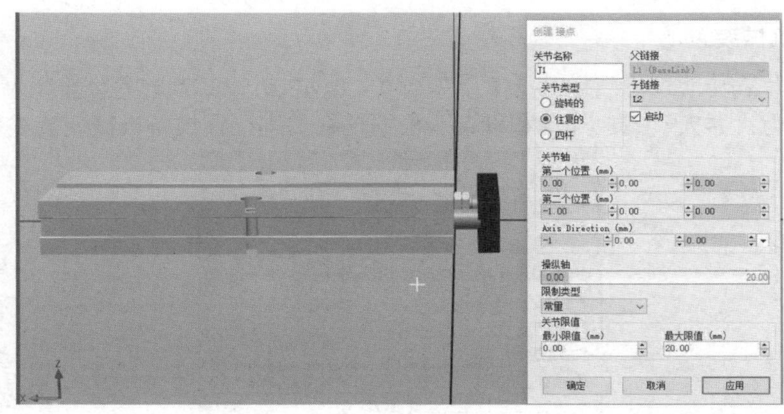

图 6-4　创建气缸机械装置

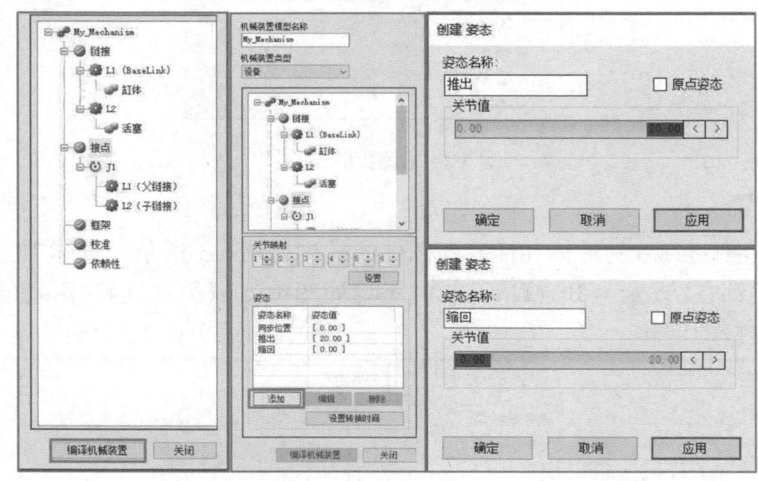

图 6-5　编译机械装置与添加姿态

转换时间是指在仿真过程中机械装置姿态间相互转换的时间，气缸本身只有两种状态即推出或者收回，收回位置即为原点位置。故只设置其收回到推出，推出到收回的时间即可。如图 6-6 所示，气缸推出和收回两者转换的时间设置为 1 秒。

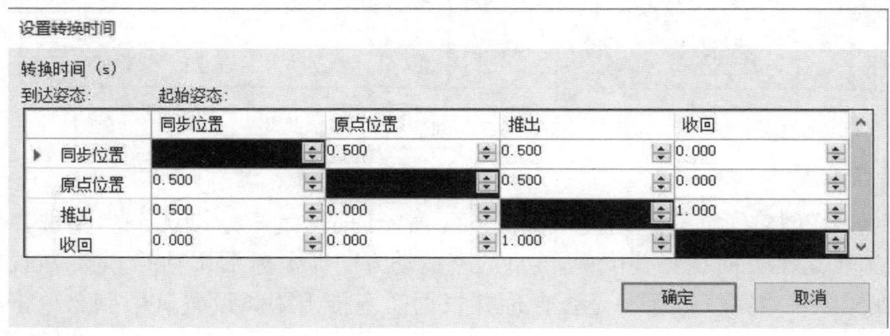

设置转换时间
转换时间 (s)
到达姿态:
起始姿态:
同步位置
原点位置
推出
收回
同步位置　　0.500　0.500　0.000
原点位置　0.500　　0.500　0.000
推出　0.500　0.000　　1.000
收回　0.000　0.000　1.000
确定
取消

图 6-6　设置转换事件

任务2　事件管理器创建动态气缸

在 RobotStudio 软件中，事件管理器用于创建简单事件的动作，气缸的推出与缩回动作较为简单，故使用事件管理器创建。在“仿真”选项卡下，单击“事件管理器”图标，如图6-7“打开位置”所示，进入事件管理器设置窗口。窗口由任务窗、事件网格、触发编辑器、动作编辑器组成。相关含义如表6-2所示。

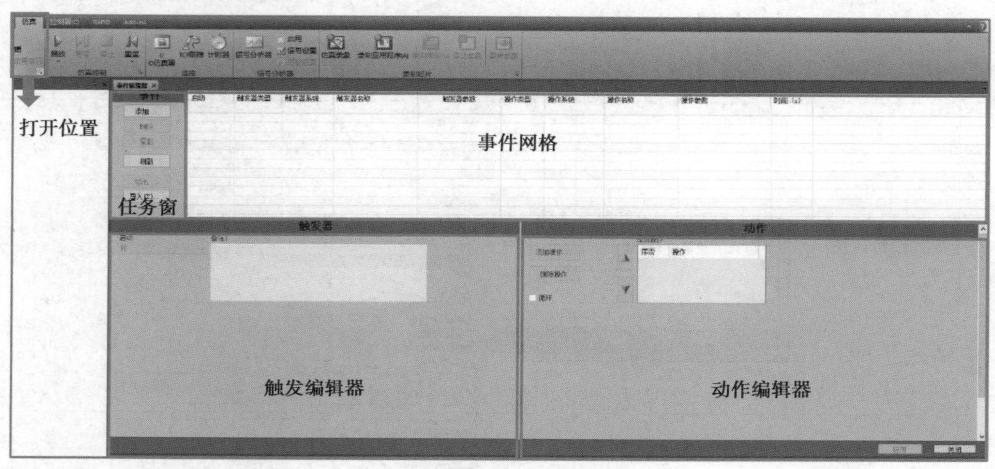

图6-7　事件管理器

表6-2　事件管理器窗口含义

部件	概述
1	任务窗格 可以新建事件，或者在事件网格中选择现有事件进行复制或删除
2	事件网格 显示工作站中的所有事件。可以在此选择事件进行编辑、复制或删除
3	触发编辑器 编辑事件触发器的属性，即触发事件的属性编辑（I/O 信号的触发条件、信号源等）
4	动作编辑器 编辑动作触发器的属性，即触发时动作的属性设置。（添加相关动作、设置动作姿态等）

在用事件管理器创建夹爪动作之前，需要创建控制夹爪动作的信号，相关信号的创建步骤可参照工业机器人通信设置任务章节。I/O 板与 I/O 信号设置完成后，就可以进行事件管理器的设置了，步骤如下：

表 6-3 事件管理器创建动态气缸操作步骤

序号	操作步骤	图片说明
1	在仿真选项卡配置栏中单击右下角箭头打开事件管理器,单击"添加",添加一个新事件	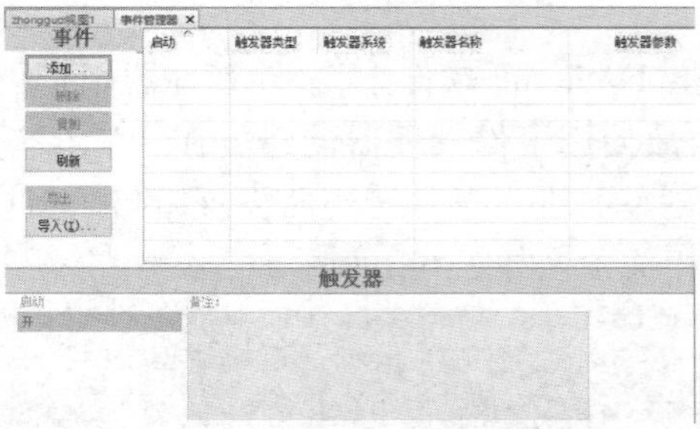
2	选择触发的 I/O 信号,条件是信号为"1"时	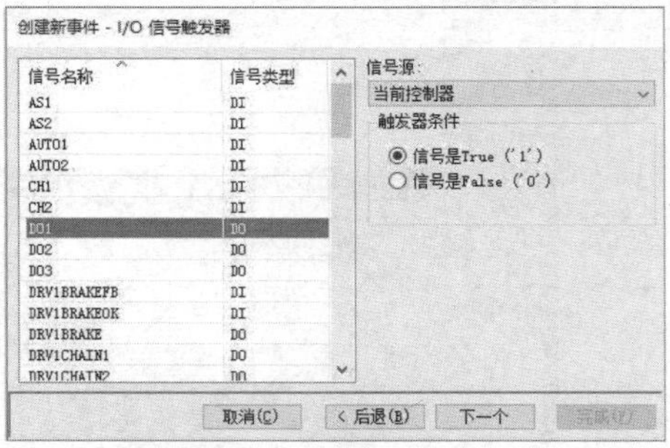
3	设定动作类型中选择"将机械装置移至姿态"	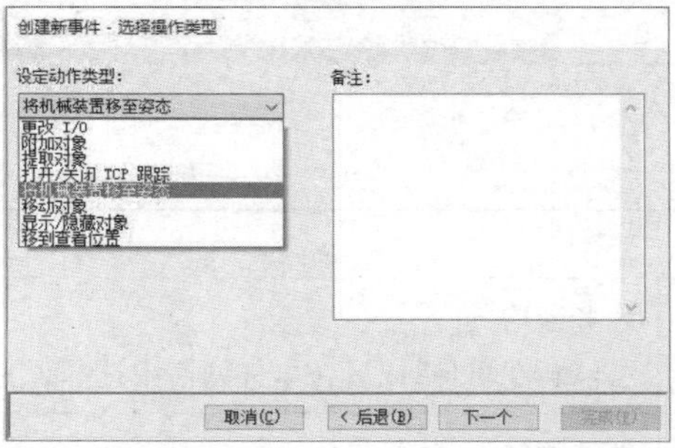
4	机械装置选择新创建的机械装置"气缸"姿态设置为推出,单击完成。完成 I/O 信号为"1"时气缸推出的事件添加	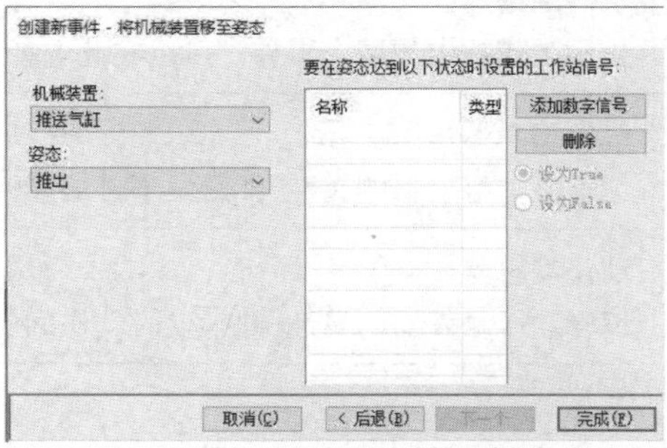
5	同样操作,I/O 信号条件为"0"时。设置为收回。设置完成后如右图所示	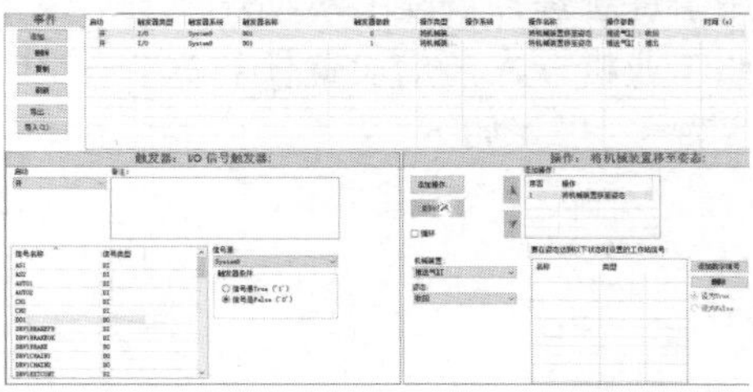

任务3　Smart 组件创建动态夹具效果

6.3.1　Smart 组件创建动态夹具

(1)添加组件

用 Smart 组件创建夹具的动态效果并实现物料块的拾取与放置。如图 6-8 所示新建 Smart 组件并添加子组件“Attacher”“Detacher”“LineSensor”“LogicGate”“LogicSRLatch”和“PoseMover”。

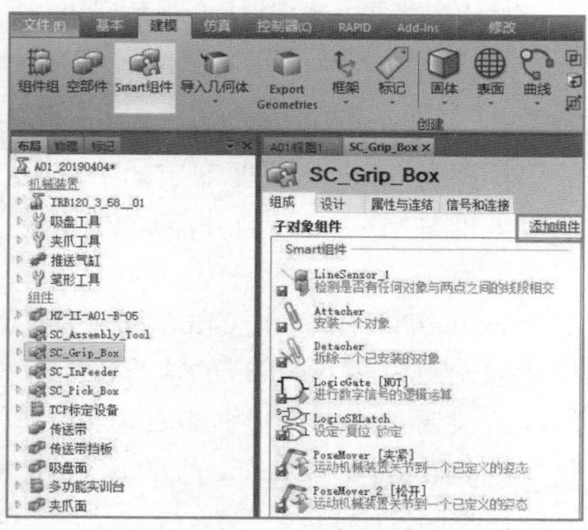

图 6-8　添加组件

(2)组件设置

双击子组件或单击右键属性进行子组件的相关设置,如图 6-10 左所示“Attacher”子组件的属性将安装的父对象设置为机器人或夹爪工具,“LineSensor”设置其位置和半径如图 6-9 右所示将其设置于夹爪手指中间。为防止传感器检测到夹爪手指和不跟随夹爪移动故将夹爪右键属性中的“可由传感器检测”前的对勾取消掉并将其安装在夹爪工具如图 6-10 所示。

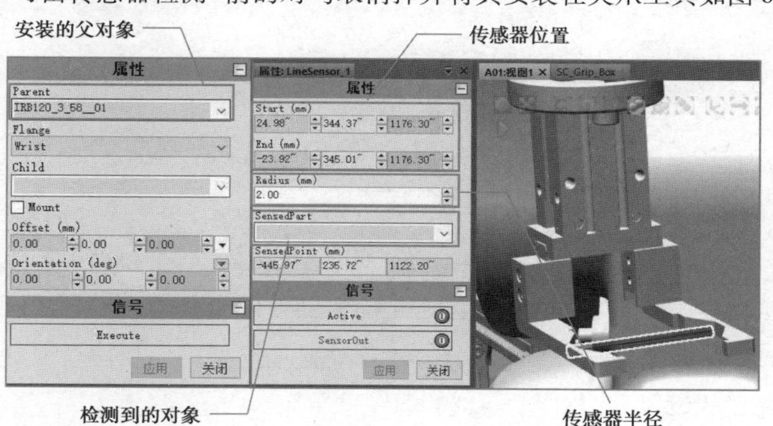

图 6-9　Attacher 属性和 LineSensor 属性

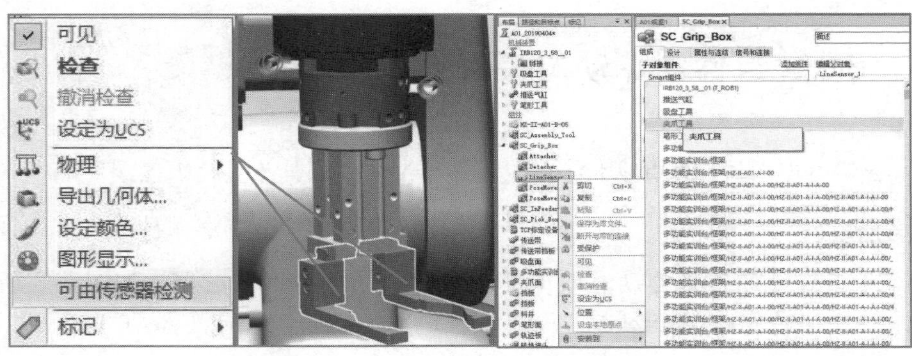

图 6-10 夹爪手指设置和安装传感器

(3)逻辑关系设置

要创建的属性连接如下：

①“LineSensor”检测到的部件即是“Attacher”要安装的子对象；

②“Attacher”要安装的子对象即是“Detacher”要拆除的子对象。

要创建的信号连接如下：

①“物料块的拾取与放置”Smart 组件中的“di_Grip_Box”信号触发“LineSensor”的执行；

②“LineSensor”的物料检测输出触发“Attacher”的执行；

③物料块被夹取后，气缸执行夹紧动作，并利用“LogicGate”非门取反；

④“di_Grip_Box”信号取反的输出触发“Detacher”的执行和气缸收回信号，代表当“di_Grip_Box”置为 0 时放置物料块并收回气缸；

⑤“Attacher”的执行触发使“LogicSRLatch”的置位操作；

⑥“Detacher”的执行触发使“LogicSRLatch”的复位操作；

⑦“LogicSRLatch”的置位/复位动作触发“do_OK”的置位/复位动作，实现当吸取完成“GripOK”置为 1，当放置完成后“GripOK”置为 0。

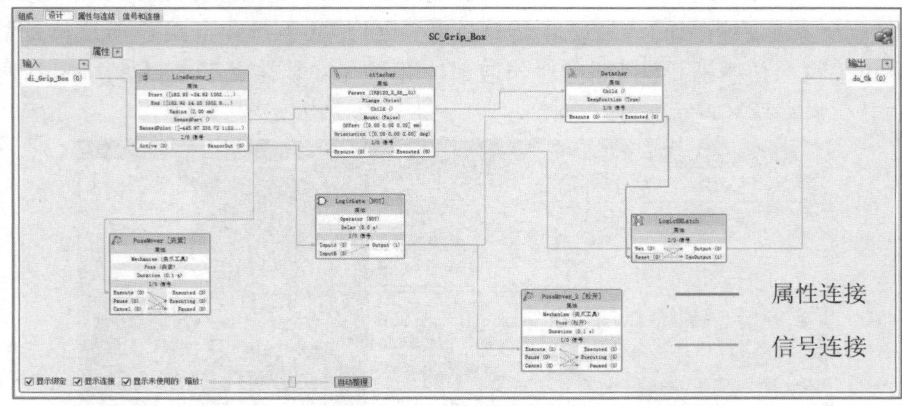

图 6-11 属性及信号连接

(4)工作站逻辑设置

Smart 组件创建的信号需和系统信号进行关联也称为工作站逻辑设置，仿真模式下单击仿真逻辑，在下拉框中选择工作站逻辑进行整体逻辑设置，如图 6-12 所示将创建完成的系统信号“do_Grip_Box”数字输出信号关联 Smart 组件的“di_Grip_Box”数字输入信号完成工作站逻辑设置。

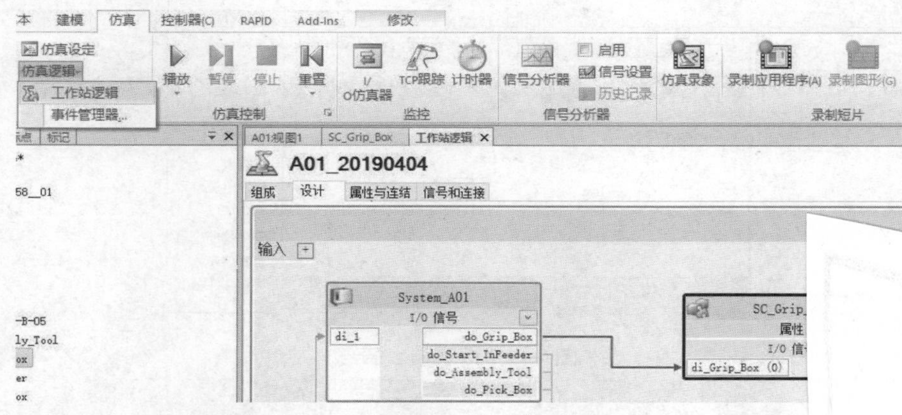

图 6-12　工作站逻辑设置

6.3.2　Smart 组件的动态模拟

①将夹爪通过“手动线性”的方式移到适合夹取物料块的位置，然后鼠标组件，选择“编辑组件”选项，跳出“di_Grip_Box”输入信号和“do_OK”输出信Grip_Box”输入信号置为 1，则同时看到“do_OK”输出信号也置为 1，则表示物到并夹取成功，如图 6-13 所示。

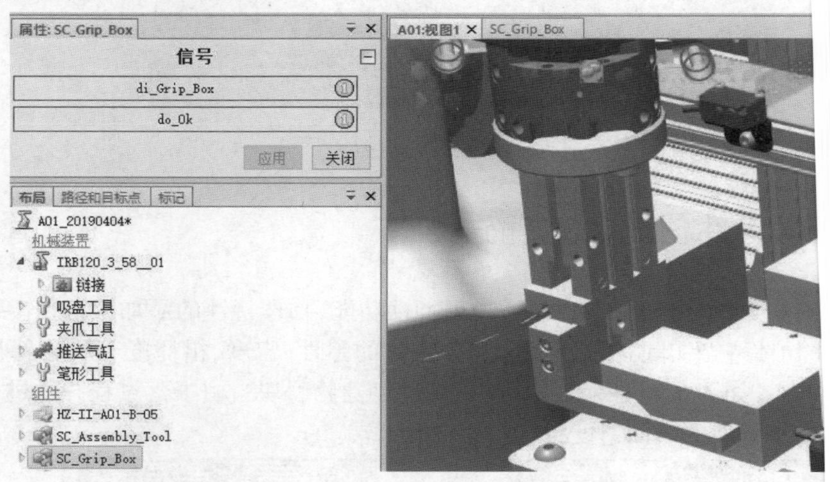

图 6-13　夹取物料块

②单击“控制器”选项卡下的“虚拟控制器”，进入虚拟控制器界面，选择主入输出”，单击“视图”下的“数字输出”，如图 6-14 所示选中“do_Grip_Box”，并图 6-15 左所示，同时可看到夹爪闭合夹取物料块。

③利用“手动线性”功能，将机器人向上移动，可看到夹爪夹取物料一起6-15左所示。若将“物料块的拾取与放置”与 Smart 组件中的“GripObject”信号松开，放下物料块，如图 6-15 右所示。

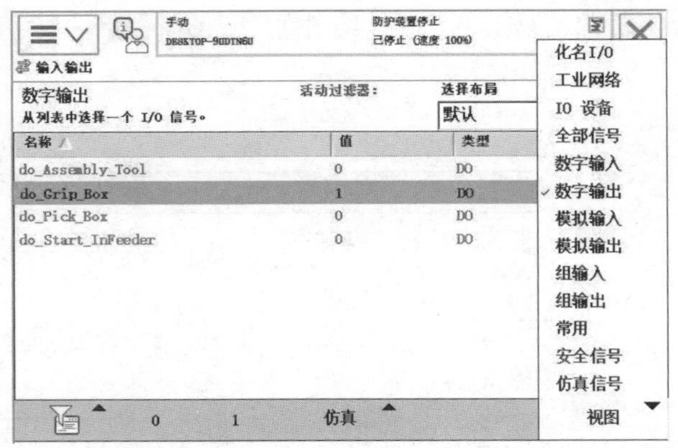

图 6-14　数字输出信号

图 6-15　动态模拟

任务 4　物理特性创建动态输送链

RobotStudio6.05 版本更新后新添加了物理特性功能,物理特性的添加使得在离线编程软件中的相对静止物体遵循实际物理意义。例如物体的弹性、密度、粗糙度等物理特性充分体现在仿真软件当中。如图 6-16 所示,使用物理特性创建物料块自由下落过程并通过气缸推出至传送带,利用物理特性的表面速度将物料运输至末端。

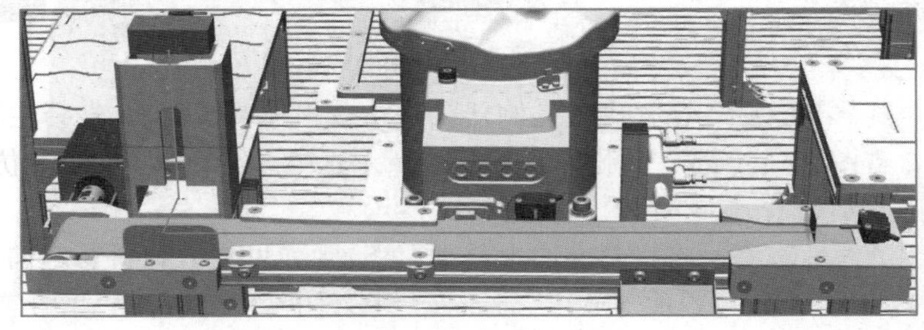

图 6-16　物理特性轨迹

物理行为的设置分为四种即图 6-17 左所示，不活动、固定、运动学的和动态相关说明如表 6-4 所示，根据物理行为特性和所创建的动态效果各模型的物理行为设置如图 6-17 右所示，将物料块、推送气缸、底板和传送带设置物理行为参与仿真，过程中气缸和传送带需配合物料块完成故设置为运动学的，底板和传送带末端挡板设置为固定。

表 6-4　物理行为说明

名称	不活动	固定	运动学的	动态
仿真	不参与	参与	参与	参与
位置	固定	固定	不固定	不固定
自身影响	不受影响	不受影响	不受影响	影响
动作互动	无动作、不互动	无动作、互动	动作、互动	动作、互动

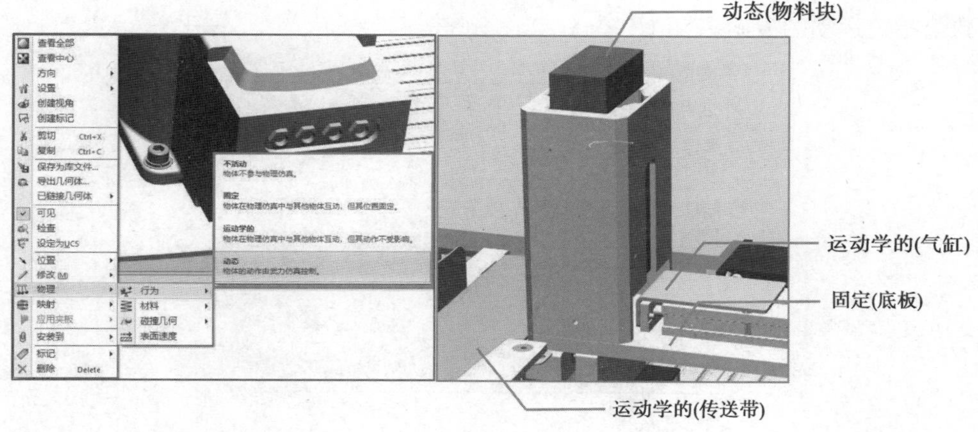

图 6-17　物理行为设置

物理材料的设置影响物体的运动效果，常见标准材料如图 6-18 左所示，单击上方的“材料性能”可查看当前材料的表面属性及整体特性数值，相关特性说明如表 6-5 所示，也可以根据物体特性及动态需求重新编辑材料。较为明显的两个物理量为粗糙度和恢复系数，粗糙度影响物体与物体间的相对运动，恢复系数影响物体的弹性，及恢复系数越大弹性越大。

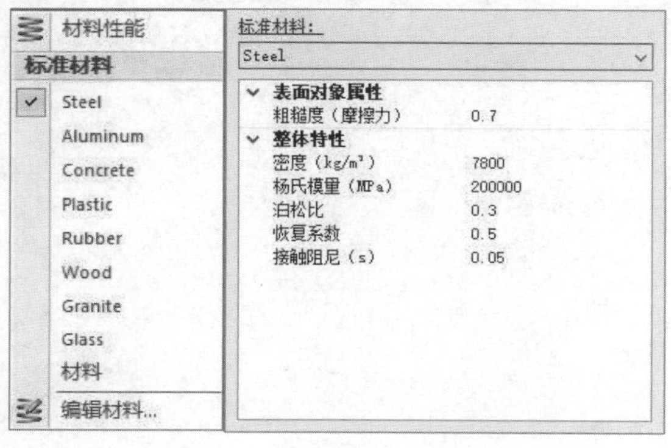

图 6-18　标准材料和材料性能

表 6-5　材料性能说明

名称	说明
粗糙度(摩擦力)	阻碍物体相对运动(粗糙度越大摩擦力越大)
密度	物质每单位体积内的质量
杨氏模量	描述固体材料抵抗变形能力的物理量,也叫拉伸量
泊松比	材料在单向受拉或受压时,横向正应变与轴向正应变的绝对值的比值
恢复系数	衡量两个物体在碰撞后的反弹程度
接触阻尼	物体震动能量的衰减

启用传送带的表面速度实现气缸推出物料后的运输动态效果,单击右键传送带模型在物理下单击“表面速度”弹出如图 6-19 所示对话框,设置表面速度单位 mm/s,在线性下 X、Y、Z 中填入数值指定运动的方向。

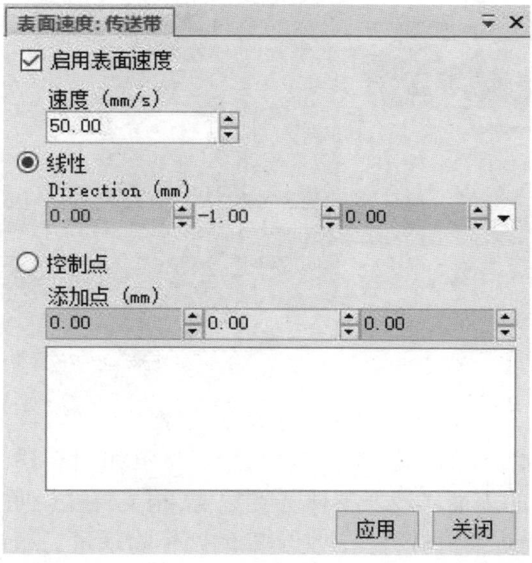

图 6-19　启用表面速度

项目 7

工业机器人码垛工作站

任务 1 码垛工作站认知

码垛,就是把货物按照一定的摆放顺序与层次整齐地堆叠好。物件的搬运和码垛是现实生活中常见的一种作业形式,这种作业通常劳动强度大且具有一定的危险性。目前在国内外,已逐步地使用工业机器人替代人工劳动,提高了工作效率,体现了劳动保护和文明生产的先进程度。

一般来说,码垛机器人工作站是一种集自动装箱等功能的高度集成化系统,通常包括工业机器人、控制器、示教器、机器人夹具、自动拆/叠机、托盘输送及定位设备和码垛模式软件等。有些码垛自动生产线还配置自动称重、贴标签和检测及通信系统,并与生产控制系统相连接,以形成一个完整的集成化包装生产线。如图 7-1 所示,实现托盘上的物料经输送链传送至末端气缸,末端气缸推出物料,机器人通过吸盘工具将物料码垛至料盘。

应用码垛工作站的优势有:

①节约仓库面积;

②节约人力资源;

③提高工作效率;

④货物堆放更加整齐;

⑤适应性强,占地面积小。

要求:工件摆放成两层,如图 7-2 所示,第一层与第二层形状不一致。

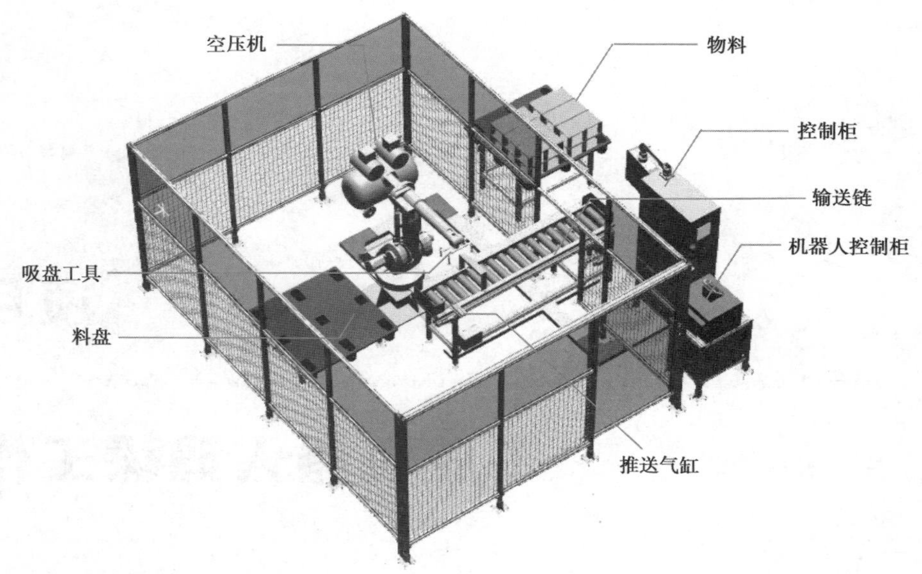

图 7-1 码垛工作站

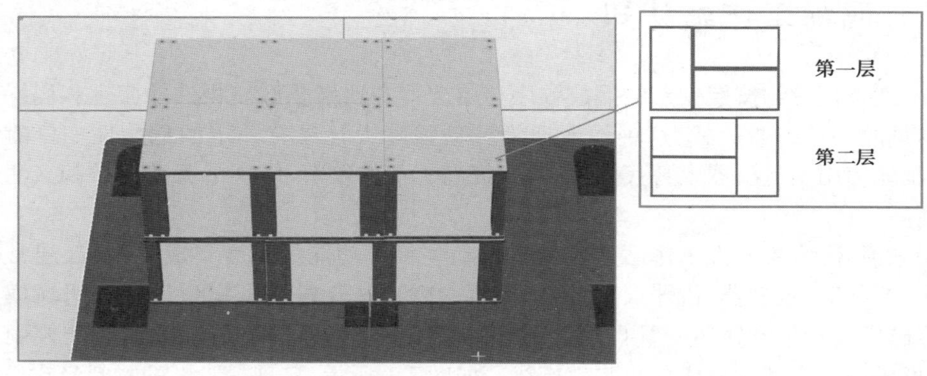

图 7-2 工件摆放形状

任务 2 物料偏移数组设定

7.2.1 数组功能介绍

数组是一种特殊类型的变量,普通的变量包含一个数据值,而数组可以包含许多数据值。数组可以将其描述为一份一维或多维表格,在编程或操作机器人系统时,使用的数据(例如数值、字符串或变量)都保存在此表中。

在 ABB 机器人中,RAPID 程序可以定义一维数组、二维数组以及三维数组。

(1)一维数组

一维数组示例如图 7-3 所示,以 a 一维定义的数组,a 维上有 3 列,分别是 5,7,9,此数组和数组内容可表示为 Array{a}。

程序举例:VAR num reg1{3}:=[5,7,9]

reg2：= reg1{2}

则 reg2 输出的结果为 7。

数组的三个维度类似于线、面、体的关系，一维数组就像在一条线上排列的元素，上例意为一维数组 reg1 有三个元素排列分别为 5、7、9，当数值寄存器 reg2 的值为数组 reg1 的第二位时，便是三个元素的第二位即为 7。

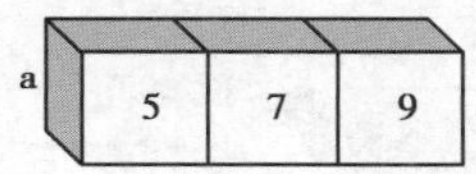

图 7-3　一维数组维数示意图

(2)二维数组

二维数组示例如图 7-4 所示，以 a、b 二维定义的数组，a 维上有 3 行，b 维上有 4 列，此数组和数组内容可表示为 Array{a,b}。

程序举例：VAR num reg1{3,4}：= [[1,2,3,4],[5,6,7,8],[9,10,11,12]]

reg2：= reg1{3,2}

则 reg2 输出的结果为 10。

此例依然如此，二维数组类似于行列交错的面，每一个交点都储存一个值，等式中数值寄存器 reg2 的值为数组 reg1 的第三行的第二列，可看作{a3,b2}即为 10。

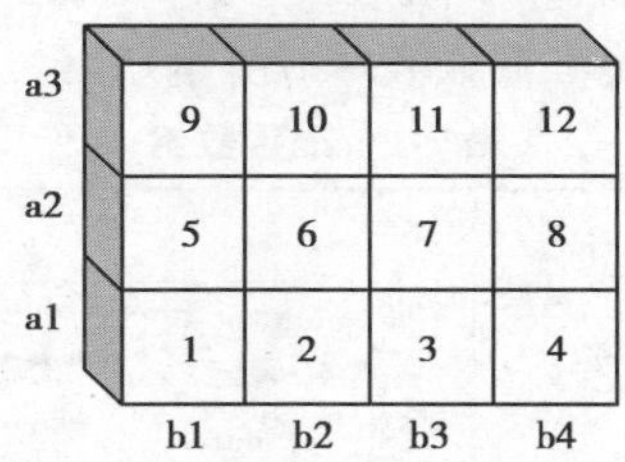

图 7-4　二维数组维数示意图

(3)三维数组

三维数组示例如图 7-5 所示，以 a、b、c 三维定义的数组，a 维上有 2 行，b 维上有 2 列，c 维上有 2 列(行)，此数组和数组内容可表示为 Array{a,b,c}。

程序举例：VAR num reg1{2,2,2}：= [[[1,2],[3,4]],[[5,6],[7,8]]]

　　　　reg2：= reg1{2,1,2}

则 reg2 输出的结果为 6。

三维数组是在二维数组的基础上多了一个层的概念，类似于面到体的变化，等式中数值寄存器 reg2 的值等于三维数组 reg1 的第二行第一列第三层，可看作{a2,b1,c2}即为 6。

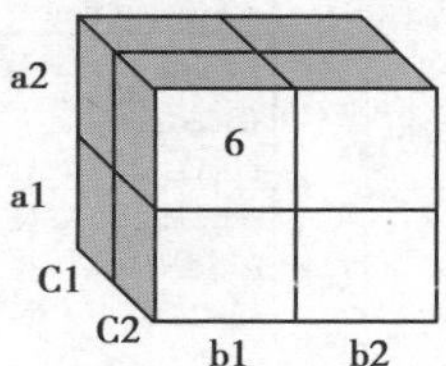

图 7-5　三维数组维数示意图

7.2.2 配置数组

码垛程序中目标点数据不是规律的变换,而一个个示教目标点在码垛数量大的情况下又显得烦琐,所以偏移的基础上加入了数组的概念使每一次循环次数增加调用数组中需变换的距离差。如图 7-6 所示 6 个目标点的数组数据已经给出具体操作步骤如下:

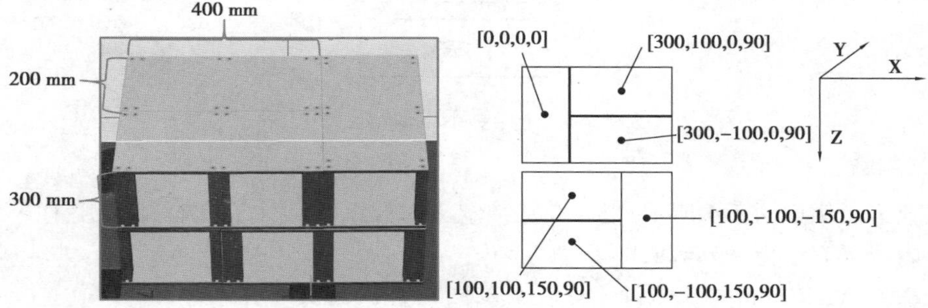

图 7-6 数组数据

建立机器人放置物料块的数据 nshuzu{6,4}:=[[0,0,0,0],[300,100,0,90],[300,-100,0,90][100,-100,-150,90][100,100,-150,90][400,0,-150,0]]。该数组中共有 6 组数据,分别对应 6 个放置位置,每组数据中有 4 项数值,分别代表 X、Y、Z 的偏移值和 Z 轴的旋转角度。创建及配置数组的步骤如表 7-1 所示。

表 7-1 配置数组

序号	操作步骤	图片说明
1	单击 ABB 菜单栏下的“程序数据”	
2	在视图中单击“全部数据”找到“num”数据	

续表

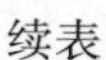

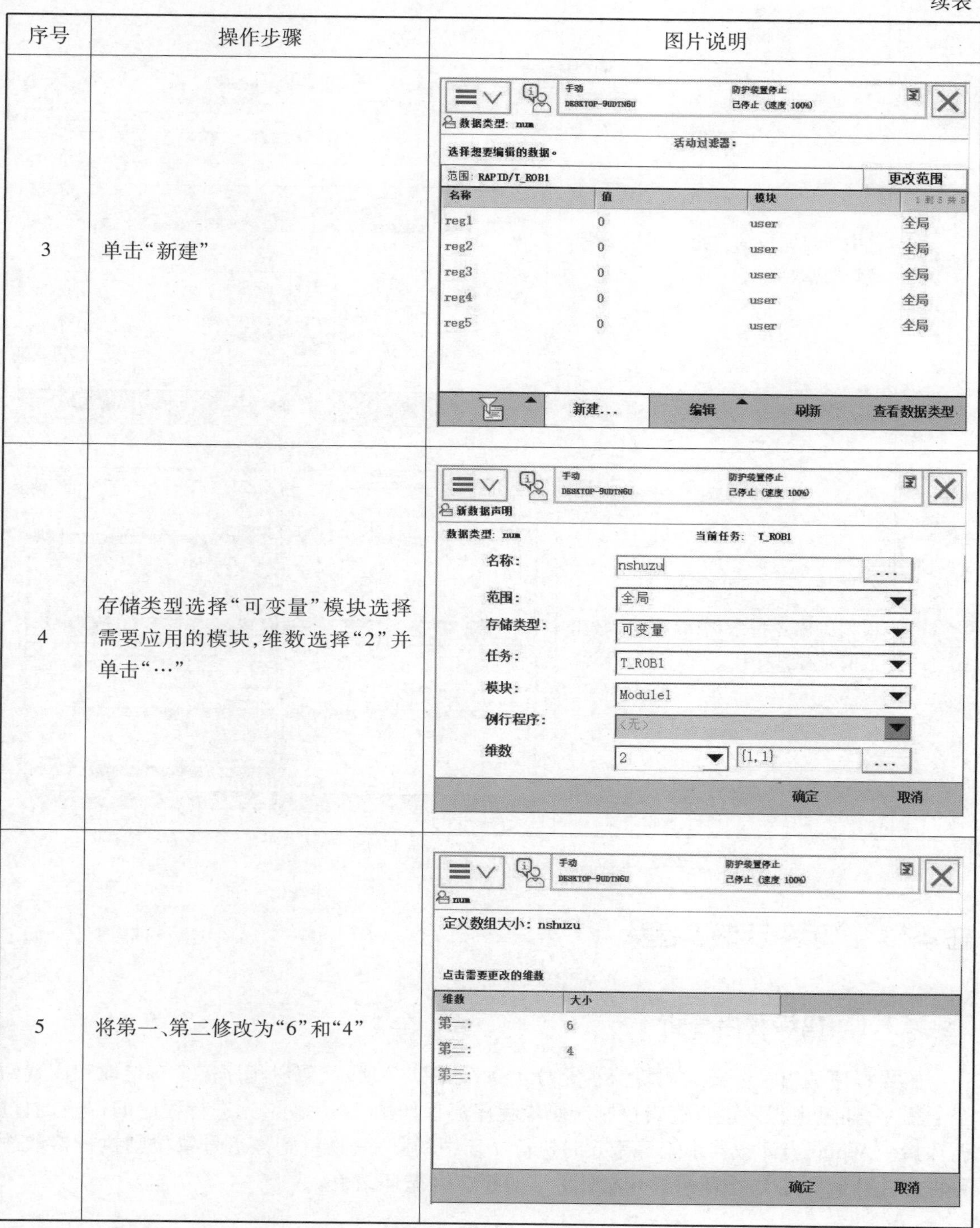

序号	操作步骤	图片说明
3	单击“新建”	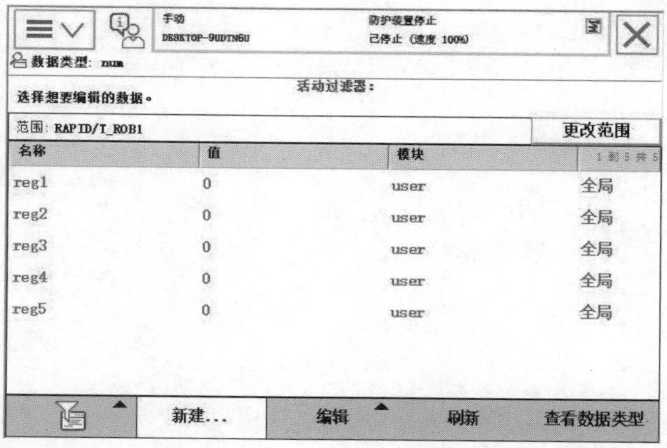 手动 DESKTOP-9UDTN6U 防护装置停止 已停止（速度 100%） 数据类型：num 选择想要编辑的数据。 活动过滤器： 范围：RAPID/T_ROB1 更改范围 名称 值 模块 1 到 5 共 5 reg1 0 user 全局 reg2 0 user 全局 reg3 0 user 全局 reg4 0 user 全局 reg5 0 user 全局 新建… 编辑 刷新 查看数据类型
4	存储类型选择“可变量”模块选择需要应用的模块，维数选择“2”并单击“…”	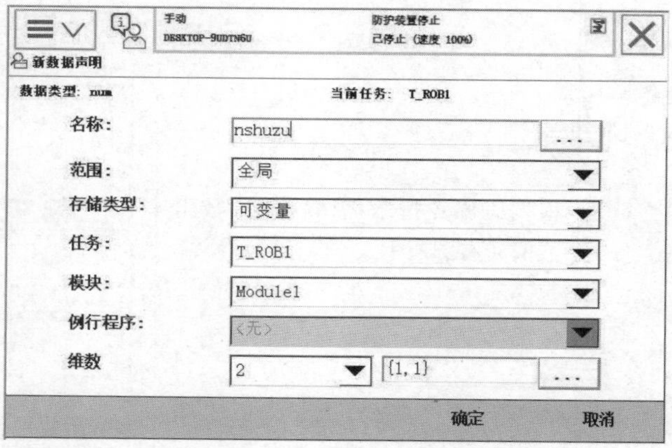 手动 DESKTOP-9UDTN6U 防护装置停止 已停止（速度 100%） 新数据声明 数据类型：num 当前任务：T_ROB1 名称：nshuzu … 范围：全局 存储类型：可变量 任务：T_ROB1 模块：Module1 例行程序：<无> 维数 2 {1, 1} … 确定 取消
5	将第一、第二修改为“6”和“4”	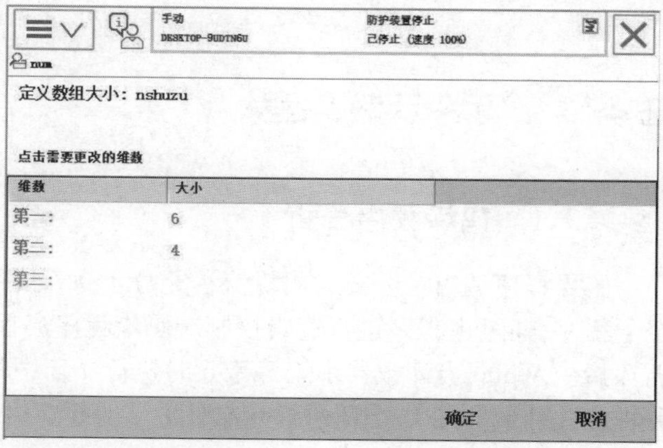 手动 DESKTOP-9UDTN6U 防护装置停止 已停止（速度 100%） num 定义数组大小：nshuzu 点击需要更改的维数 维数 大小 第一：6 第二：4 第三： 确定 取消

续表

序号	操作步骤	图片说明
6	选中新建完成的数组单击“编辑”选择“更改值”	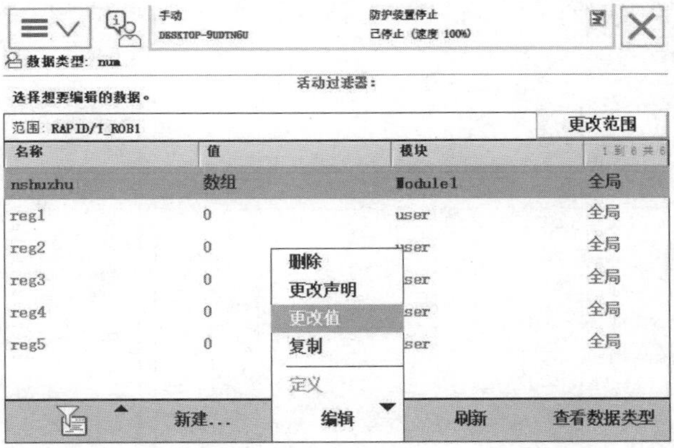
7	根据码垛点位数据依次修改数组数值如右图所示	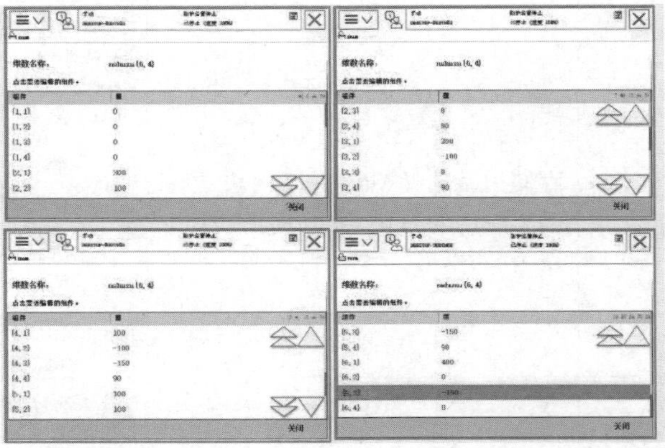

任务 3　码垛示教编程

7.3.1　码垛程序分析

码垛程序编辑前需要对码垛流程充分了解，如图 7-7 所示，码垛程序需含有拾取和放置两个子程序，通过主程序进行逻辑控制。码垛程序流程如图 7-8 所示，先进行程序的初始，通过循环指令 While 当计数器小于等于 6 时执行循环中的程序，物料到位信号置位则执行拾取放置程序并计数器加 1，循环码垛 6 次计数器等于 7 时循环结束。

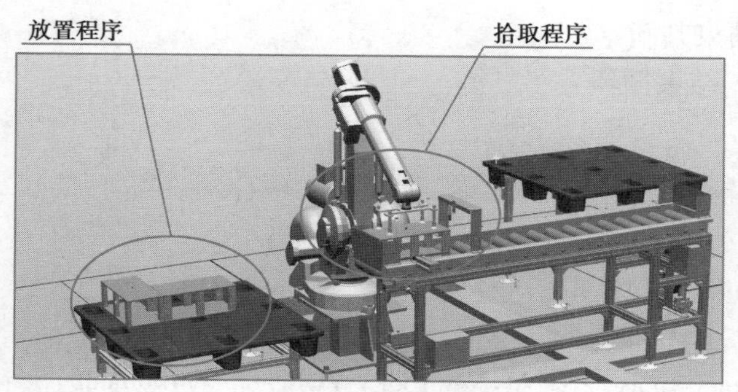

图7-7　码垛程序图示

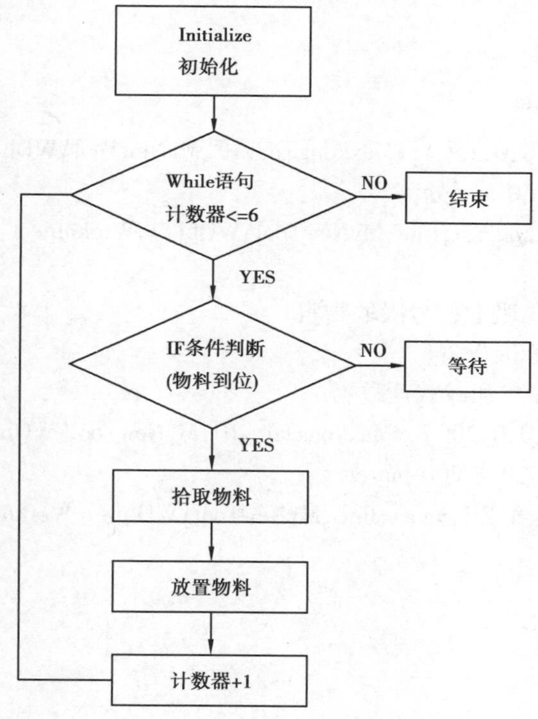

图7-8　码垛程序流程分析

7.3.2　程序编辑与解读

信号说明:di_BoxInpos 为物料到位信号;do_Grip 为吸取信号。

(1)主程序

```
PROC main()
  rInitAll;! 初始化程序
  WHILE nCount < =6 DO ! WHILE 循环语句当计数器小于等于6时执行程序
    IF di_BoxInpos =1 THEN ! 判断物料是否到位,信号为1执行程序
        rPick;! 机器人抓取程序
        rPlace;! 机器人放置程序
```

```
    ENDIF ! 结束判断
  ENDWHILE ! 结束循环
ENDPROC
```

(2)初始化程序

```
PROC rInitAll()
  Reset do_Grip;! 复位夹取信号
  nCount:=1;! 计数器为1
  MoveAbsJ Home,vmax,z10,MyNewTool\WObj:=Workobject_Stack;! 机器人移动到Home点
ENDPROC
```

(3)机器人抓取程序

```
PROC rPick()
  MoveJ Offs(pPick,0,0,150),vMaxkongzai,z10,MyNewTool\WObj:=Workobject_Stack;! 机器人移动到物料上方150 mm处
  MoveL pPick,vMidkongzai,fine,MyNewTool\WObj:=Workobject_Stack;! 机器人移动到物料吸取点
  Set do_Grip;! 置位吸取信号吸取物料
  WaitTime 0.2;! 等待0.2s
  GripLoad LoadFull;! 加载载荷数据
  MoveJ Offs(pPick,0,0,200),vMaxkongzai,z10,MyNewTool\WObj:=Workobject_Stack;! 机器人吸取物料至吸取点上方200 mm处
  MoveAbsJ JointTarget_ZB,vmax,fine,MyNewTool\WObj:=Workobject_Stack;! 机器人移动到放置的准备点
ENDPROC
```

(4)机器人放置程序

```
PROC rPlace()
  MoveJ RelTool(pPlace,n{nCount,1},n{nCount,2},-400\Rz:=n{nCount,4}),vMaxLoad,z10,
    MyNewTool\WObj:=Workobject_Stack;! 利用数组,机器人移动到放置点上方400 mm处
  MoveLRelTool(pPlace,n{nCount,1},n{nCount,2},n{nCount,3}\Rz:=n{nCount,4}),
    vMidLoad,fine,MyNewTool\WObj:=Workobject_Stack;! 机器人移动到放置点
  Reset do_Grip;! 复位吸取信号放下物料
  WaitTime 0.2;! 等待0.2 s
  GripLoad LoadEmpty;! 加载空载数据
  MoveAbsJ JointTarget_ZB,vmax,fine,MyNewTool\WObj:=Workobject_Stack;! 机器人移动到过渡点。
  MoveAbsJ Home,vmax,z10,MyNewTool\WObj:=Workobject_Stack;! 机器人回到
```

```
Home 点
    nCount: = nCount + 1;! 计数器 +1
  ENDPROC
```

项目 8

工业机器人焊接工作站

任务 1　焊接工作站认知

8.1.1　焊接工作站的组成

焊接机器人工作站是从事焊接(包括切割与喷涂)的工业机器人系统集成,主要包括机器人和焊接设备两部分。其中,机器人由机器人本体和控制柜(硬件及软件)组成;而焊接装备,以弧焊和点焊为例,则由焊接电源(包括其控制系统)、送丝机(弧焊)、焊枪(钳)、变位机等部分组成。对于智能机器人而言,还应配有传感系统,如激光或摄像传感器及其控制装置等。

焊接机器人在整个工业机器人应用中占总量的 40% 以上,之所以占比如此之大,是与焊接这个特殊的行业密不可分的。焊接作为工业"裁缝",是工业生产中非常重要的加工手段,同时由于焊接烟尘、弧光、金属飞溅的存在,焊接的工作环境又非常恶劣,焊接质量的好坏对产品质量起决定性影响。

焊接机器人的使用对我国行业应用具有以下几个主要的意义:

①稳定和提高焊接质量,保证其均一性。焊接参数如焊接电流、电压、焊接速度等对焊接结果均起着决定性的作用。而采用机器人焊接时,对于每条焊缝的焊接参数都是恒定的,焊缝质量受人的因素影响较小,降低了对工人操作技术的要求,因此焊接质量是稳定的,而人工焊接时,焊接速度等都是变化的,因此很难做到质量的均一性。

②改善了工人的劳动条件。采用机器人焊接,工人只是用来装卸工件,远离了焊接弧光、烟雾和飞溅等,对于点焊来说工人不再搬运笨重的手动焊钳,使工人从大强度的体力劳动中解脱出来。甚至工件的装卸有些已经自动化了,更加改善了工人的劳动条件。

③提高劳动生产率。机器人没有疲劳,一天可 24 小时连续生产,另外,随着高速高效焊接技术的应用,使用机器人焊接,效率提高的更加明显。

④产品周期明确,容易控制产品质量。机器人的生产节拍是固定的,因此安排生产计划非常明确。

⑤可缩短产品改型换代的周期,减小相应的设备投资。可实现小批量产品的焊接自动化。机器人与专机的最大区别就是它可以通过修改程序以使用不同工件的生产。

如图8-1所示为典型的焊接机器人工作站,主要包括机器人本体、焊枪、变位机、机器人控制器、焊接电源等部分。

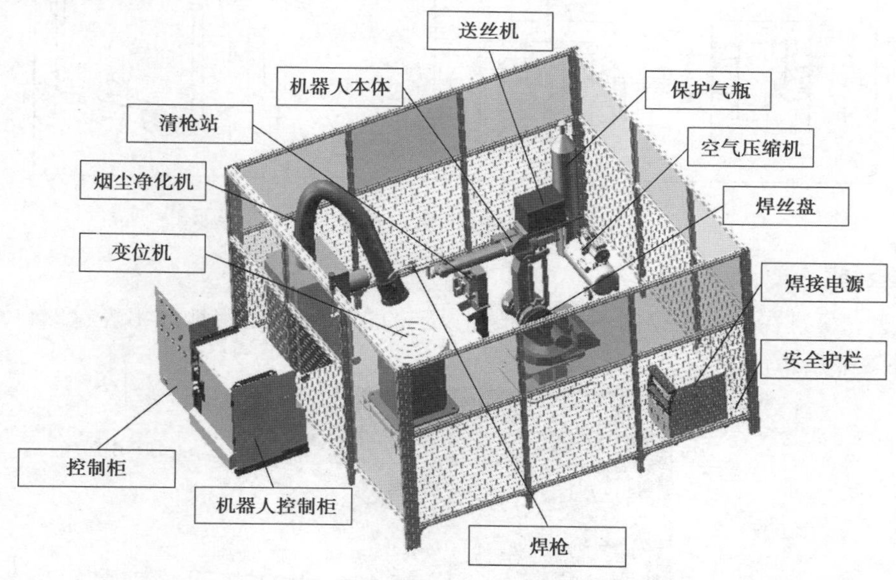

图8-1　焊接机器人工作站

8.1.2　熟悉电焊设备

如果想实现焊接功能就需要用到电焊设备,电焊设备主要由焊接电源(电焊机)、送丝机和焊枪(钳)组成。

(1)焊接电源

焊接电源如图8-2所示,是为焊接提供电流、电压并具有适合该焊接方法所要求的输出特性的设备。它适合在干燥的环境下工作,不需要太多要求,因体积小巧,操作简单,使用方便,速度较快,焊接后焊缝结实等优点广泛用于各个领域。

图8-2　焊接电源

普通电焊机的工作原理和变压器相似，是一个降压变压器，如图 8-3 所示。在次级线圈的两端是被焊接工件和焊条，引燃电弧，在电弧的高温中产生热源将工件的缝隙和焊条熔接。

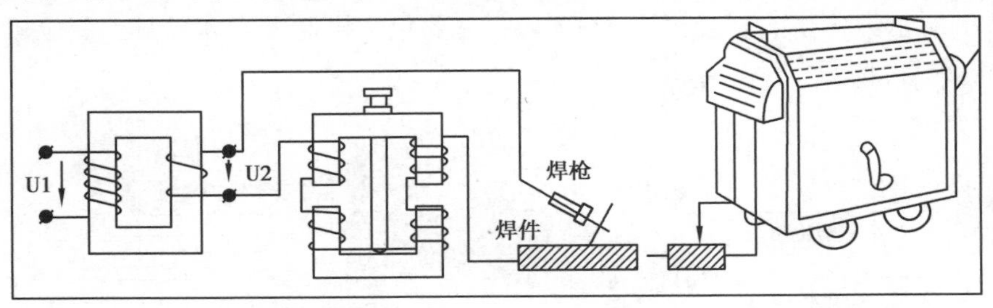

图 8-3　电焊机基础原理图

(2) 送丝机

自动送丝机是在微电脑控制下，可以根据设定的参数连续稳定地送出焊丝的自动化送丝装置，如图 8-4 所示。

图 8-4　自动送丝机

自动送丝机一般有控制部分提供参数设置，驱动部分在控制部分的控制下进行送丝驱动，送丝嘴部分将焊丝送到焊枪位置。主要应用于手工焊接自动送丝、自动氩弧焊自动送丝、等离子焊自动送丝和激光焊自动送丝。

(3) 焊枪

焊枪是指焊接过程中，执行焊接操作的部分，使用灵活，方便快捷，工艺简单。工业机器人焊枪带有与机器人匹配的连接法兰，推丝式焊枪按形状不同，可分为鹅颈式焊枪和手枪式焊枪两种。如图 8-5 所示，为鹅颈式焊枪，典型的鹅颈式焊枪主要包括喷嘴、焊丝嘴、分流器、导管电缆等元件。手枪式焊枪顾名思义形似一把手枪，用来焊接除水平面以外的空间焊缝较为方便。

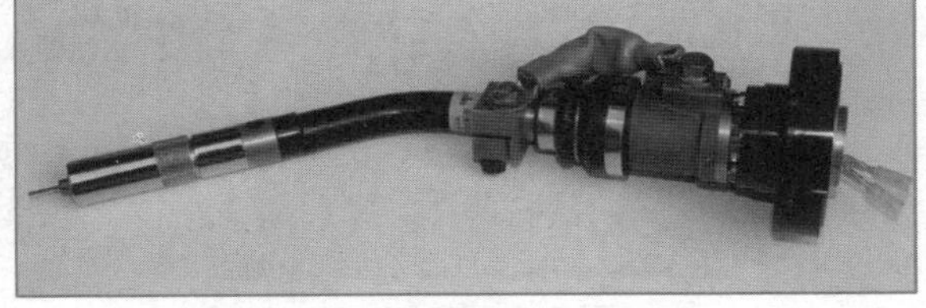

图 8-5　工业机器人的焊枪

焊枪利用焊机的高电流，高电压产生的热量聚集在焊枪终端，熔化焊丝，融化的焊丝渗透到需焊接的部位，冷却后，被焊接的物体牢固地连接成一体。

(4)气源及调节装置

①气瓶容量为40 L，钢制品，用来储存焊接过程中所需要的二氧化碳气体。配有二氧化碳气体调节器，由焊接电源提供36 V/AC电源。可将高压气瓶中的高压气体调节成工作时的低压气体，如图8-6所示。

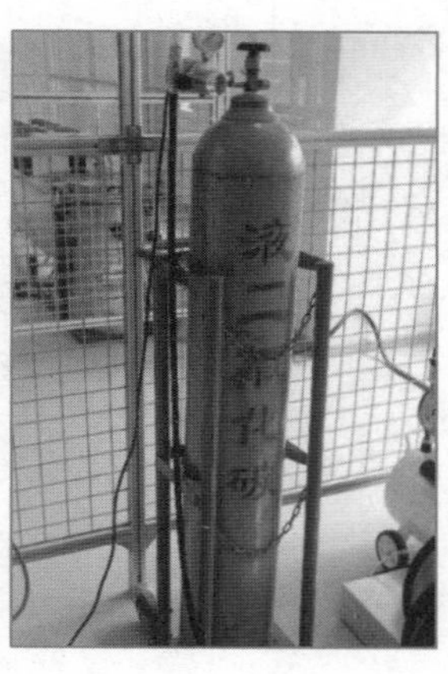

图8-6　气源

②气体调节器为焊接提供CO_2，防止焊接时火花溅射比较严重，保证安全性。

气体调节器在上电后可以通过单击焊机上的"检气"，来观察CO_2输送浓度，并通过调节阀调节，如图8-7所示。

图8-7　气体调节器

(5)焊烟净化器

焊烟净化器主要由机箱、滤筒、电机、风叶以及吸气臂组成，要求供电条件为三相380 V/50 HZ。工作原理为焊接烟尘经吸气臂进入设备后微粒烟尘被滤筒捕集在外表面，洁净空气经进一步净化后经出风口达标排出，作用为收集净化产生的焊接烟尘，起到保护环境、保护工人身体健康的目的，如图8-8所示。

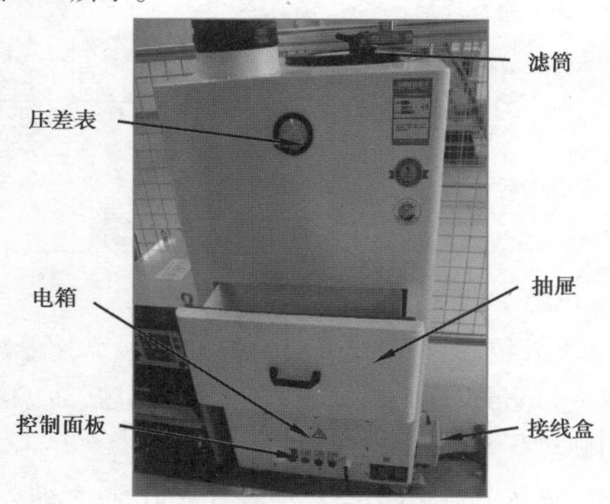

图8-8　焊烟净化器

(6)清枪器

清枪器如图 8-9 所示。清枪站由机器人控制该设备的运行,设备也会将相应的反馈信号提供给机器人。

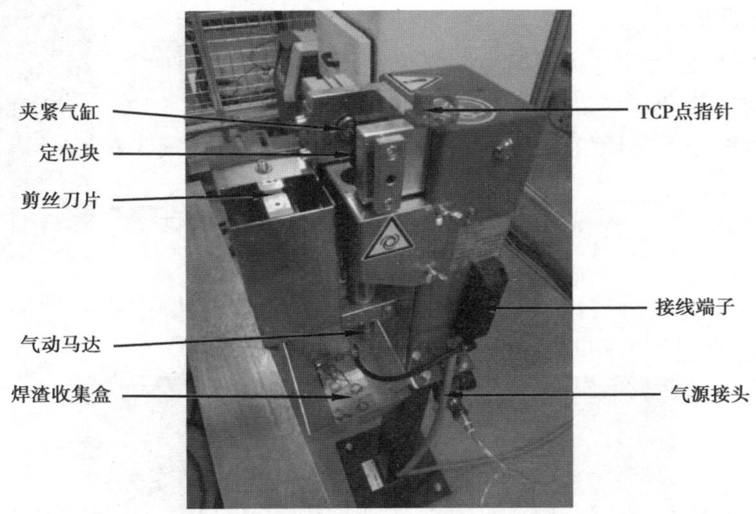

图 8-9 清枪器

任务 2 焊接工作站参数设定

8.2.1 焊接参数认知

在 ABB 机器人中想要完成焊接工作,首先需要安装焊接系统。如图 8-10 所示,安装了焊接系统后才能设置相应的焊接参数。

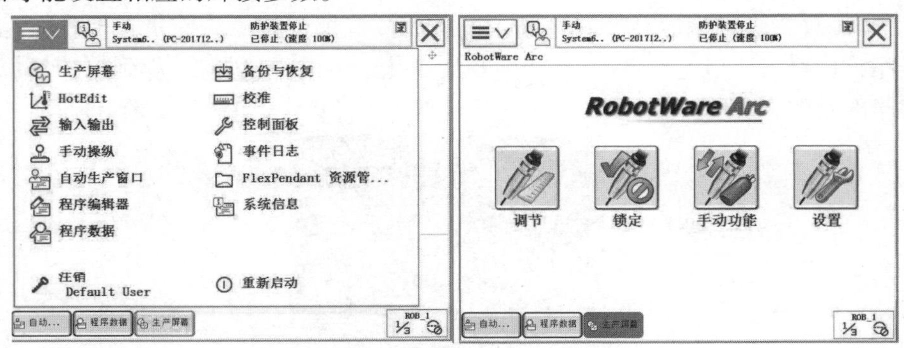

图 8-10 示教器焊机系统界面

为保证焊接的使用和有效控制,需配置焊接的相关参数,常用参数如图 8-11 所示。

①焊接设备属性: Arc Equipment Properties,定义使用引弧、加热、收弧段、焊接开始前等待模拟信号稳定时间、引弧过程允许的最长时间等;

②焊接设备信号:定义焊接起弧检测信号、启动焊接信号、手动送丝信号、手动退丝信号、焊接电流信号、焊接电压信号(Arc Equipment Digital Inputs,焊接数字输入信号 Arc Equipment

Digital Outputs,焊接数字输出信号 Arc Equipment Analogue Outputs,焊接模拟输出信号);

③焊接系统属性:Arc System Properties,定义单位、自动断弧重试、刮擦起弧等;

④焊接界面设置:ARC_UI_MASKING,定义使用电流或送丝速度显示。

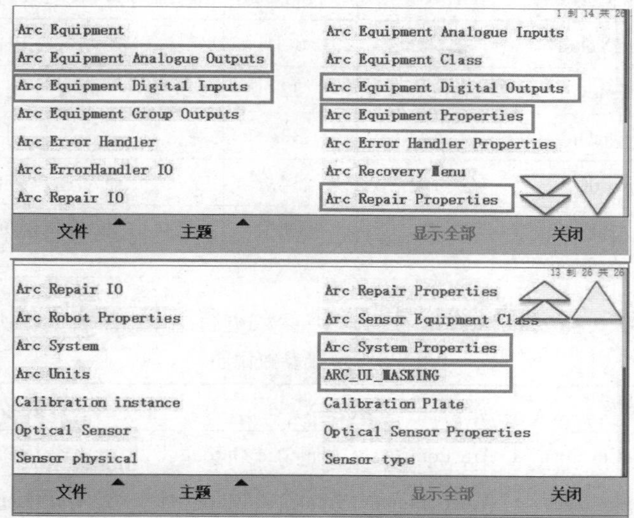

图 8-11　配置的参数

8.2.2　焊接设备信号分配

需要注意的是 ArcEst 电弧检测信号和 WeldOn 焊枪开关信号是必须定义的,以电弧检测信号的设定为例单击【Arc Equiment Digital Inputs】进入后选择当前的任务进行编辑,在名称为 ArcEst 的参数后选择相应的设备信号,如图 8-12 所示,WeldOne 位于【Arc Equiment Digital Outputs】焊接数字输出信号。

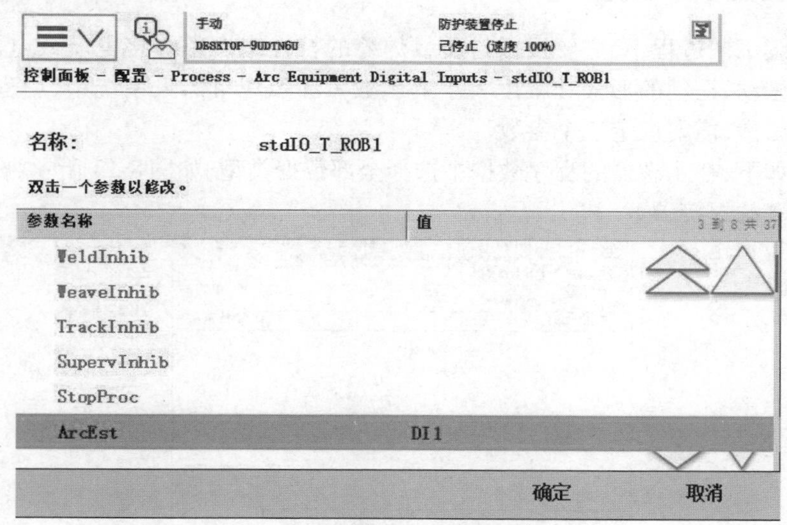

图 8-12　电弧检测信号设定

机器人需要与焊接设备进行通信(信号名称和信号地址自定义),常用信号如表 8-1 所示。

表 8-1　与弧焊相关的 I/O 配置说明

信号名称	信号类型	信号地址	参数注释
AoWeldingCurrent	AO	0-15	控制焊接电流或者送丝速度
AoWeldingVoltage	AO	16-31	控制焊接电源
Do32_WeldOn	DO	32	起弧控制
Do33_GasOn	DO	33	送气控制
Do34_FeedOn	DO	34	点动送丝控制
Di00_ArcEst	DI	0	起弧信号(焊机通知机器人)

设置完相关信号后,需要将这些信号与焊接参数进行关联,如表 8-2 所示。

表 8-2　焊接参数说明

信号名称	参数类型	参数名称
AoWeldingCurrent	Arc Equipment Analogue Output	CurrentReference
AoWeldingVoltage	Arc Equipment Analogue Output	VoltReference
Do32_WeldOn	Arc Equipment Digital Output	WeldOn
Do33_GasOn	Arc Equipment Digital Output	GasOn
Do34_FeedOn	Arc Equipment Digital Output	FeedOn
Di00_ArcEst	Arc Equipment Digital Input	ArcEst

8.2.3　主要参数设置

在弧焊连续工艺过程中,需要根据材质或焊缝的特性来调整焊接电压或电流的大小,或焊枪是否需要摆动、摆动的形式和幅度大小等参数。在弧焊机器人系统中,用程序数据来控制这些变化的因素,需要设定三个参数。

设置方法如下:在示教器的程序数据中选择全部数据类型,如图 8-13 所示,在该界面下找到相应需要设置的焊接参数。

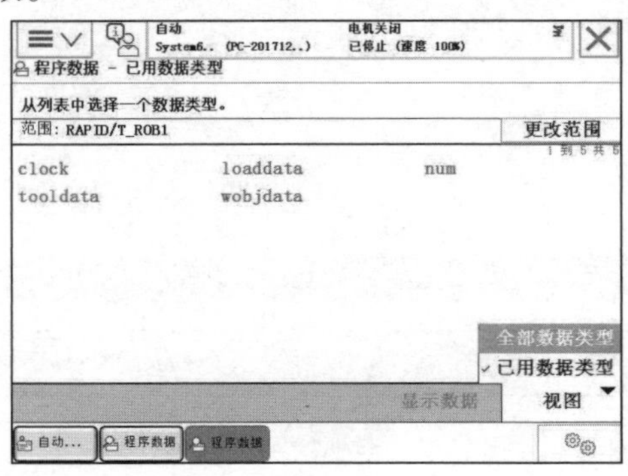

图 8-13　程序数据界面

这里以 WeldData 为例，如图 8-14 所示，选择其中一个参数单击编辑选项中的更改值便可进行焊接参数的修改。

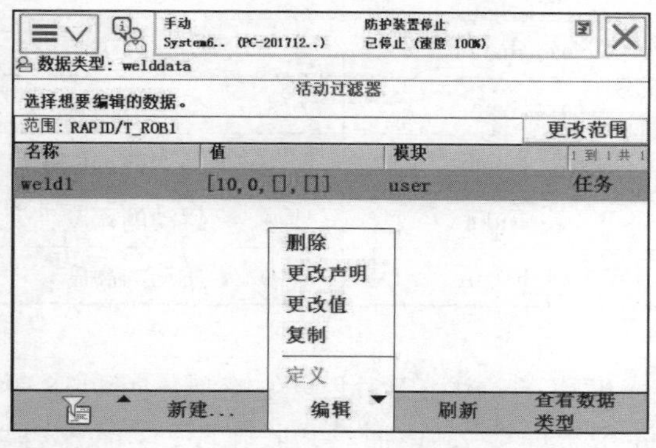

图 8-14　WeldData 数据界面

(1) WeldData——**焊接参数**

焊接参数(WeldData)用来控制焊接过程中机器人的焊接速度，以及焊接输出的电压和电流的大小，需要设定的参数如表 8-3 所示。

表 8-3　焊接参数说明

参数名称	参数注释
Weld_Speed	焊接速度
Voltage	焊接电压
Current	焊接电流

(2) SeamData——**起弧收弧参数**

起弧收弧参数(SeamData)用来控制焊接开始前和结束后的吹保护气的时间长度，以保证焊接时的稳定性和焊缝的完整性。需要设定的参数如表 8-4 所示。

表 8-4　起弧收弧参数说明

参数名称	参数注释
Purge_time	清枪吹气时间
Preflow_time	预吹气时间
Postflow_time	尾气吹气时间

(3) WeaveData——**摆弧参数**

摆弧参数(WeaveData)用来控制机器人焊接工程中焊枪的摆动。通常在焊缝的宽度超过焊丝直径较多时通过焊枪的摆动来填充焊缝。该参数属于可选项，如果焊缝宽度较小，机器人线性焊接可以满足的情况下不选用该参数。需要设定的参数如表 8-5 所示。

表 8-5　摆弧参数说明

参数名称	参数注释
Weave_shape	摆动的形状
Weave_type	摆动的模式
Weave_length	一个周期前进的距离
Weave_width	摆动的宽度
Weave_heigth	摆动的高度

例如焊接中 TCP 的速度由 Seam 和 Weld 参数控制，如图 8-15 所示。Seamdata-用于焊接引弧、加热和收弧段，及中断后重启；Welddata-用于设置主焊接参数。

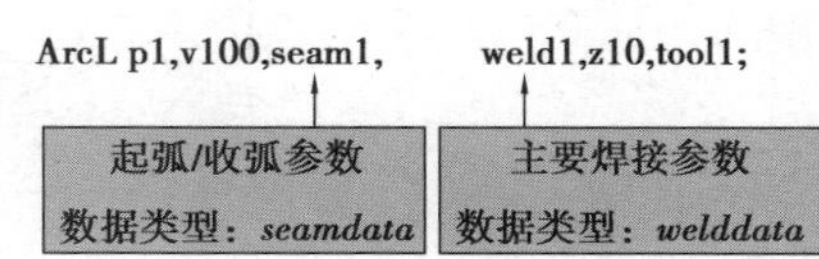

图 8-15　焊接参数说明

任务 3　焊接指令与编程

8.3.1　常用焊接指令

任何焊接程序都必须以 ArcLStart 或者 ArcCStart 开始，通常运用 ArcLStart 作为起始语句，任何焊接程序都必须以 ArcLEnd 或者 ArcCEnd 结束，焊接中间点采用 ArcL 或者 ArcC 语句，焊接过程中，不同的语句可以使用不同焊接参数。

(1)线性焊接开始指令——ArcLStart

ArcLStart 用于直线焊缝的焊接开始，工具中心点线性移动到制定目标位置，整个焊接过程通过参数监控和控制，程序如下：

ArcLStart　p1，v100，seam1，weld5，fine，gun1；(！机器人在 P1 点开始焊接，速度为 v100，起弧收弧参数采用数据 seam1，焊接参数采用数据 weld5，无拐弯半径，采用的焊接工具为 gun1)

如图 8-16 所示，机器人线性移动到 p1 点起弧，焊接开始。

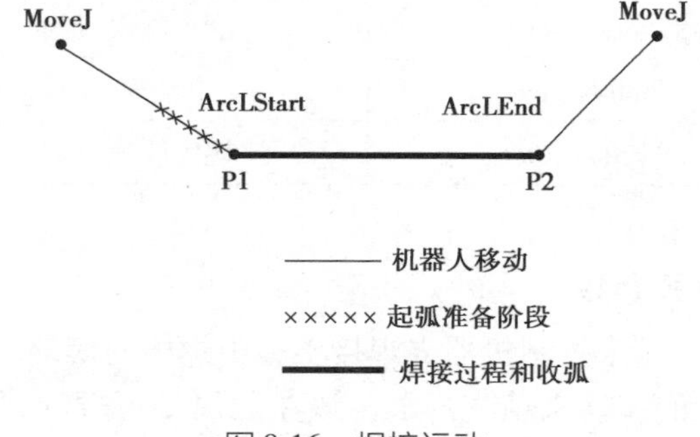

图 8-16　焊接运动

(2)线性焊接指令——ArcL

ArcL 用于直线焊缝的焊接，工具中心点线性移动到指定目标位置，焊接过程通过参数控制，程序如下：

ArcL ＊，v100，seam1，weld5\Weave：= Weave1，z10，gun1；

如图 8-17 所示，机器人线性焊接的部分应使用 ArcL 指令。

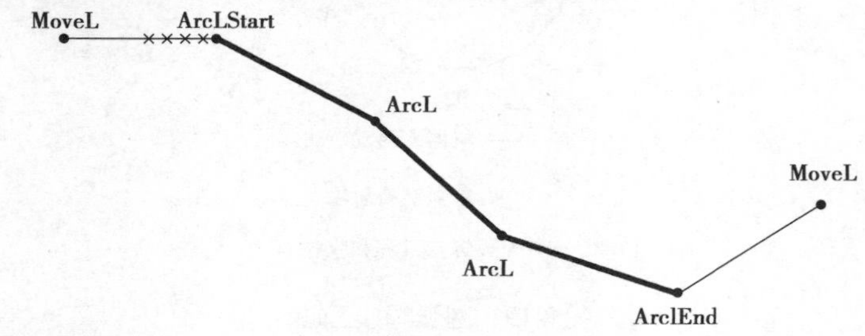

图 8-17　线性焊接运动

(3) 线性焊接结束指令——ArcLEnd

ArcLEnd 用于直线焊缝的焊接结束，工具中心点线性移动到指定目标位置，整个焊接过程通过参数监控和控制，程序如所示：

ArcLEnd　p2，v100，seam1，weld5，fine，gun1；

(4) 圆弧焊接开始指令——ArcCStart

ArcCStart 用于圆弧焊缝的焊接开始，工具中心点圆周运动到指令目标位置，整个焊接过程通过参数监控和控制，程序如下：

ArcCStart　P2，P3，seam1，weld5，fine，gun1；

执行以上指令，机器人圆弧运动到 P3 点，在 P3 点开始焊接，如图 8-18(a)所示。

(5) 圆弧焊接指令——ArcC

ArcC 用于圆弧焊缝的焊接，工具中心点线性移动到指定目标位置，焊接过程通过参数控制，程序如下：

ArcC ＊，＊，v100，seam1，weld\Weave：= Weave1，z10，gun1；

如图 8-18(b)所示，机器人圆弧焊接的部分应使用 ArcC 指令。

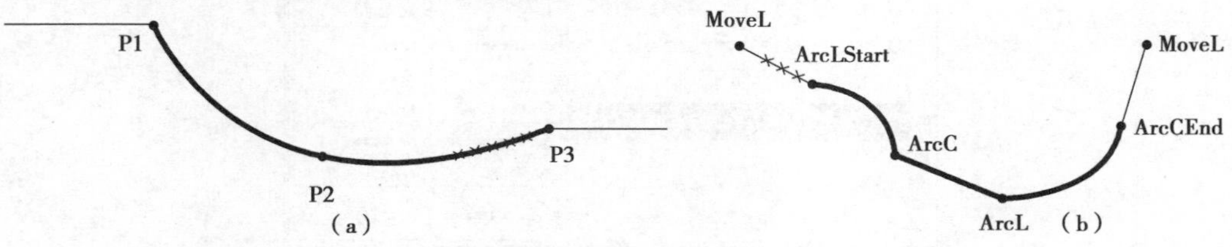

图 8-18　圆弧焊接运动指令

(6) 圆弧焊接结束指令——ArcCEnd

ArcCEnd 用于圆弧焊缝的焊接结束，工具中心点圆周运动到指定目标位置，整个焊接过程通过参数监控和控制，程序如下：

ArcCEnd　P2，P3，v100，seam1，weld5，fine，gun1；

如图 8-19 所示，机器人在 P3 点使用 ArcCEnd 指令结束焊接。

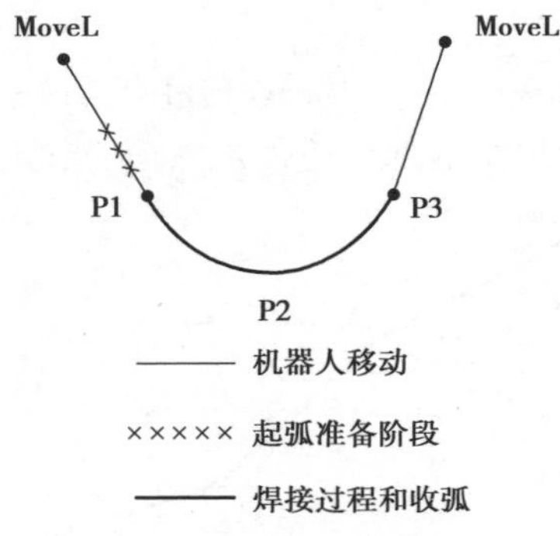

图 8-19　圆弧焊接运动

焊接指令的添加过程如下：打开例行程序后单击添加指令，如图 8-20 所示，选择 Arc 指令栏。

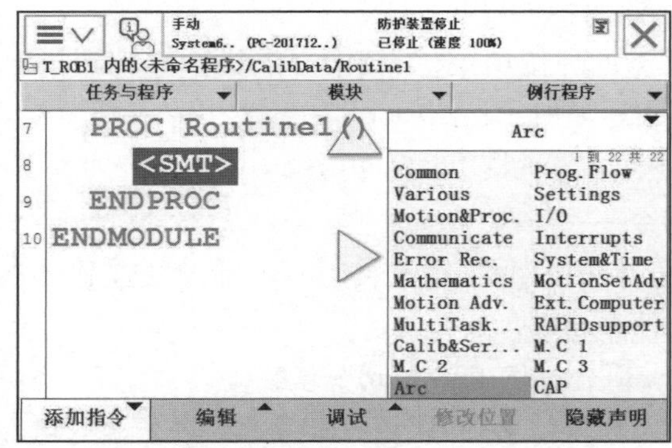

图 8-20　例行程序界面

接下来如图 8-21 所示，选择相应的焊接指令完成程序编辑。

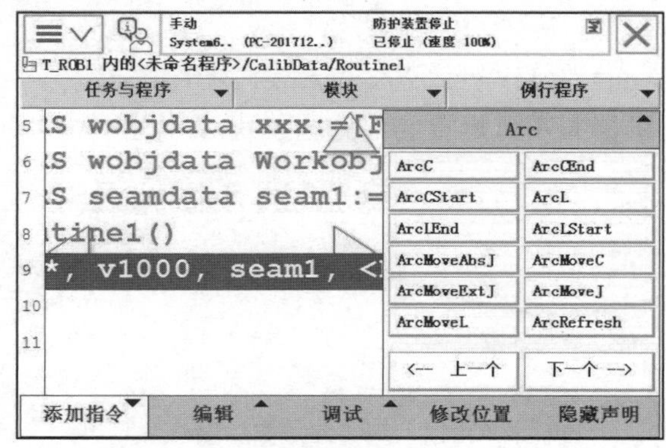

图 8-21　例行程序指令界面

8.3.2　焊接编程

下面以如图 8-22 所示的工作站为例，即图中轨迹为例，借助 RobotStdio 软件讲述机器人焊接编程的过程，具体操作如下：

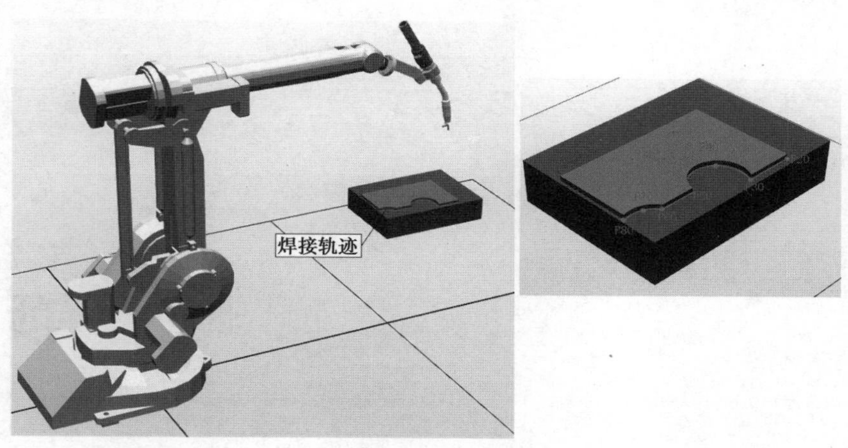

图8-22　焊接轨迹点

①解压工作站压缩包,进入工程文件,在 RobotStudio 软件中创建机器人焊接机器人系统时,需要选中焊接工艺包,即勾选 Application arc 下的 344-arc 选项包。

②依据焊接轨迹,示教编程焊接轨迹点,如下所示:

PROC main( )

MoveJ home,v200,z50,tweldGun;(! 机器人从起始点 home 点以速度 v200,拐弯半径为 50 运动)

MoveL p10,v200,z50,tweldGun;(! 机器人运动到中间点 p10,一般此点为焊接开始点正上方,作为安全点)

ArcLStart p20,v200,sema1,weld1,fine,tweldGun;(! 机器人运动到 p20 点开始焊接,且焊接参数为 seam1,起弧收弧参数为 weld1,无拐弯半径,机器人运动速度为 v200)

ArcL p30,v200,seam1,weld1,z10,tweldGun;(! 机器人以直线方式焊接至轨迹点 p30)

ArcC p40,p50,v200,seam1,weld1,z10,tweldGun;(! 机器人以圆弧方式焊接至轨迹点 p40 与 p50)

ArcL p60,v200,seam1,weld1,z10,tweldGun;(! 机器人以直线方式焊接至轨迹点 p60)

ArcCEnd p70,p80,v200,seam1,weld1,z10,tweldGun;(! 机器人以圆弧方式焊接至轨迹点 p70 与 p80,且在 p80 点结束焊接)

MoveL p90,v200,z50,tweldGun;(! 机器人以直线运动方式返回至中间点 p90)

MoveJ home,v200,z50,tweldGun;(! 机器人返回值 home 点)

项目9

工业机器人通信及总线技术

任务1 工业机器人总线通信认知

(1)现场总线通信方式认知

现场总线是指安装在制造或过程区域的现场装置与控制室内的自动装置之间的数字式、串行、多点通信的数据总线。随着工业机器人技术的不断发展,机器人工作站对信号传输距离、速度和稳定性提出了更高的要求,相对于传统的IO通信,总线通信能够更好地适应稳定的长距离信号传输,并且可维护性和可操作性大大提高,因此也被广泛地应用在工业机器人系统的通信过程中。

目前世界上存在着大约四十余种现场总线,但由于各个国家各个公司的利益之争,至今也没有形成统一的标准。ABB 工业机器人现场总线通信常用的有 Device Net、Profibus、Profibus-DP、Profinet、EtherNet IP、CCLink 等,使用何种现场总线要根据工作需要进行选配。ABB 使用的标准 I/O 板就是下挂在 DeviceNet 总线下的通信。

1)Device Net

Device Net 是一种低成本的通信总线,是目前世界领先的集中用于工业自动化的设备级网络之一。它将工业设备(如:限位开关、光电传感器、阀组、马达启动器、过程传感器、条形码读取器、变频驱动器、面板显示器和操作员接口等)连接到网络,从而消除了昂贵的硬接线成本。直接互连性改善了设备间的通信,并同时提供了相当重要的设备级诊断功能,这是通过硬接线 I/O 接口很难实现的。

DeviceNet 具有的直接互联性不仅改善了设备间的通信而且提供了相当重要的设备级阵地功能。DeviceNet 基于 CAN 技术,传输率为 125 Kbit/s 至 500 Kbit/s,每个网络的最大节点为 64 个,其通信模式为:生产者/客户(Producer/Consumer),采用多信道广播信息发送方式。位于 DeviceNet 网络上的设备可以自由连接或断开,不影响网上的其他设备,而且其设备的安装布线成本也较低。DeviceNet 总线的组织结构是 Open DeviceNet Vendor Association(开放式设备网络供应商协会，简称“ODVA”）。

2）Profibus

Profibus是过程现场总线（ProcessFieldBus）的缩写，目前在多种自动化的领域中占据主导地位。Profibus可使分散式数字化控制器从现场底层到车间级网络化，与其他现场总线相比，Profibus的重要优点是具有稳定的国际标准EN50170作保证，并经实际应用验证具有普遍性，它包括了加工制造、过程和数字自动化等广泛的应用领域。

3）Profinet

Profinet是新一代基于工业以太网技术的自动化总线标准，PROFINET为自动化通信领域提供了一个完整的网络解决方案，囊括了诸如实时以太网、运动控制、分布式自动化、故障安全以及网络安全等当前自动化领域的热点话题。

4）EtherNet IP

Ethernet/IP是一个面向工业自动化应用的工业应用层协议。它建立在标准UDP/IP与TCP/IP协议之上，利用固定的以太网硬件和软件，为配置、访问和控制工业自动化设备定义了。

5）CC-Link

CC-Link是Control&Communication Link（控制与通信链路系统）的缩写，在1996年11月，由三菱电机为主导的多家公司推出，其增长势头迅猛，在亚洲占有较大份额。在其系统中，可以将控制和信息数据同时以10 Mbit/s高速传送至现场网络，具有性能卓越、使用简单、应用广泛、节省成本等优点。其不仅解决了工业现场配线复杂的问题，同时具有优异的抗噪性能和兼容性。CC-Link是一个以设备层为主的网络，同时也可覆盖较高层次的控制层和较低层次的传感层。2005年7月CC-Link被中国国家标准委员会批准为中国国家标准指导性技术文件。

任务2　工业机器人工作站PLC控制系统构成

PLC即可编程逻辑控制器，是一种采用一类可编程的存储器，用于其内部存储程序，执行逻辑运算、顺序控制、定时、计算与算术操作等面向用户的指令，并通过数字或模拟式输入/输出控制各种类型的机械或生产过程。作为工业控制的核心部分，PLC不仅可以替代继电器系统，使硬件软化，提高系统工具的可靠性以及系统和的灵活性，还具有运算、记算、调节、通信、联网等功能。随着工厂自动化网络的形成，机器人的应用领域也越来越广。由单台或多台机器人组成的机器人工作站常常也采用PLC进行控制。

9.2.1　工业机器人与PLC的连接电路

PLC是采用“顺序扫描，不断循环”的方式进行工作的。即在PLC运行时，CPU根据用户按控制要求编制好并存于用户存储器中的程序，按指令步序号（或地址号）作周期性循环扫描，如无跳转指令，则从第一条指令开始逐条顺序执行用户程序，直至程序结束。然后重新返回第一条指令，开始下一轮新的扫描。当PLC投入运行后，其工作过程一般分为三个阶段，即输入采样、用户程序执行和输出刷新三个阶段。输出刷新期间，CPU按照I/O映像区内对应的状态和数据刷新所有的输出锁存电路,再经输出电路驱动相应的外设。

工业机器人工作站根据使用环境的不同,除了机器人本体外还会配备各种外围设备,通常需要大量的信号通信设备,因此 PLC 的使用成为了必然。PLC 通过执行用户预先编制好的程序指令,根据接收到的输入信号,经过逻辑运算和判断后,输出相应的信号来控制继电器,将 PLC 的输出信号转化为机器人 IO 板的输入信号。机器人 IO 板集成了控制器的 IO 电路,机器人控制器主要是通过 IO 模块上的接口与外界联系的。机器人 IO 板接收到信号后,并不会对信号进行处理,而是通过总线将信号传递给机器人控制器,再由机器人控制器经过处理后进行相应的信号反馈或者控制机器人机械臂进行相关动作。一般工业机器人与 PLC 的连接电路如图 9-1 所示。

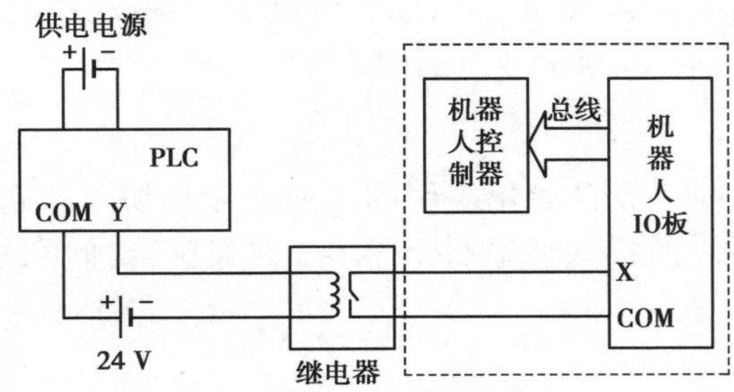

图 9-1 一般工业机器人与 PLC 的连接电路

9.2.2 PLC 控制机器人运行的程序设计

PLC 控制机器人系统程序的设计步骤流程图如图 9-2 所示,详细步骤如下:

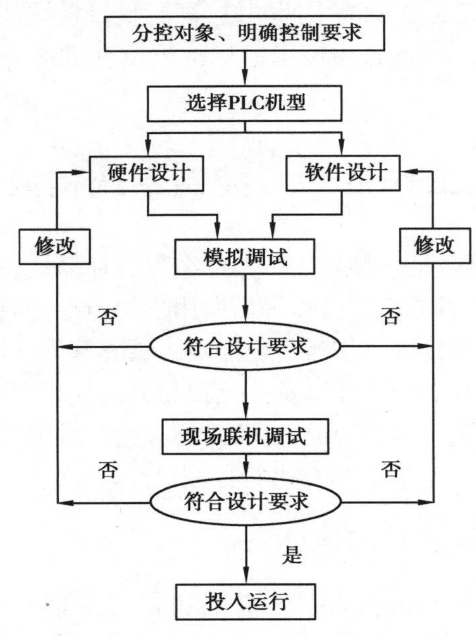

图 9-2 PLC 控制系统设计步骤流程

①了解和分析被控对象的控制要求,确定输入、输出设备的类型和数量。

②根据输入、输出设备的类型和数量,确定 PLC 的 I/O 点数,并选择相应点数的 PLC

机型。

③合理分配I/O点数,绘制PLC控制系统输入、输出端子接线图。

④根据控制要求绘制工作循环图或状态流程图。

⑤根据工作循环图或状态流程图编写梯形图、指令语句、汇编语言或计算机高级语言等形式的用户程序。

⑥用编程器将用户程序输入到PLC内部存储器中,进行程序调试。

⑦程序调试。先进行模拟调试,再进行现场联机调试;先进行局部、分段调试,再进行整体、系统调试。

⑧调试过程结束,整理技术资料,投入使用。

任务3　工业机器人与PLC的I/O通信实验

9.3.1　总体实验设计

(1)整体流程

如图9-3所示实验流程,当按下开始按钮且料库有料的情况下机器人将物料搬至料井下面,检测料井有料气缸推出,且机器人返回至Home点返回完成后气缸执行缩回动作,实验结束。

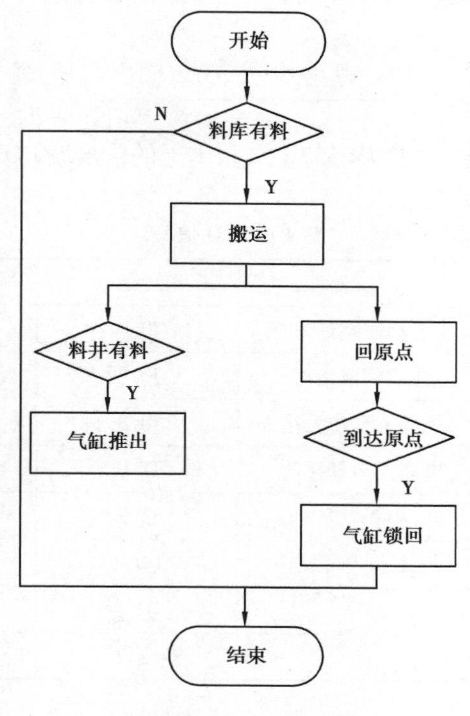

图9-3　实验流程图

(2)设计要求

①按下启动按钮且料库检测有料条件下机器人运行夹取物料块并放入料井;

②料井检测有料气缸自动执行推出动作；

③气缸推出到位且机器人返回 Home 点气缸执行缩回动作；

9.3.2 接线制作和连接

本实验平台主要有 ABBIRB 120 工业机器人一台、西门子 S7-1200pPLC 一台、外部控制按钮、气动控制设备一套（气源、电磁阀、气源调节、气缸、夹爪等）和传感器组成且较容易搭建，以实现工业机器人与 PLC 通信为主要目的。如图 9-4 所示各部件连接。

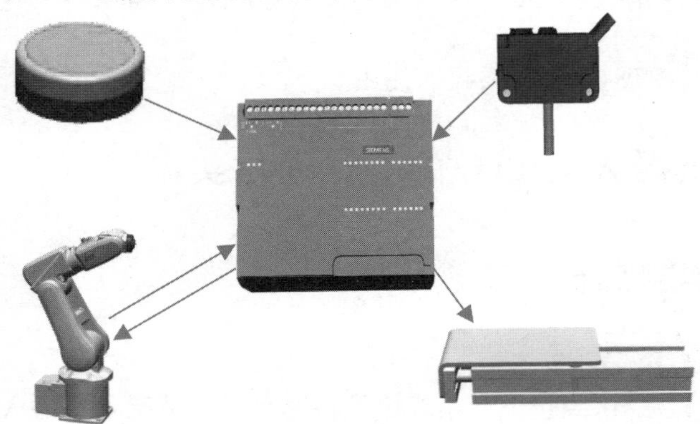

图 9-4 设备连接

ABB 机器人控制柜中 DSQC652 I/O 板卡与外部设备通信的 I/O 接线图以及 PLC 的输入、输出端口如表 9-1 所示。

PLC 向机器人传输信号：从 PLC 输出端口 Q3.2 输出信号，通过 DSQC652 I/O 板卡上的输入端 DI1 向机器人输入信号。

机器人向 PLC 传输信号：从 DSQC652 I/O 板卡上的输出端 DO3 输出信号，通过 PLC 的输入端口 I2.2 输入信号。

表 9-1 I/O 信号

机器人信号	注释	PLC 信号	注释
DO1	工具安装信号	I0.0	启动
DO2	夹爪夹取信号	I0.2	停止
DO3	机器人复位发出	I0.3	急停
DI1	机器人启动接收	I1.0	物料有无检测
		I3.2	料库到位检测
		Q0.3	气缸
		Q3.2	机器人启动发出
		I2.2	机器人复位接收

当满足条件时 PLC 端 Q3.2 输出启动信号机器人端需将输入信号 DI1 关联机器人系统的启动信号，具体操作如表 9-2 所示。

表 9-2　关联机器人系统信号

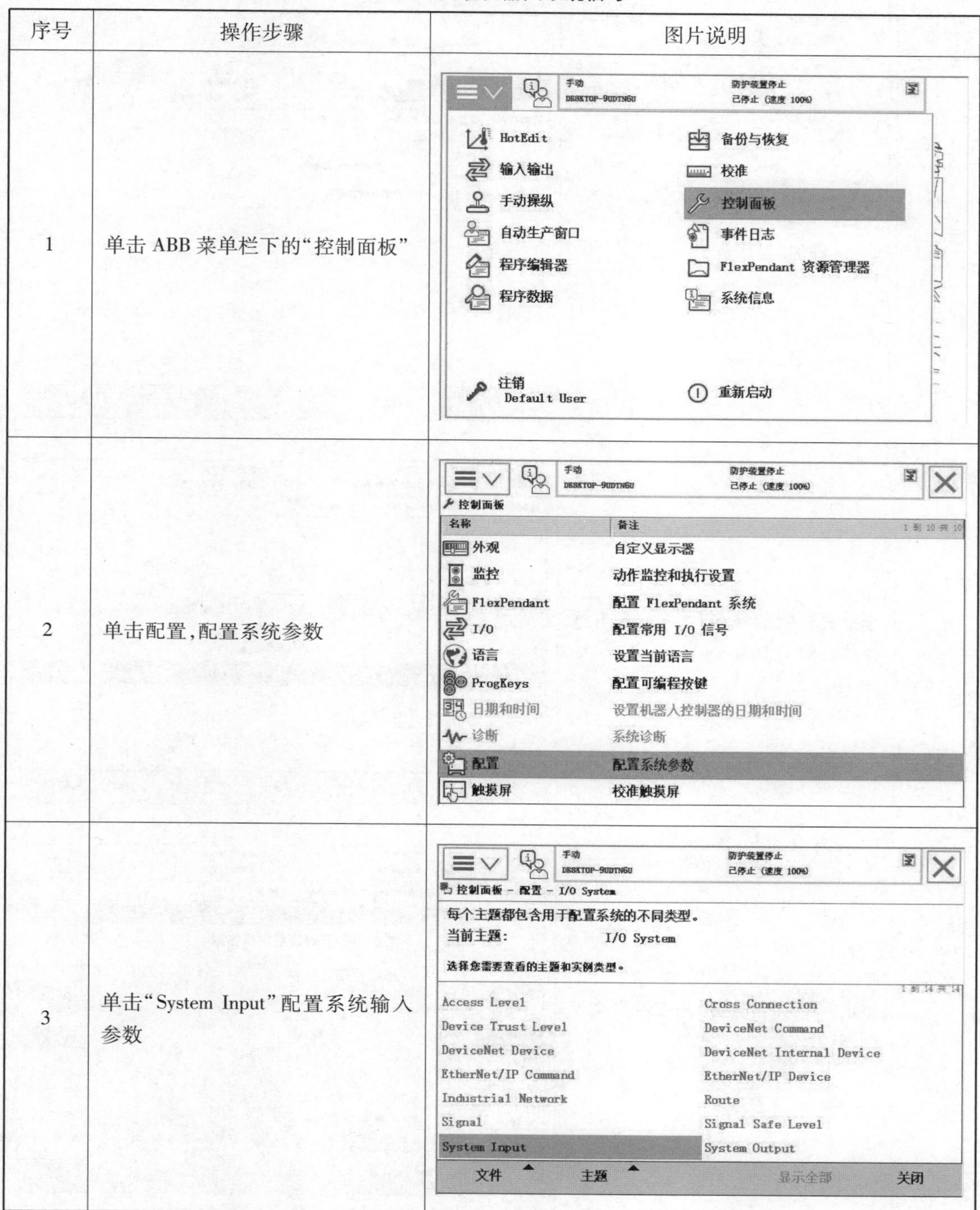

序号	操作步骤	图片说明
1	单击 ABB 菜单栏下的“控制面板”	
2	单击配置,配置系统参数	
3	单击“System Input”配置系统输入参数	

续表

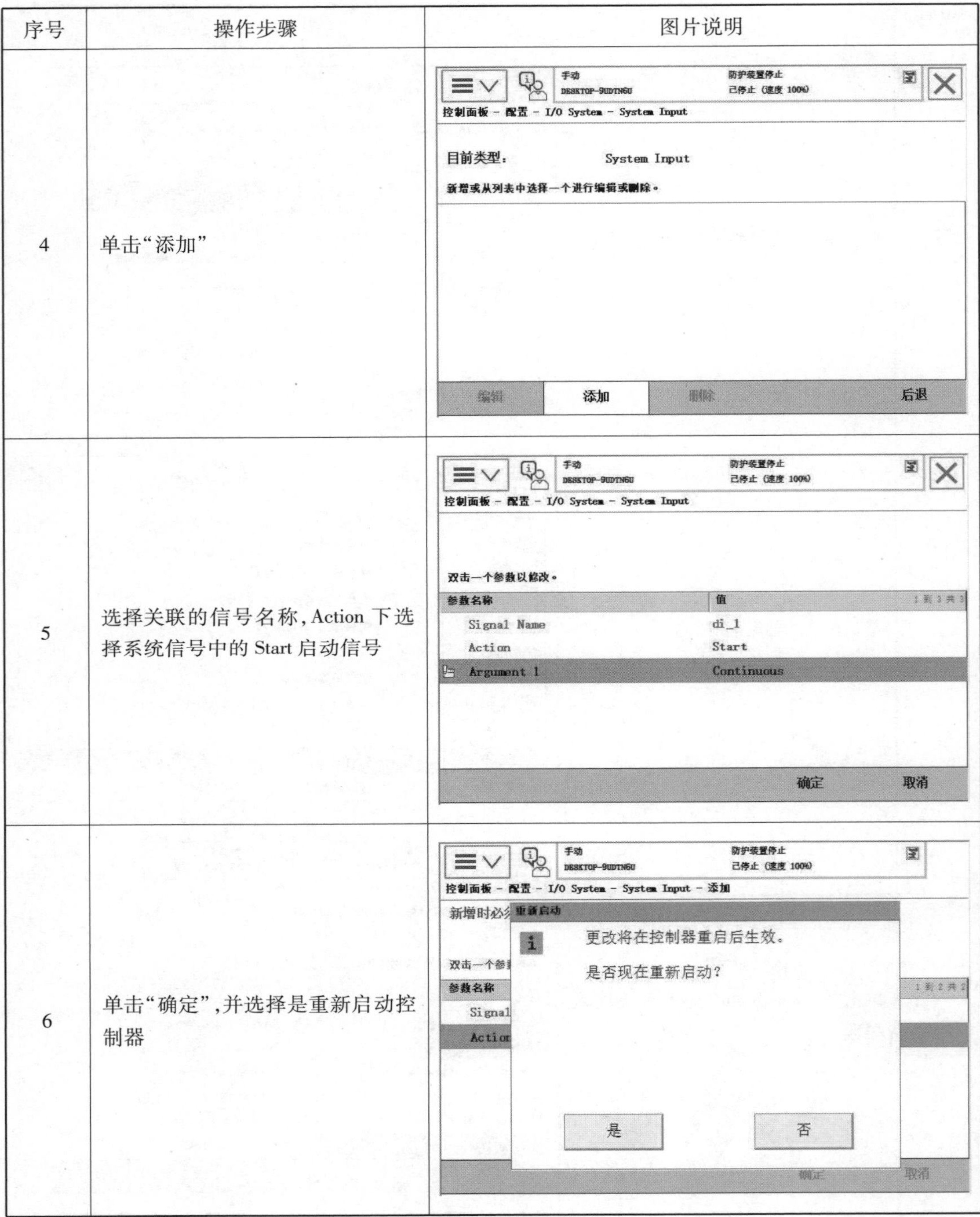

序号	操作步骤	图片说明
4	单击“添加”	
5	选择关联的信号名称，Action 下选择系统信号中的 Start 启动信号	
6	单击“确定”，并选择是重新启动控制器	

9.3.3　程序编辑

机器人程序：

PROC main( )

Reset DO3;(复位 DO3 信号)

WaitDI DI1 1;(等待 PLC 的启动信号输出给机器人 DI1 信号)

MoveJ home,v200,z50,Tool0;(！机器人从起始点 home 点以速度 v200,拐弯半径为 50 运动)

MoveJ pGD,v200,z50,Tool_jiazhua;(！机器人运动到过渡点,机器人准备进行抓取动作,转弯半径为 50,速度为 v200)

MoveL Offs(pPick,0,0,50),v200,z10,Tool_jiazhua;(！机器人运动到夹取点的上方 50 mm处,机器人运动速度为 v200)

MoveL pPick,v50,fine,Tool_jiazhua;(！机器人运动到抓取点进行物料抓取,速度为 v50 无转弯半径)

Set DO2;(！置位夹爪抓取信号,抓取物料)

WaitTime 0.5;(！等待 0.5s)

MoveL Offs(pPlace,0,0,50),v200,z10,Tool_jiazhua;(！机器人运动到放置点的上方 50 mm处,机器人运动速度为 v200)

MoveL pPlace,v50,fine,Tool_jiazhua;(！机器人运动到放置点放下物料,速度为 v50 无转弯半径)

Reset DO2;(！复位夹爪抓取信号,放下物料)

MoveJ home,v200,z50,Tool0;(！机器人回到 Home 点)

Set DO3(！置位 DO3 信号输出给 PLC 执行下一步动作)

PLC 程序：

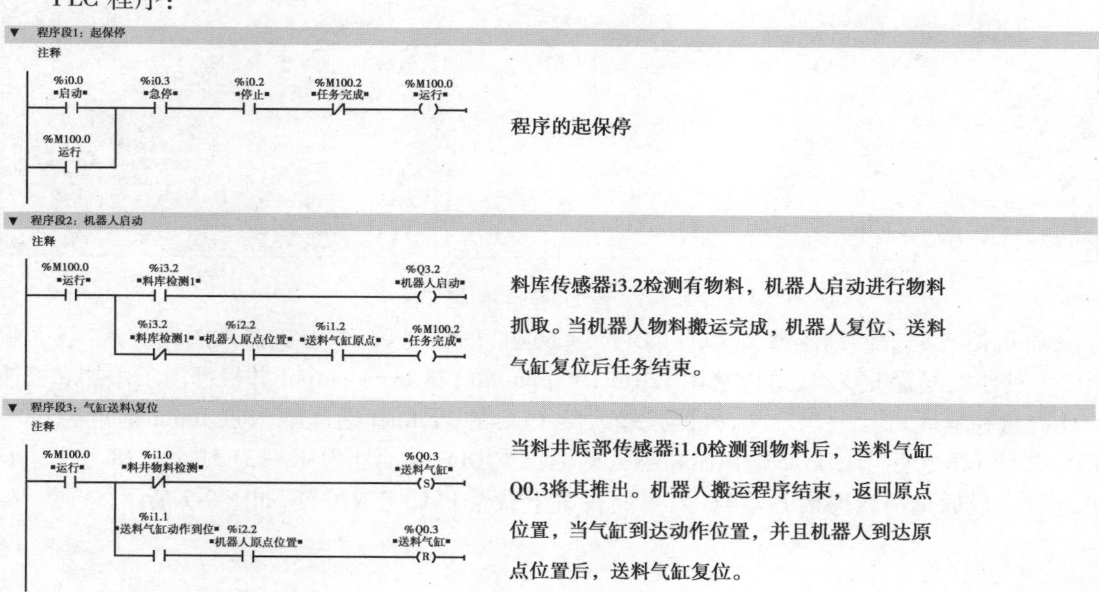

任务4　工业机器人与PLC的PROFINET总线通信

9.4.1　PLC通信配置

PLC和机器人端需进行配置Profiner通信网络,在通信配置之前,需要在PLC的编程软件TIA中安装ABB机器人的GSD文件,GSD文件是一种驱动文件,是不同厂商之间为了相互集成使用所建立的标准通信接口。如图9-5所示,在安装ABB离线仿真软件RobotStudio下文件获取,可通过此路径将其复制到易寻找位置。

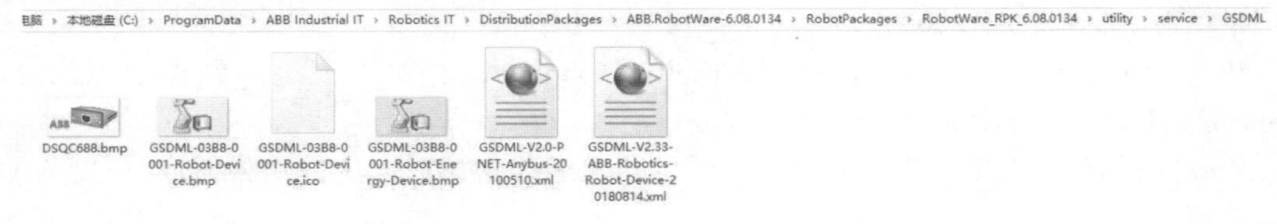

图9-5　机器人GSD文件位置

在TIA软件当中添加PLC控制器1214C DC/DC/DC,并通过选项下的“管理通用站描述文件”添加ABB机器人的GSD文件至网络视图。在网络概述中将PLC端和机器人端的IP地址设置为同一网段下如图9-6所示,机器人端IP地址为192.168.10.199,同理在PLC下将其IP地址设置在10网段下。将PLC控制器的连接端口与机器人端口拖拽连接如图9-6所示。

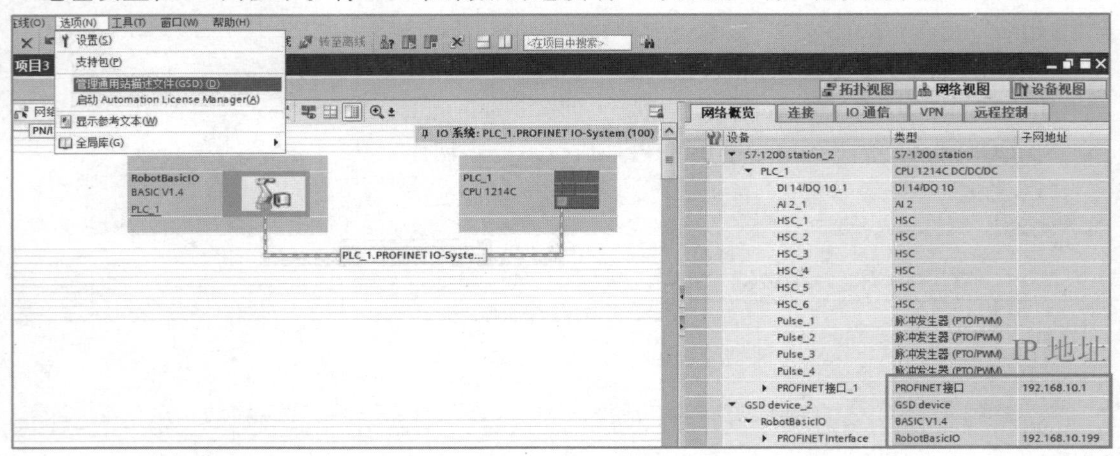

图9-6　添加设备与网络配置

将机器人通信网络连接到PLC的Profinet通信网络之后,双击机器人图标进入“设备视图”为机器人配置I/O点,这里选用128 bytes input和128 bytes output并根据需求添加和修改I/O数量和地址。对于PLC端,机器人输入给PLC的Profinet通信输入点Input地址为68—195,共计128个字节。PLC输出给机器人的输出点Output地址为4—131,共计128字节。I/O配置完成通过网线连接PLC与PC端将配置下载至PLC完成配置,如图9-7所示。

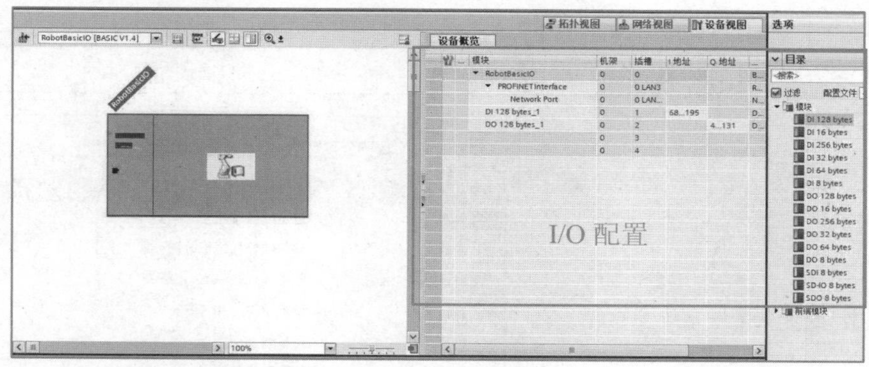

图 9-7　I/O 配置

9.4.2　机器人通信配置

机器人端的配置可通过控制器的服务端口连接至 PC，在软件 RobotStudio 中进行或直接在示教器端进行配置，无论使用哪种方式控制器必须含有 888-2 PROFINET Controller/Device、888-3PROFINET Controller Device 或者 840-3 PROFINET Anybus Device 中任意一个，其中 888-2 和 888-3 选项使用的是控制器网口，而 840-3 选项使用的是 Anybus 网口。故选项不同连接网口也不同。本案例以 888-2 PROFINET Controller/Device 选项为例做详细介绍，如图 9-8 所示。

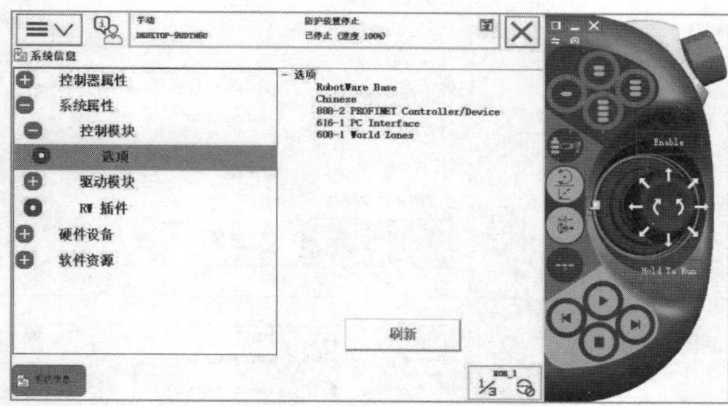

图 9-8

PLC 与机器人控制柜 WAN 口连接后，使用示教器进行 Profinet 的网络配置将机器人端的 IP 地址、字节数、设备名称与之对应即可完成通信配置，配置步骤如表 9-3 所示。

表 9-3　机器人通信配置

序号	操作步骤	图片说明
1	单击 ABB 菜单栏下的“控制面板”	HotEdit　备份与恢复 输入输出　校准 手动操纵　控制面板 自动生产窗口　事件日志 程序编辑器　FlexPendant 资源管理器 程序数据　系统信息 注销 Default User　重新启动

续表

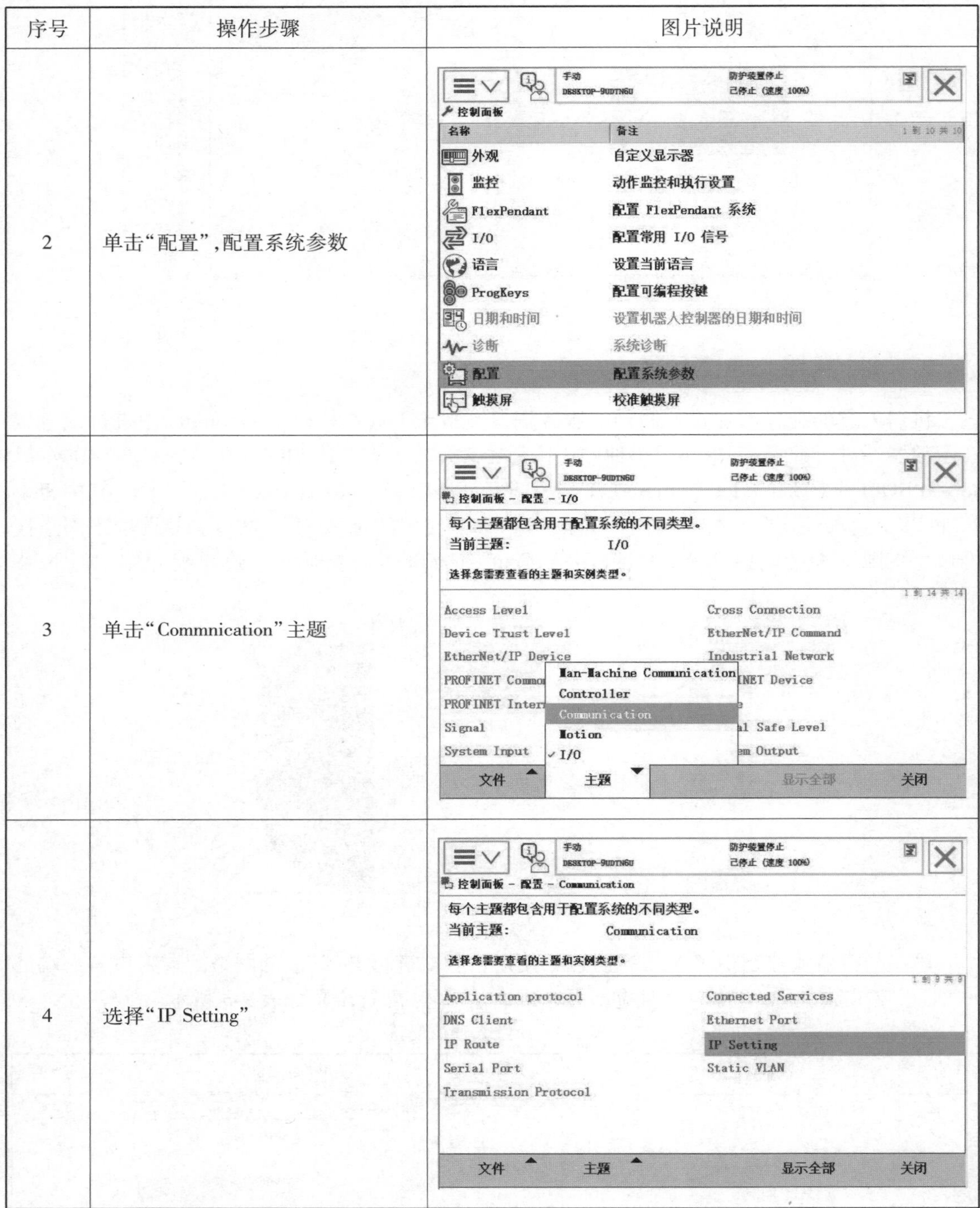

序号	操作步骤	图片说明
2	单击“配置”,配置系统参数	
3	单击“Commnication”主题	
4	选择“IP Setting”	

续表

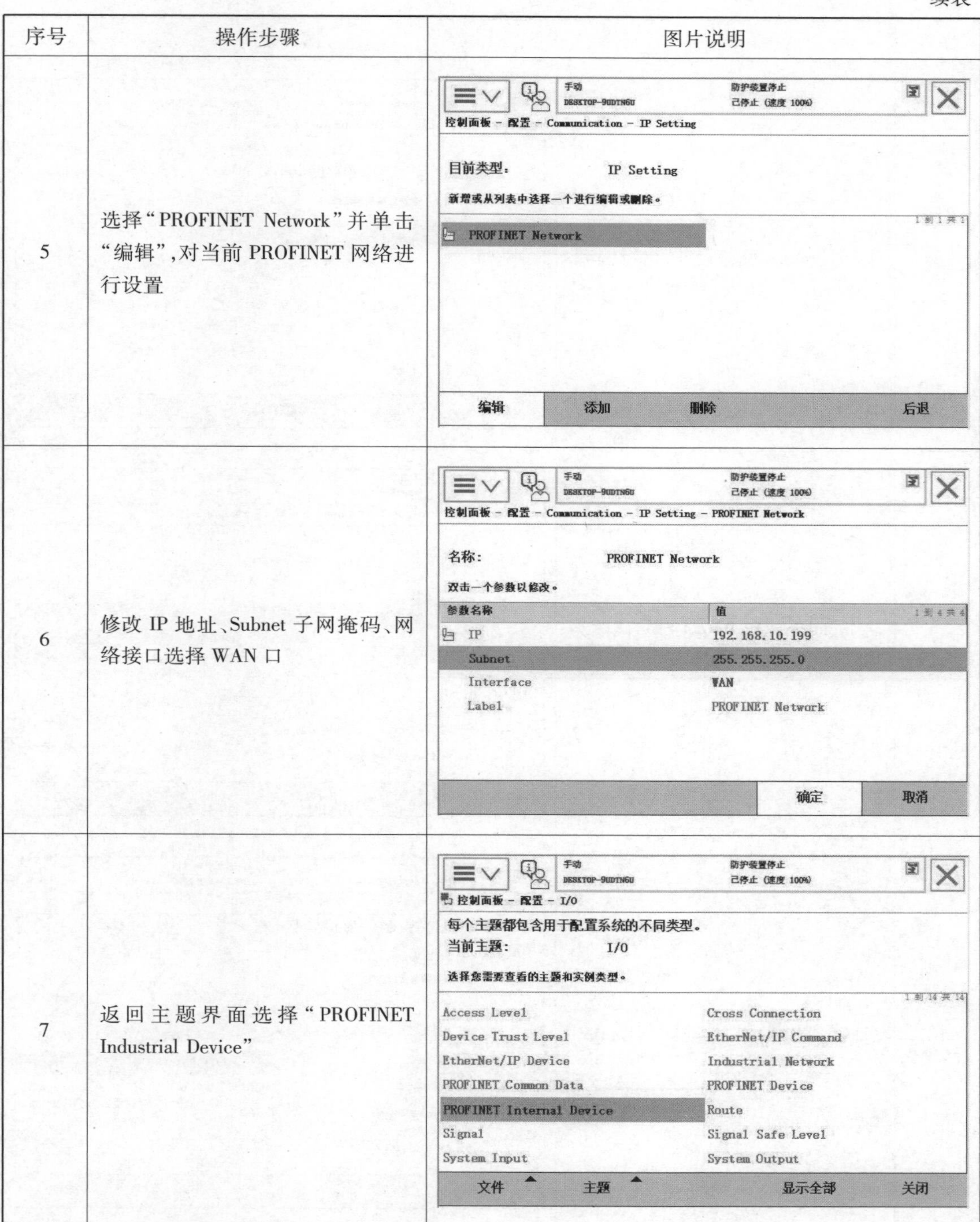

序号	操作步骤	图片说明
5	选择“PROFINET Network”并单击“编辑”,对当前PROFINET网络进行设置	
6	修改IP地址、Subnet子网掩码、网络接口选择WAN口	
7	返回主题界面选择“PROFINET Industrial Device”	

续表

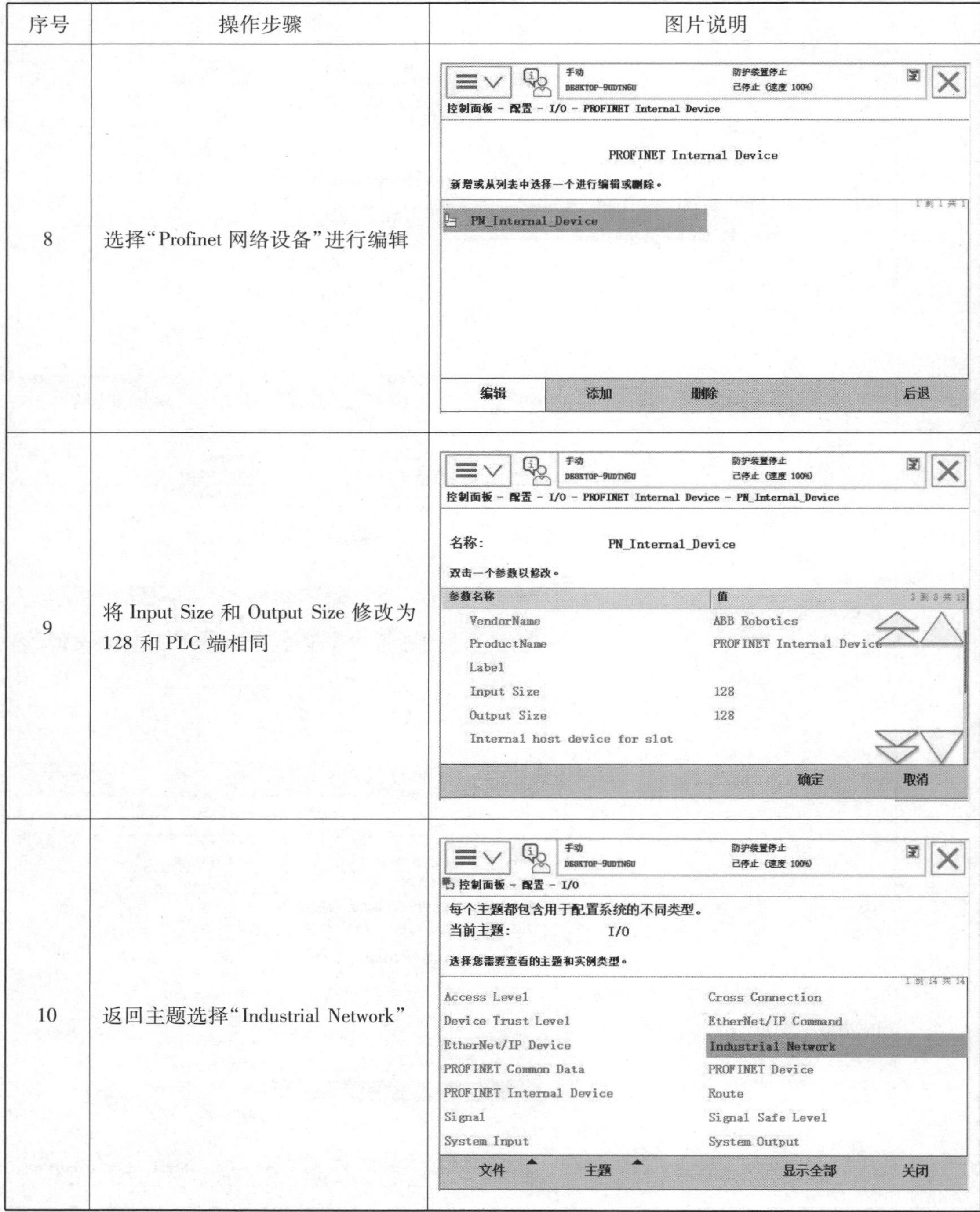

序号	操作步骤	图片说明
8	选择“Profinet 网络设备”进行编辑	
9	将 Input Size 和 Output Size 修改为 128 和 PLC 端相同	
10	返回主题选择“Industrial Network”	

续表

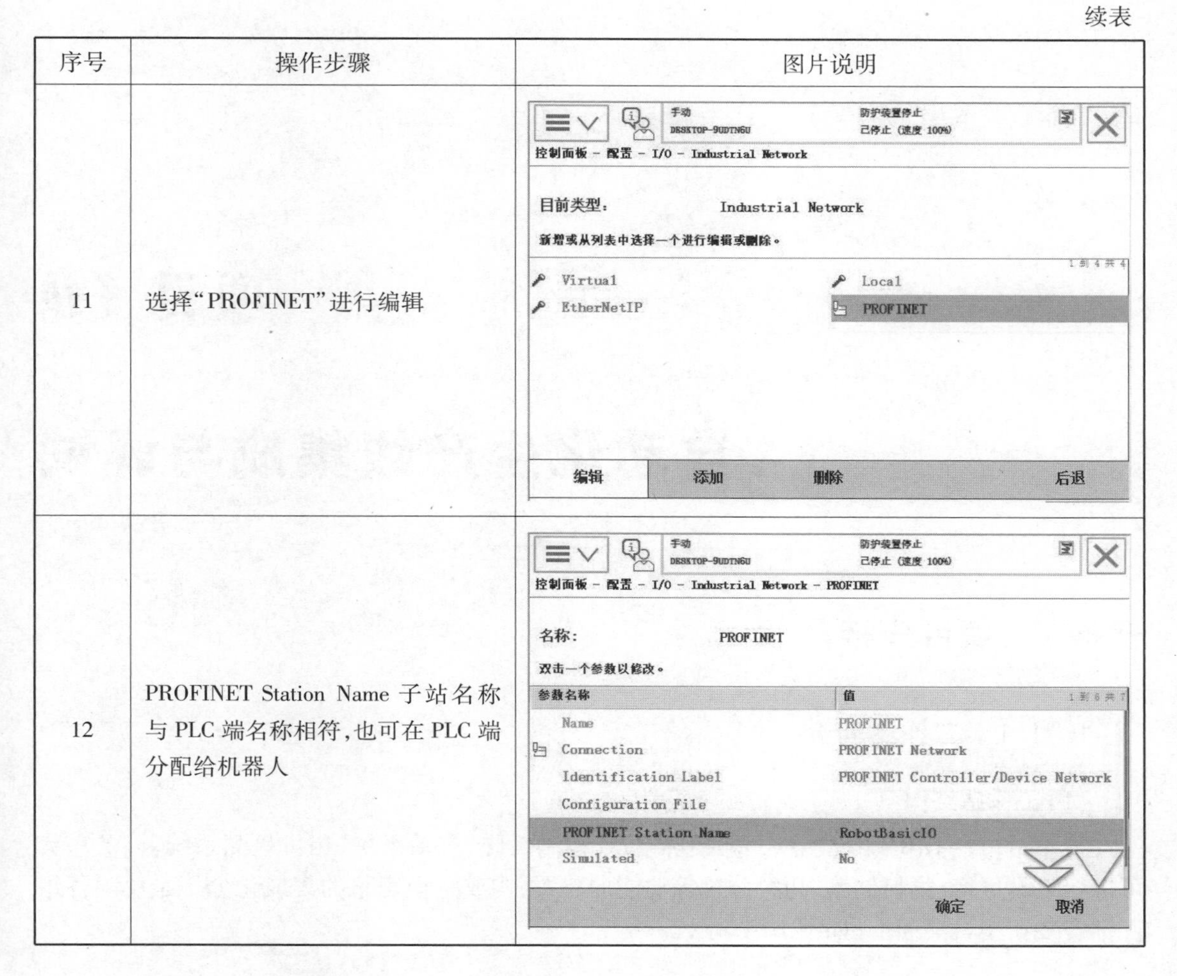

序号	操作步骤	图片说明
11	选择“PROFINET”进行编辑	
12	PROFINET Station Name 子站名称与 PLC 端名称相符,也可在 PLC 端分配给机器人	

配置完成后,机器人端的通信设置基本完成,下一步根据实际需要配置 Profinet 通信的 I/O点即可。可以配置的 I/O 点类型为 DI(数字输入)/DO(数字输出)/AI(模拟量输入)/AO(模拟量输出),I/O 配置步骤与机器人配置标准的 I/O 板步骤基本相同,信号分配设备选择当前的网络设备,如图 9-9 所示。

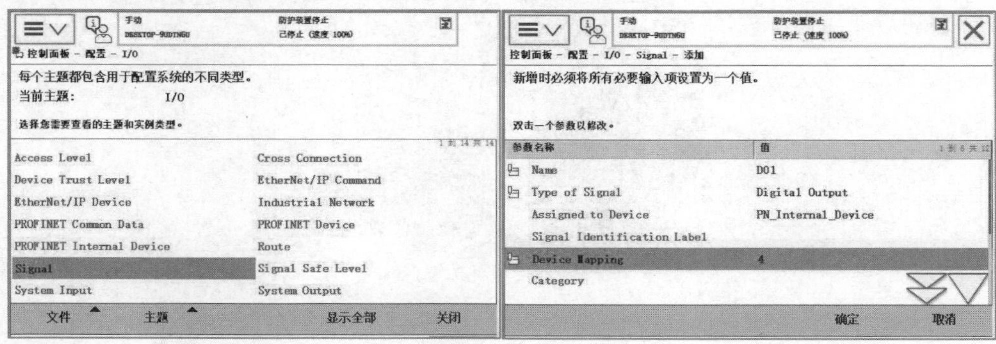

图 9-9

项目 10

自动化生产线集成与调试

任务 1　项目分析

10.1.1　工作站简介

(1) 工作站结构

工作站包括 IRB 120 机器人、触摸屏、PLC 控制系统、气动系统、相机检测系统，以及一套可进行工具更换、物料储藏、物料分拣等功能的装置，构成一个完整的集成化分拣系统。各组件都安装在型材桌面上，如图 10-1 所示。

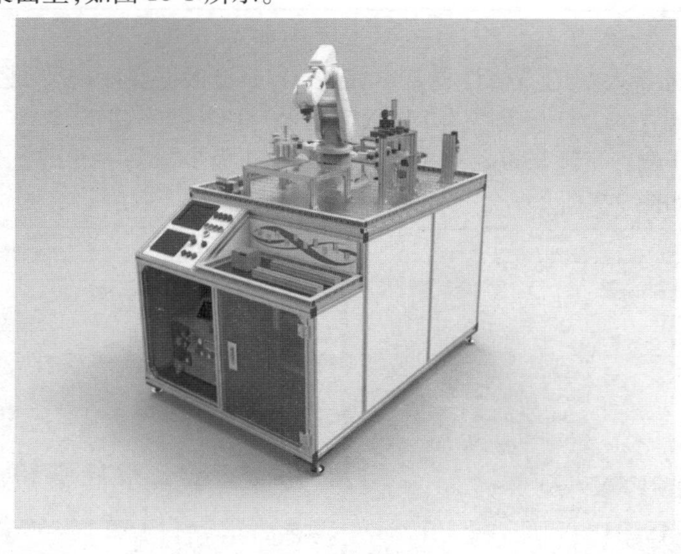

图 10-1　机器人工作站

(2)主要功能

本工作站主要实现ABB机器人与周边设备的协调运行,主要完成工件的搬运、检测、分拣和入库,即工业机器人将料库上的物料搬运至料井,下落后,气缸推出物料至输送链相机进行视觉检测,根据检测的形状机器人分拣至合适位置,其流程图如图10-2所示。

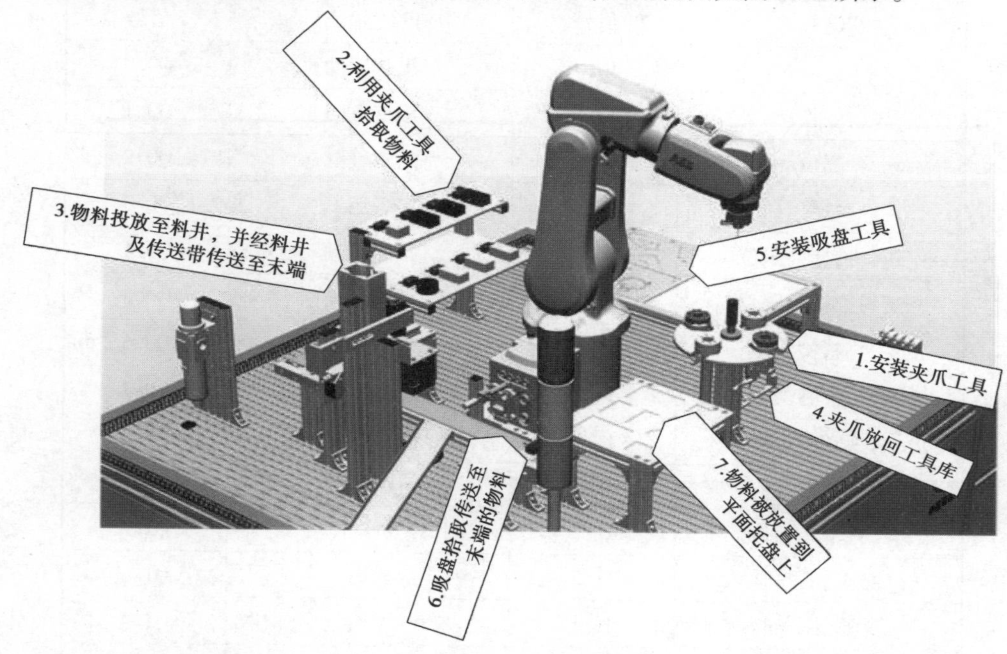

图10-2　流程介绍

任务2　电路连接

PLC控制器作为触摸屏、机器人和相机的桥梁,触摸屏(或组态软件)上输入的信号通过PLC系统输入到机器人控制器或相机,机器人控制器和相机也通过PLC输出相关信号反馈到触摸屏(或组态软件)。整体实现工作站的监控及自动化的良好运行,如图10-3所示。

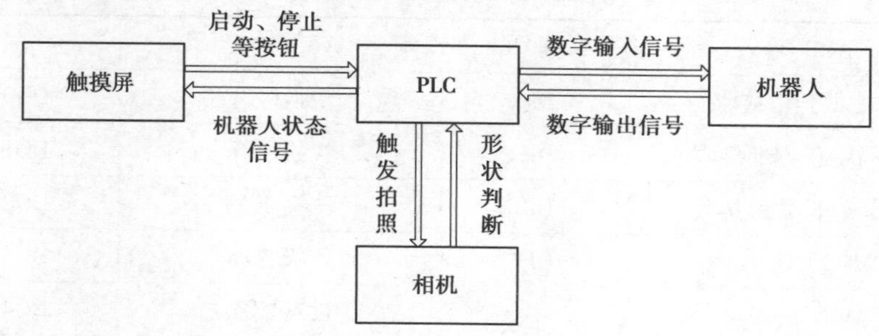

图10-3　信号传输示意

(1)PLC端信号

工作站PLC端I/O信号分配如表10-1所示,其中信号I0.0-I0.5用于用户在触摸屏端进行启动、停止、复位等有效控制，气缸限位信号与物料的到位信号是对于自动化过程中传感器和气缸动作的信号采集，经过 PLC 逻辑控制输出或反馈到周边设备如机器人、传送带运行的电机、相机、触摸屏、指示灯等。

表 10-1　PLC 端 I/O 信号表

PLC_输入	信号	PLC_输出	信号
启动	I0.0	皮带脉冲	Q0.0
停止	I0.1	皮带方向	Q0.1
复位	I0.2	送料气缸	Q0.2
急停	I0.3	备用	Q0.3
送料推杆前限位	I0.4	拍照启动	Q0.4
送料推杆后限位	I0.5	工件到位通知	Q0.5
物料检测	I0.6	形状_正方形通知	Q0.6
工件到位	I0.7	形状_长方形通知	Q0.7
视觉到位	I1.0	形状_圆形通知	Q1.0
工件存放接收	I1.1	启动指示灯	Q1.1
工件取走接收	I1.2	停止指示灯	Q1.2
视觉_正方形	I1.3	红灯	Q1.3
视觉_长方形	I1.4	绿灯	Q1.4
视觉_圆形	I1.5	黄灯	Q1.5

(2)机器人端信号

机器人的标准 I/O 板和 DSQC652 板的输入连接 PLC 输出，输出端连接控制快换接头、夹爪夹合、吸盘吸取动作的电磁阀信号用于机器人执行各项动作。工件存放/取走通知用于机器人程序运行过程中与 PLC 的交互。相关信号分配如表 10-2 所示。

表 10-2　机器人 I/O 信号

ABB_输入	信号	ABB_输出	信号
工件到位接收	DI0	快换吸合	DO0
形状_正方形接收	DI1	快换放开	DO1
形状_长方形接收	DI2	夹爪	DO2
形状_圆形接收	DI3	吸盘	DO3
		工件存放通知	DO4
		工件取走通知	DO5

任务 3　视觉应用

10.3.1　视觉设备认知

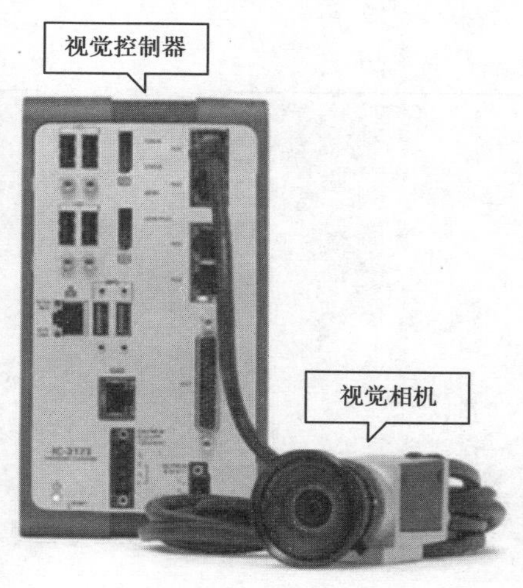

图 10-4　欧姆龙视觉检测系统

工业机器人视觉系统就是利用机器代替人眼来做各种测量和判断，该视觉系统直观易操作，能够自动选择特征并拟出参数，使配置时间最小化。本工作站采用的是欧姆龙（OMRON）视觉系统设备，运用其形状检测与拟合的技术实现对物料块相似度的识别与判定。

欧姆龙智能视觉检测系统是由视觉控制器、视觉相机等部件组成，如图 10-4 所示。

它可用于检测工件的数字、颜色、形状等特性，还可以对装配效果进行实时的检测处理。它通过 I/O 电缆连接到 PLC 或机器人控制器，同时如果安装上相应模块也可以通过串行总线和以太网总线连接到 PLC 或机器人控制器，对检测结果和检测数据进行传输。

10.3.2　视觉系统连接及通信配置

(1)系统连接

将视觉系统各部分与外部设备正确连接，确认后接通电源，启动视觉设备，如图 10-5 所示为视觉系统控制器上的各个接口。

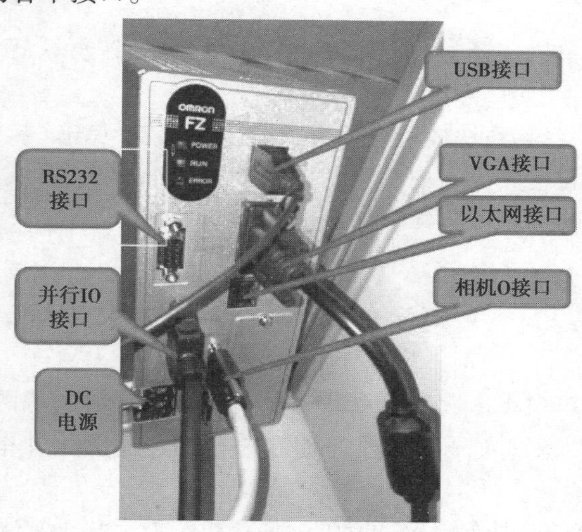

图 10-5　视觉系统控制器接口

(2)设置通信方式

①在欧姆龙视觉软件主界面单击“工具”“系统设置”，在树状图中选择“启动”“启动设定”中的“通信模块”，如图 10-6 所示。

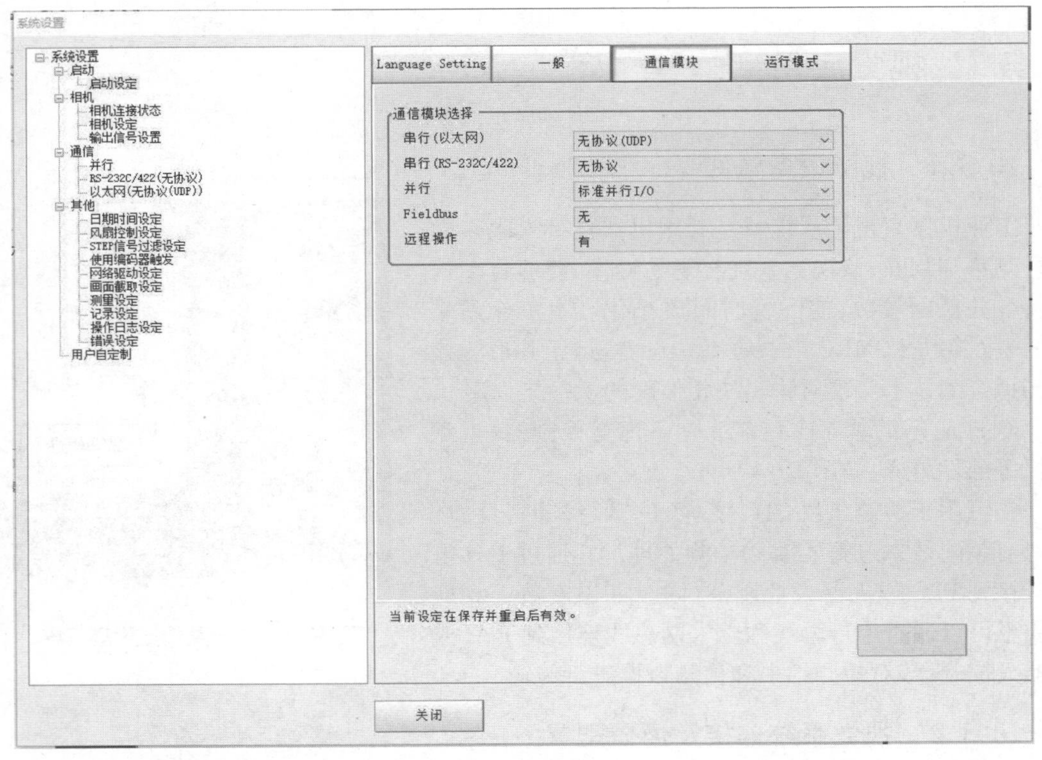

图 10-6　设置通信模块

②根据具体的传感器类型以及设备型号,在通信模块选项中选择合适的通信方式并单击“适用”按钮,完成选择;然后关闭系统设置返回主界面并单击“保存”按钮,以保存刚才的设置。

③接着在主界面菜单栏选择“功能”菜单下的“系统重启”。系统重启后,设定的通信模块将会按照设定值运行。

④以上步骤完成后,将物料块放置在相机下的合适位置,单击“执行测量”使相机开始捕捉图像。调整物料块位置使其位于视觉系统图像捕捉界面中央,再调整相机和照明光源,直至获得一个最清晰的图像为止。

10.3.3　场景编辑与应用

(1)场景编辑

①在主界面工具栏窗口单击“流程编辑”,进入流程编辑界面,如图 10-7 所示。选择处理项目树形结构图中的“图像输入”“形状搜索Ⅲ”“并行判定输出”,并单击“插入”依次添加到单元列表中。

注意:如果流程前段非“图像输入”的话,会使相机图像无法正常输入。

②将 A 物料放置在相机镜头下方,单击软件主界面下的“执行测量”按钮,刷新获取图像,接着单击“形状搜索Ⅲ”前方的图标,进入该处理单元的属性设置窗口,如图 10-8 所示。

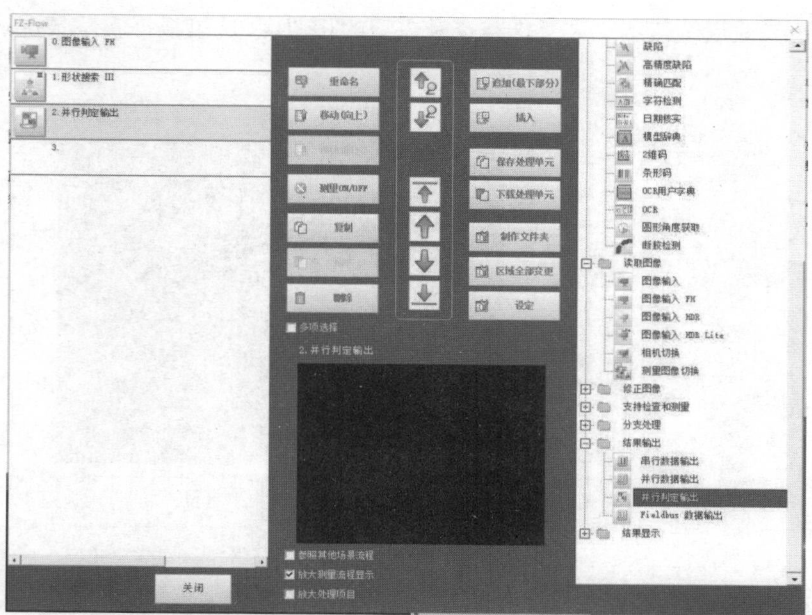

图 10-7　流程编辑界面

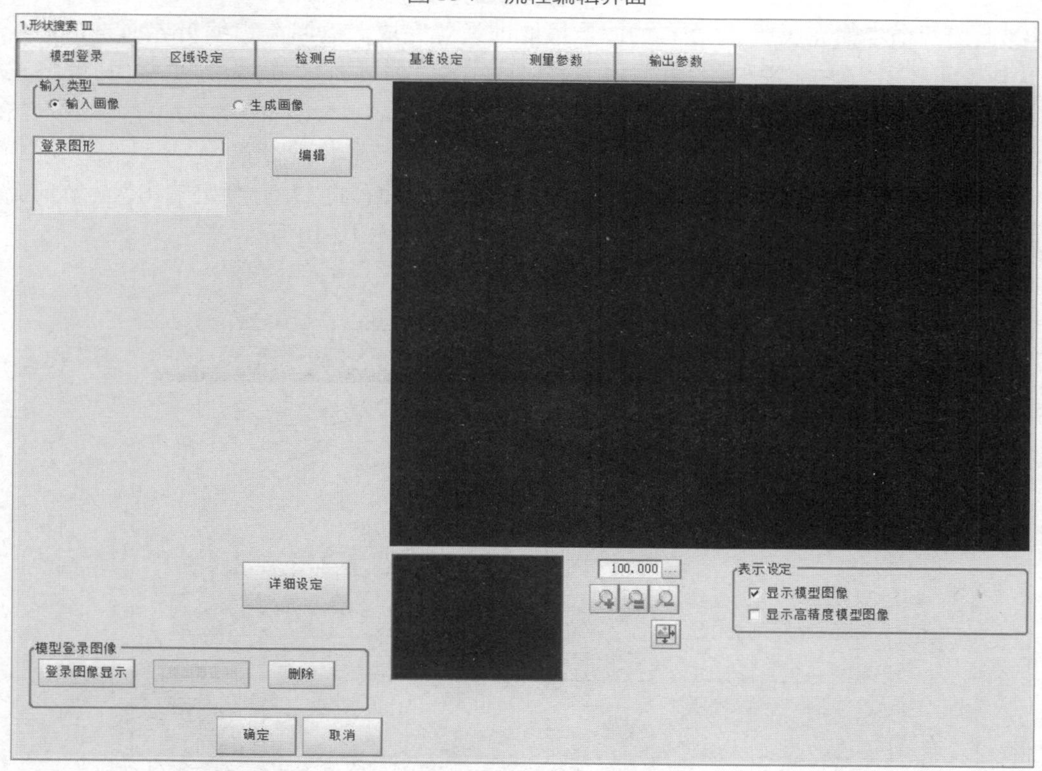

图 10-8　进入属性设置窗口

在该单元的属性设置窗口中有两个重要的参数：

模型登录：用输入图像的方式进行模型登录。若在模型登录时系统初识别模型轮廓线干扰较多或者不完整时，请在“详细设定”中调整“边缘抽取设定”。

测量参数:修改后续待测工件工件与登录模型的相似度,这里根据实际情况进行设定,如图 10-9 所示。

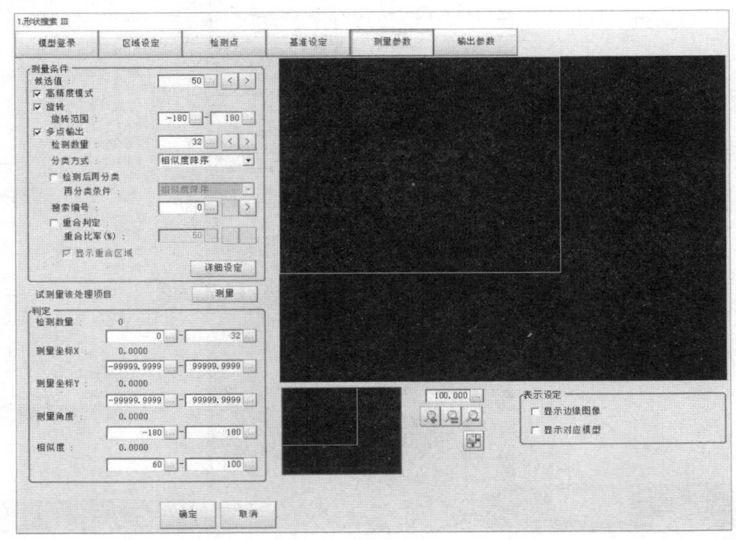

图 10-9 测量参数的设定

③上述两个步骤完成后,A 物料的图像摄取即设置完成。返回流程编辑界面再追加一项“形状搜索Ⅲ”,并与之前添加的相同选项进行重命名以便进行区分,为方便使用,可将三个“形状搜索Ⅲ”分别重命名为“正方形”“圆柱体”和“长方体”。

④按照上面的操作步骤,将 B 物料放置在相机下方进行形状的设置。

⑤三种物料的形状设置完成后,返回至“流程编辑”界面,将“并行判定输出”登录到流程中,并单击“并行判定输出”前面的按钮,进入设置界面,如图 10-10 所示。

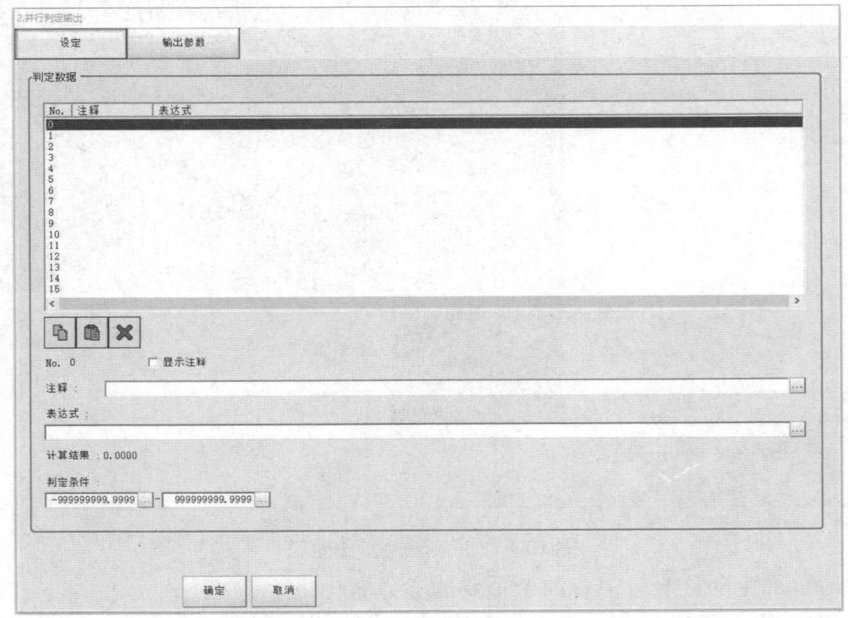

图 10-10 并行判定输出界面

⑥在上述"设定"列表中选择"0"行(即输出信号地址DO0),单击窗口中"表达式"设置框中的"..."按钮,弹出表达式的设定窗口,如图10-11所示,选择"圆柱体"下的"判定",然后单击"确定"按钮返回"设定"选项卡。

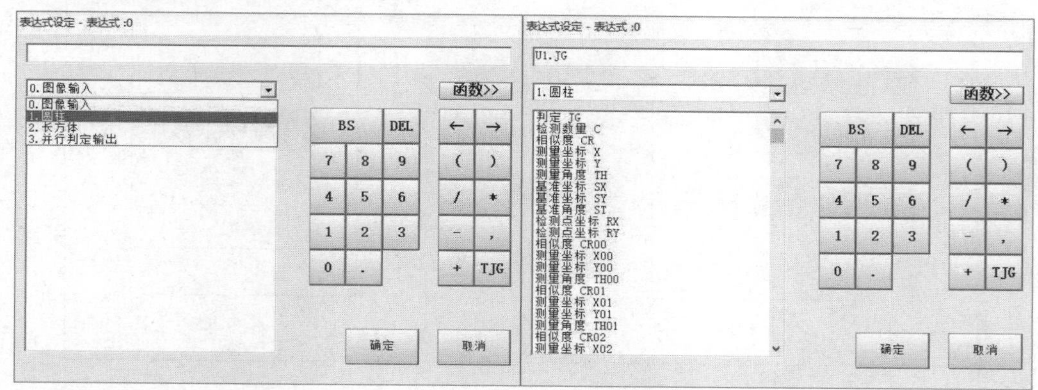

图10-11 进行判定设定

⑦在"并行判定输出"下的"设定"选项卡中,设定"圆柱"的判定条件范围为"0-1"。如果不确定计算结果可先进行试测量,计算结果会显示在判定条件上方,根据试测结果进行判定条件的设定。

⑧根据上述操作步骤,将第2行(DO1)指定给"长方体"。根据上述操作步骤,将第3行(DO2)指定给"正方体"。

注意:在并行判定输出中将数字输出地址分配给处理单元时要确保已分配的地址所对应的并行I/O电缆针脚和外部PLC相连。并在"输出参数"中修改输出极性为"使用本项目处理设定—OK时ON"。

(2)测量(试测量)

①将A或B物料块放在检测区域内(非登录模型物料块)。

②单击主界面上的"执行测量",观察各处理单元的判定结果是否符合预期结果,如果不符合则应对处理单元内的参数做调整并重复测量。

任务4 人机界面设计

10.4.1 人机界面设计方案

人机界面遵循简单易操作的原则,如图10-12所示为用威纶通触摸屏编程软件Ebpro设计的运行监控界面。人机交互界面无论是面向现场控制器还是面向上位机监控管理其监控和管理的现场设备对象是相同的,所以许多现场设备参数在它们之间是共享和相互传递的。

本次触摸屏界面采用绿、蓝、红、黄四色为主题,细节美工设计的一致性使人观看界面时感到舒适,从而不分散其注意力。对于初次运行人员或紧急情况下处理问题的运行人员来说,可减少操作失误。

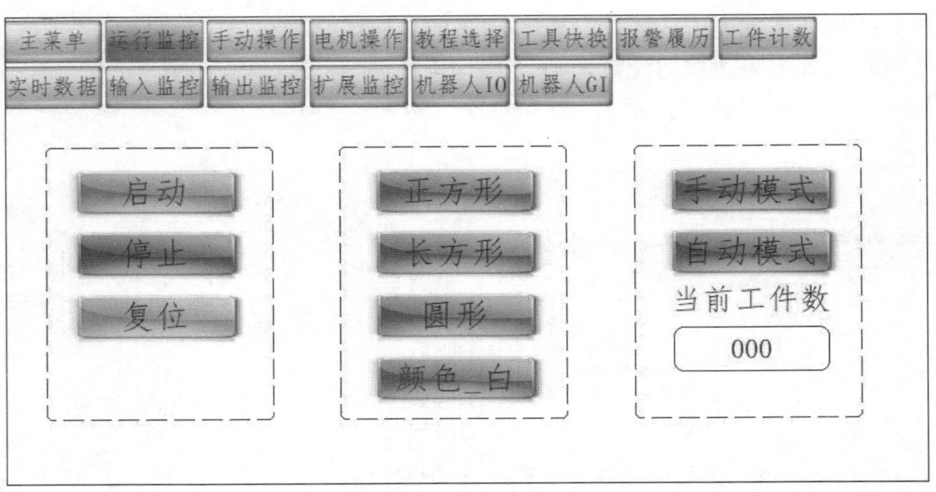

图 10-12　人机界面

10.4.2　界面设计过程

(1)新建文件

打开 Utility Manager 组态编辑软件单击【EasyBuilder Pro】选项启动程序编辑器,启动程序编辑器后,可选择【打开旧文件】或者【开新文件】。新文件首先要选择相对应的触摸屏的型号,根据实际选择触摸屏型号并选择摆放方式,最后单击确定即可,如图 10-13 所示。

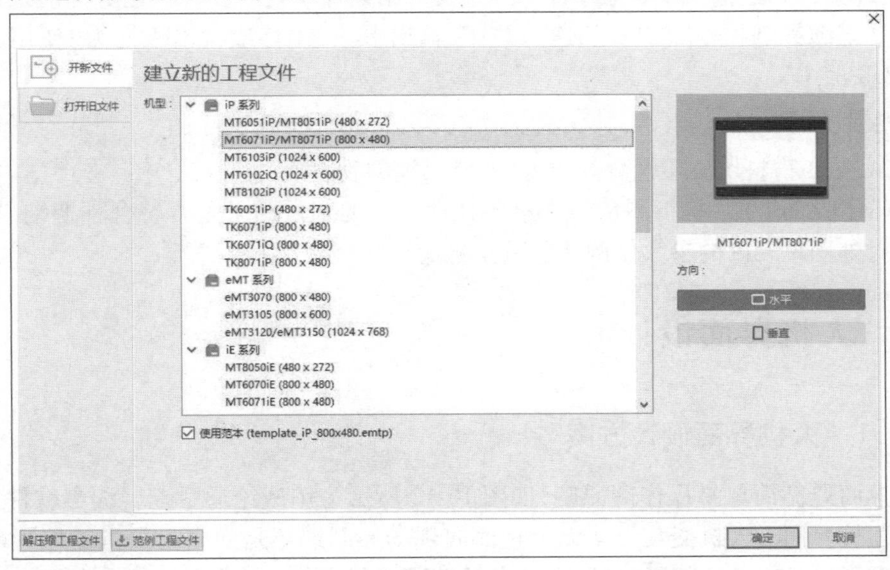

图 10-13　建立工程文件

(2)属性及参数设置

新的工程文件建立后,会自动弹出系统参数设置的窗口,可以在该窗口设置 HMI 属性、一般属性、系统设置以及新增设备等。

单击【新增设备】按钮,在弹出的【设备属性】窗口中,可以修改设备的名称、所在位置、设备类型等。在实验平台中,触摸屏需要与 PLC 相连接,因此在【设备类型】的选项中应选择西门子 S7-1200 型号的 PLC,如图 10-14 所示(在【设备类型】选项中可通过“上”“下”箭头进行翻页)。

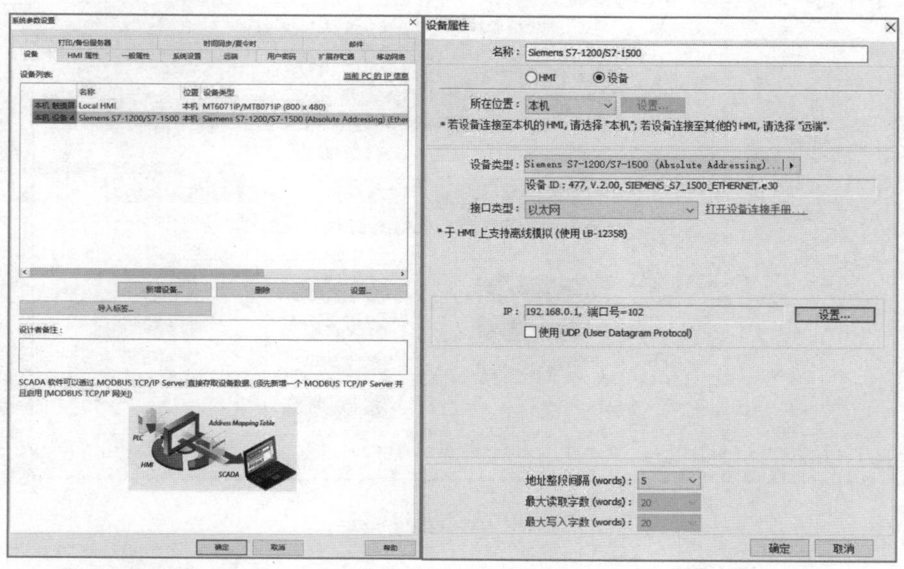

图 10-14　系统参数设置及设备属性界面

(3) 导入标签

添加设备后,需要将 PLC 端的数据标签导入用于触摸屏上元件的地址分配。在进行导入之前需要在 PLC 端将变量表导出形成 PLC tags 文件。触摸屏端单击【导入标签】,【导入类型】选择【Import Files】。在导入标签界面中找到【PLC tags】选项并单击【浏览】进行对 PLC tags 的查找。

在【导入标签中】添加 PLC tags 后,单击【导出】并确定。在弹出的【标签管理】选项中,勾选所需要的 PLC 变量,最后单击【确定】按钮即可,如图 10-15 所示。

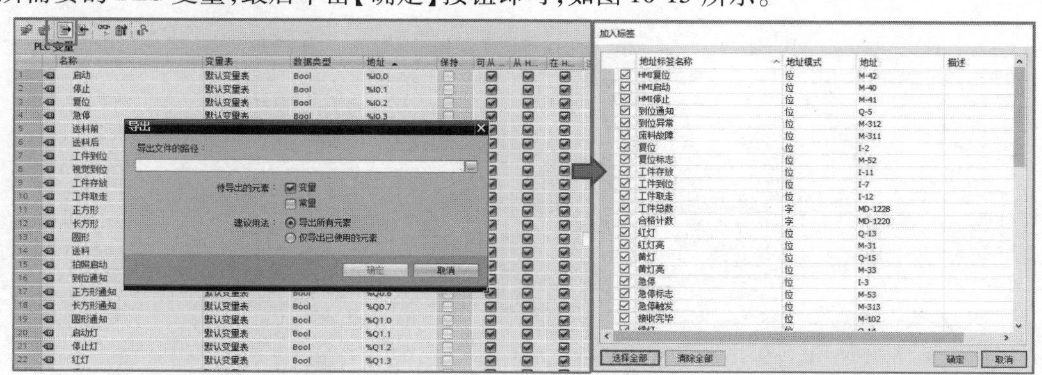

图 10-15　PLC 变量表导出与 HMI 加入标签界面

(4) 触摸屏画面设计

结合 PLC 程序及任务需求,添加相关元件并修改大小、颜色、地址等。相关按钮添加及部署如图 10-16 所示。

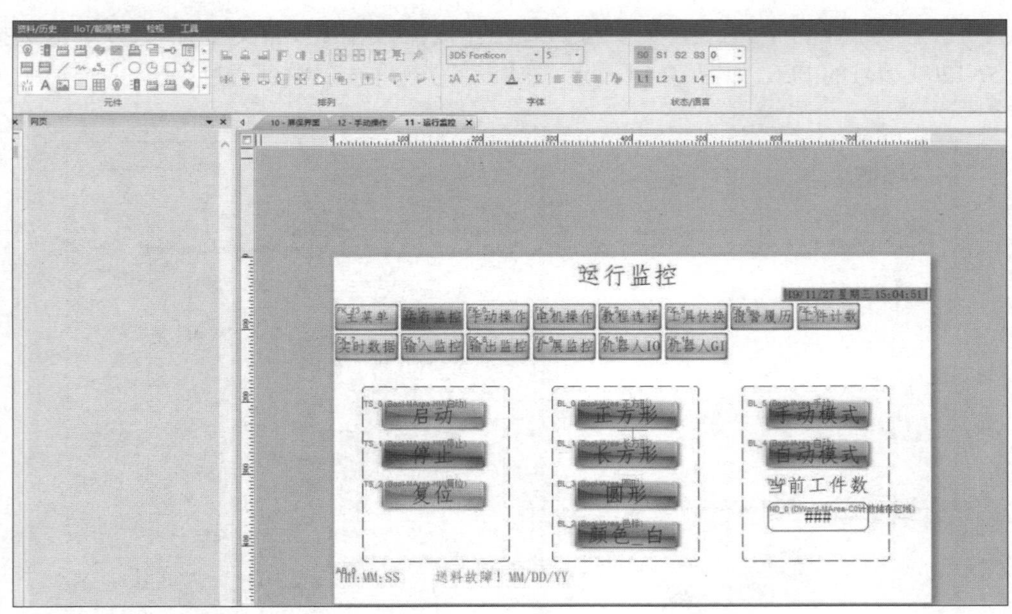

图 10-16　设计界面

10.4.3　HMI 调试运行

在 PC 端编写完成 HMI 程序后，首先进行程序编译，单击【工程文件】中的【编译】出现如图 10-17 所示界面，单击【开始编译】，程序开始编译。将其从 PC 下载至 HMI 中，在【工程文件】选项中，单击【下载(PC→HMI)】选项，实现对触摸屏组态程序的下载。可以在【IP】选项中输入触摸屏的 IP 地址，也可以在【HMI 名称】中搜索触摸屏设备。下载后可以在触摸屏中显示出所设置的画面。

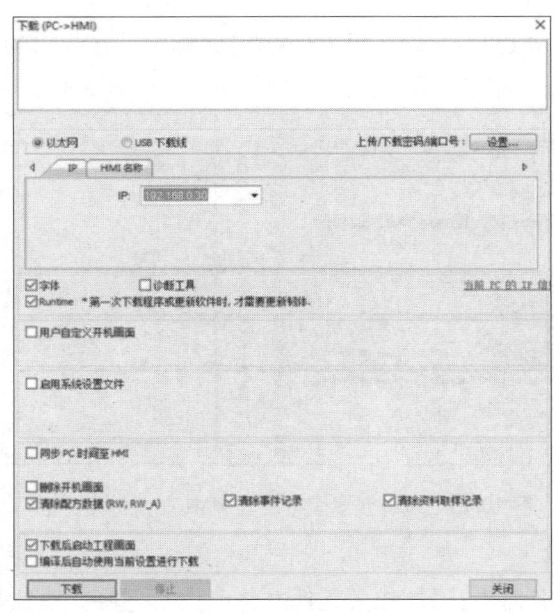

图 10-17　下载界面

如果对触摸屏的画面设置并未完成,但是想要提前查看配置的设备是否可以正常运行,如图 10-18 所示,可在软件上方的【工程文件】选项中可单击【离线模拟】或【在线模拟】选项,单击【离线模拟】可自动进行编译,如只想进行编译,可直接单击左侧的【编译】选项。

图 10-18　模拟选项

任务 5　程序设计

10.5.1　PLC 程序设计

工作站系统整体控制中,需要触摸屏操作控制、相机拍照控制、信号及工件数的状态监控。如图 10-19 所示程序为例,首先添加常开触点和延时定时器作为形状判断的先决条件,相机拍照结果有正方形、长方形、圆形三种情况分别赋值三个变量值,机器人则根据变量结果选择对应的分拣程序。当未检测到物料下程序进入下一流程机器人将不进行抓取动作,物料存在时电机启动且拍照线圈复位,传送带将物料运送至末端且电机线圈复位传送带停止进入下一流机器人抓取物料执行相应的分拣程序。

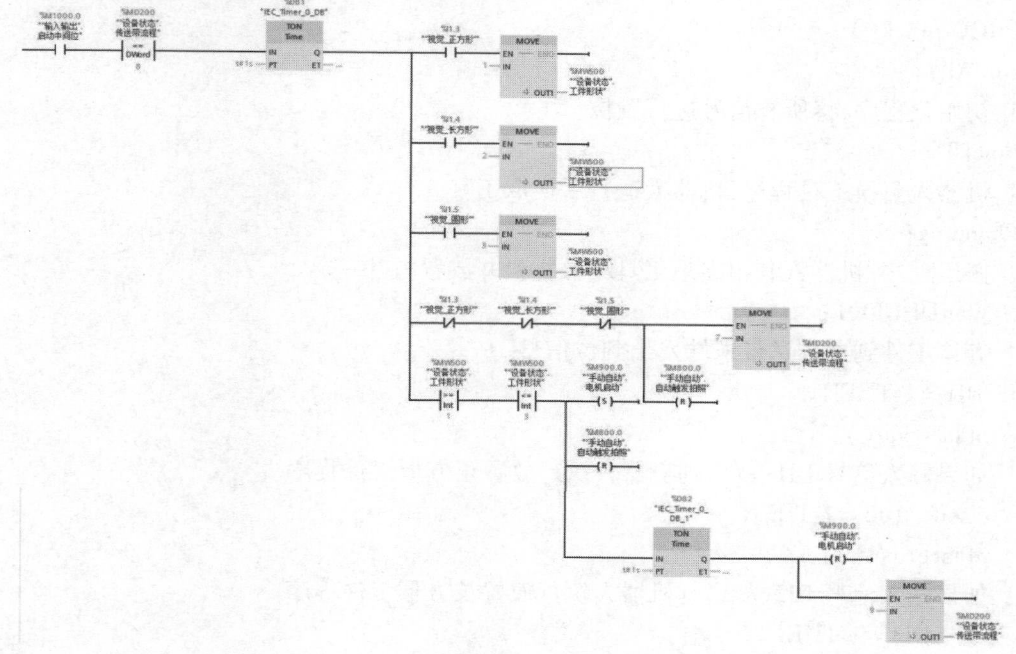

图 10-19　PLC 程序

10.5.2 机器人程序设计

机器人端程序流程如图 10-20 所示。

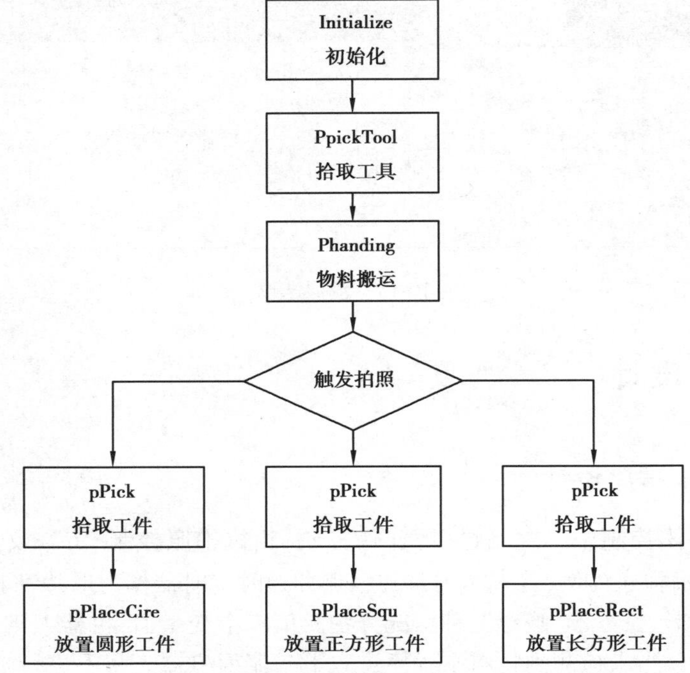

图 10-20　机器人程序流程

程序参考如下:

```
PROC pPick()
rInitAll;
! 初始化程序,将所有信号进行置位。
PpickTool;
! 机器人更换工具程序,机器人运行后换取工具。
Phanding;
! 搬运程序,机器人利用夹爪工具夹取物料并放置料井
  WaitDI DI0,1;
! 等待工件到达传送带末端发出到位信号。
IF DI1 = 1 THEN
  pPlaceSqu();
! 如果输入信号 DI1 为 1,则机器人执行放置正方形工件程序。
  elseif  DI2 = 1 THEN
  pPlaceRect();
! 如果输入信号 DI2 为 1,则机器人执行放置长方形工件程序。
elseif  DI3 = 1 THEN
  pPlaceCirc();
```

```
! 如果输入信号 DI3 为 1,则机器人执行放置圆形工件程序。
ENDIF
ENDPROC
! 程序结束。
```

项目 11

工业机器人系统组成

工业机器人是综合了当代机构运动学和动力学、精密机械设计发展起来的产物，是典型的机电一体化产品。从系统结构上来看，工业机器人由三大部分(六个子系统)组成。其中三大部分是机械本体部分、传感部分和控制部分，六个子系统是机械结构系统、驱动系统、传感系统、人机交互系统、控制系统以及机器人环境交互系统。图 11-1 所示为工业机器人系统结构。

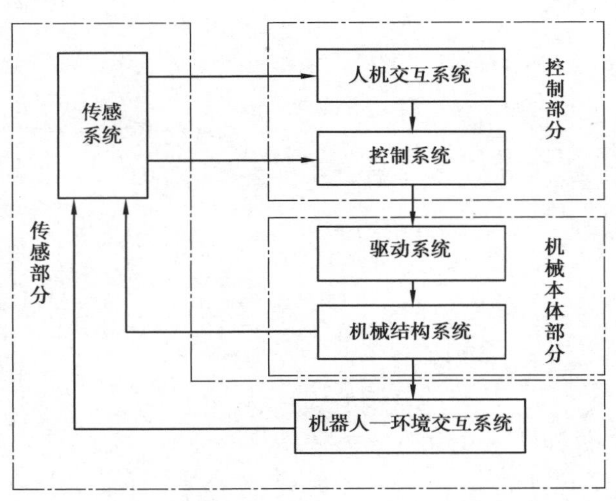

图 11-1　工业机器人系统结构

任务 1　本体部分

机械部分是机器人的血肉组成部分，也就是常说的机器人本体部分。其主要可以分为两个系统：机械本体部分和驱动系统。

11.1.1　机械结构系统

如图 11-2 所示,工业机器人机械结构主要由机身、手臂、末端执行器三部分构成,每一个部分具有若干的自由度,构成一个多自由度的机械系统。机身主要以提供支撑为主,手臂由上臂、下臂和手腕组成用于完成各种作业。末端执行器连接手腕上可以是拟人的手掌和手指,也可以是各种作业的工具,如焊枪、喷漆枪等。

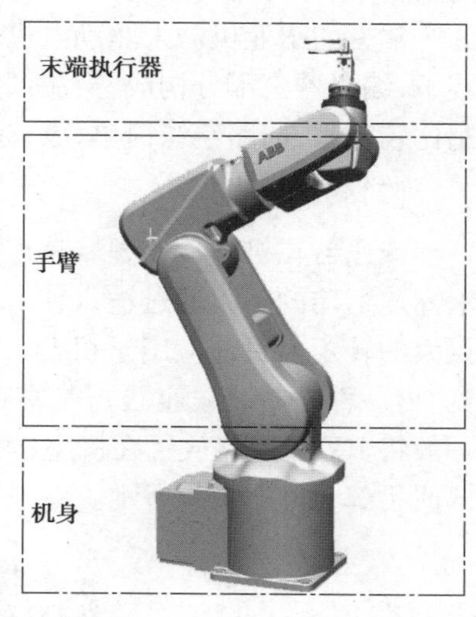

图 11-2　机器人机械结构

①机身:机身是机器人的基础部分,起支撑作用。

②手臂:手臂是连接机身和手腕的部分,由操作机的动力关节和连接杆件组成,是执行结构中的主要运动部件,主要用于改变手腕和末端执行器的空间位置,满足机器人的作业空间。

③末端执行器:末端执行器连接手腕,也可说是机器人执行某种作业时使用的多种多样的工具。

机械结构系统就是工业机器人的机械主体,也是用于配合执行驱动系统完成各种作业的执行机械。机械结构的多自由度使工业机器人具有柔性,同时,机器人柔性也得益于控制装置和可重复编程等方面。

11.1.2　驱动系统

(1)驱动装置

要使机器人运行起来,需要安装驱动装置和传动装置,这就是驱动系统。它的作用是提供机器人各部分、各关节动作的原动力。驱动系统传动部分可以是液压传动系统、电动传动系统、气动传动系统,或者是几种系统结合起来的综合传动系统。三种驱动系统对应的动力装置及动力源对应关系如表 11-1 所示。

表 11-1　驱动系统

驱动系统	动力驱动装置	动力源
气动传动系统	气缸	压缩空气
液压传动系统	油缸	压力油
电动传动系统	电机	电能

图 11-3　交流伺服电机

工业机器人出现的初期使用液压驱动和气压驱动方式较多,随着对机器人作业高速度、高精度的要求,电气驱动目前在机器人驱动中占主导地位。

常见的工业机器人驱动电机是交流伺服电机如图11-3所示。其结构主要由电机的定子、转子、编码器三部分构成,交流伺服驱动的优点是除轴承外无机械接触点,坚固,便于维护,控制比较容易,回路绝缘简单,漂移小。

(2)传动装置

减速器在机械传动领域是连接动力源和执行机构之间的中间装置,它把电动机等动力源上高速运转的动力通过输入轴上的小齿轮啮合输出轴上的大齿轮来达到减速的目的,并传递更大的转矩。目前应用于机器人领域的减速机主要有两种,一种是 RV(Rotary Vector)减速器,另一种是谐波减速器。在关节型机器人中,由于 RV 减速器具有更高的刚度和回转精度,一般将 RV 减速器放置在机座、大臂、肩部等重负载的位置,而将谐波减速器放置在小臂、腕部或手部,如图 11-4 所示。

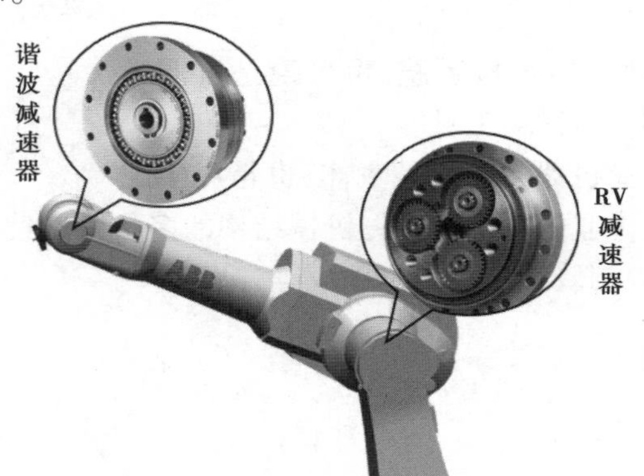

图 11-4　减速器位置

RV 传动是在传统针摆行星传动的基础上发展出来的,不仅克服了一般针摆传动的缺点,而且具有体积小、质量轻、传动比范围大、寿命长、精度保持稳定、效率高、传动平稳等一系列优点,如图 11-5 所示。

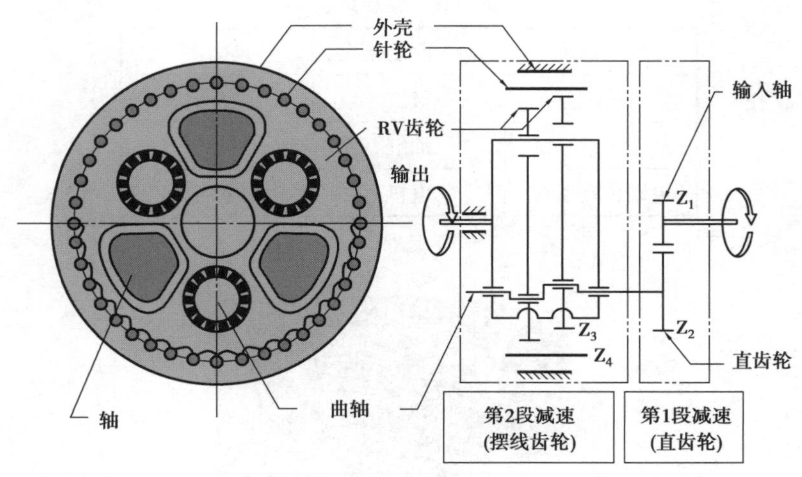

图 11-5　RV 减速器传动方式

谐波减速器由三部分组成:谐波发生器、柔性轮和刚轮。按照谐波发生器的不同有凸轮式、滚轮式和偏心盘式。其工作原理是由谐波发生器使柔轮产生可控的弹性变形,靠柔轮与刚轮啮合来传递动力,并达到减速的目的。如图 11-6 所示,当谐波发生器转动一周时,柔轮向相反的方向转动了大约两个齿的角度。谐波减速器传动比大、外形轮廓小、零件数目少且传动效率高。单机传动比可达到 50 ~ 4 000,而传动效率高达 92% ~ 96%。

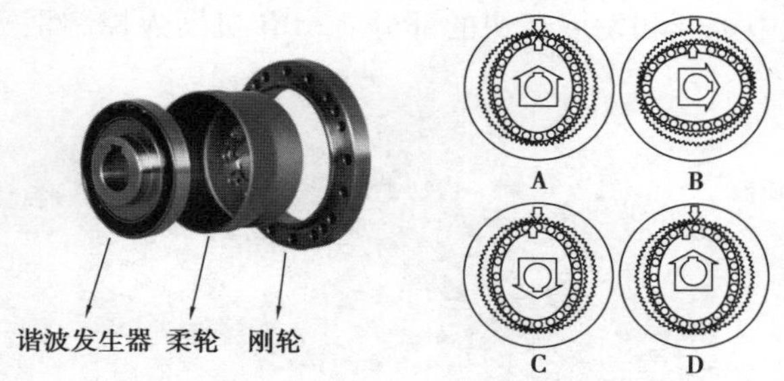

图 11-6　谐波减速器及传动方式

任务 2　控制部分

控制部分用于控制机器人完成作业,主要控制机器人的动作顺序、实现的路径和位置、动作时间等。控制部分可以分为两个系统:人机交互系统和控制系统。ABB 机器人示教器如图 11-7 所示。

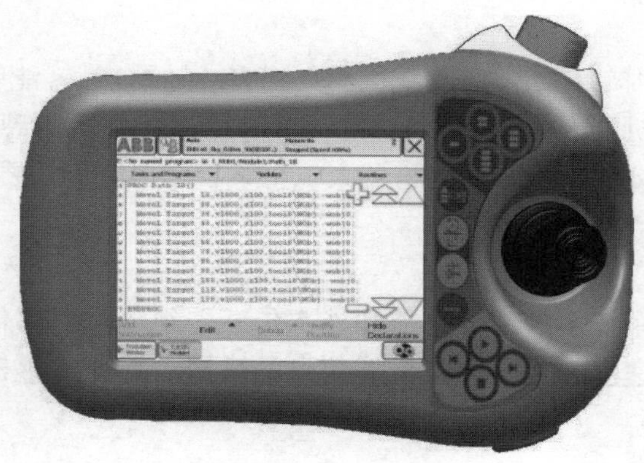

图 11-7　ABB 机器人示教器

11.2.1　人机交互系统

人机交互系统是使操作人员参与机器人控制并与机器人进行联系的装置,简单来说该系统可以分为指令输入装置和信息显示装置。例如,计算机的标准终端、指令控制台、信息显示板、危险信号警报器、示教盒等。

11.2.2　控制系统

工业机器人的控制系统是机器人的"大脑",它通过各种控制电路和控制软件的结合来控制机器人,根据机器人的作业指令程序以及从传感器反馈回来的信号支配的执行机构去完成规定的运动和功能，并协调机器人与生产系统中其他设备的关系。

普通机器设备的控制装置多注重自身动作的控制，而机器人的控制系统还要注意建立自身与作业对象之间的控制联系。机器人的控制系统通过作业控制器、运动控制器、伺服控制器和检测机器人自身状态的传感器反馈部分以完成自身与对象间的控制。现代机器人控制装置由可编程控制器、数控控制器或计算机构成。控制系统是决定机器人功能和水平的关键部分，也是机器人系统中更新和发展最快的部分。ABB 机器人控制柜实物如图 11-8 所示。

图 11-8　ABB 机器人控制柜

任务 3　传感部分

传感部分用于感知内部和外部信息。机器人拥有感知功能，就能够根据处理对象的变化而改变动作。传感器是机器人完成感知的必要手段，通过传感器的感知作用，可将机器人自身的相关特性或相关物体的特性转换为机器人执行某项功能时所需要的信息。

11.3.1　传感系统

工业机器人的传感系统由内部传感器和外部传感器组成。内部传感器负责收集机器人内部信息，如各个关节、速度、角速度、位置等信息的反馈。外部传感器负责获取外部环境信息，如视觉、触觉、力觉等。

(1)内部传感器

在工业机器人内部传感器中，位置传感器和速度传感器是当今机器人反馈控制中不可缺少的元件。具体来说检测对象包括关节的位移和转角等几何量、角速度和加速度等运动量，以及倾斜角、方位角、振动角等物理量，对各种传感器的要求是精度高、响应速度快、测量范围宽等。

1)位置传感器

工业机器人中位置传感器按功能分类有规定位置和角度检测的传感器和测量位置角度的传感器。其中检测位置和角度的传感器有模拟和数字两类。应用在工业机器人上的模拟位置传感器有旋转变压器、感应同步器、电位器等，数字型位置传感器有光电盘、编码盘、光栅等。

①规定位置、规定角度检测

位置传感器主要功能是检测预先规定的位置或角度，检测机器人起始原点、限位位置或确定位置。

微型开关：微型开关通常作为限位开关使用，当设定的位移或力作用到微型开关的可动部分（称为执行器）时，开关的电气触点断开或接通。它一般被装在壳体内，壳体对外力、水、油、尘埃起到保护作用。

光电开关：光电开关是由 LED 光源和光电二极管或光敏元件相隔一定距离而构成的透光式开关。当光被置于光源和光敏元件中间的遮光片挡住时光射不到光敏元件上，从而起到开关的作用。

②位置、角度检测

测量机器人关节线位移和角位移的传感器是机器人位置反馈中必要元件，如表 11-2 所示，常用的传感器的类型及作用。

表 11-2　常用传感器

功能	传感器类型	传感器	作用
位置和角度测量	模拟型位置传感器	旋转变压器	测量角位移
		感应同步器	检测直线位移和转角
		电位器	检测机器人各关节位置和位移量
	数字型位置传感器	光电盘	检测角位移
		编码盘	检测转角
		光栅	检测直线位移

2）速度传感器

①速度、角速度检测

速度、角速度是驱动器反馈控制必不可少的环节。最通用的速度、角速度传感器是测速发电机或转速传感器、比率发电机。其中测量角速度的测速发电机可按其构造分为直流测速发电机、交流测速发电机和感应式交流测速发电机。

②加速度检测

随着机器人的高速化、高精度化，机器人的振动问题提上日程。为了解决振动问题，有时会在机器人的运动手臂等位置安装加速度传感器，测量振动加速度，并把它反馈到驱动器上。加速度传感器包括应变片加速度传感器、伺服加速度传感器、压电感应加速度传感器，及其他类型加速度传感器。

(2)外部传感器

外部传感器是为了检测作业对象及环境或机器人和它们的关系，机器人上安装触觉传感器、视觉传感器、力觉传感器、接近觉传感器、超声波传感器和听觉传感器，这些外部传感器大大改善了机器人的工作状况，使其能够更准确地完成复杂的工作。

11.3.2　机器人环境交互系统

机器人环境交互系统是实现工业机器人和外部环境中的设备相互联系和协调的系统。

通过交互系统,工业机器人可与外部设备集成为一个功能单元,如加工制造单元、焊接单元和装配单元等。当然,也可以是多台机器人、多台机床或设备、多个零件存储装置等集成一个执行复杂任务的功能单元。

项目 12

工业机器人维护维修

工业机器人的维护维修是各项工作的基础，是保持设备经常处于完好状态的重要手段。只有维护保养好工业机器人才能保持良好的工作性能充分发挥效率，延长机器人的使用寿命。只有充分了解机器人组成后才能进行其简单的维护和维修操作，下面以 IRB 120 为例讲解其维护维修工作。

任务 1　工业机器人维护维修基础

12.1.1　工业机器人维护维修安全

(1)维护维修注意事项

机器人的安装区域内禁止进行任何的危险作业，必须遵守工厂内安全标示上的内容，如"严禁烟火""高压""危险""非相关人员禁止入内"等。在进行维护维修操作前应严格遵守下列条款：

①穿工作服(不穿宽松的衣服)。

②操作机器人时不许戴手套。

③内衣裤、衬衫和领带不要从工作服内露出。

④不戴大号耳饰、挂饰等。

⑤必须穿安全鞋、戴安全帽等安全防护用品。

未经许可人员不得接近机器人和其外围的辅助设备，也应注意以下几点：

①遵守警示标志。不违反条例触动 IRC5 控制柜、工件、定位装置等。

②绝不强制扳动、悬吊、骑坐机器人。

③绝不倚靠在 IRC5 或其他控制柜上。

④不随意地按动操作键。进行机器人示教作业前要检查以下事项，若有异常则应及时修理或采取其他必要措施。

①机器人动作有无异常。

②外部电线遮盖物及外包装有无破损。

③操作机器人前，按下 IRC5 及示教编程器右上方的急停键，如图 12-1 所示并确认伺服电源被切断。

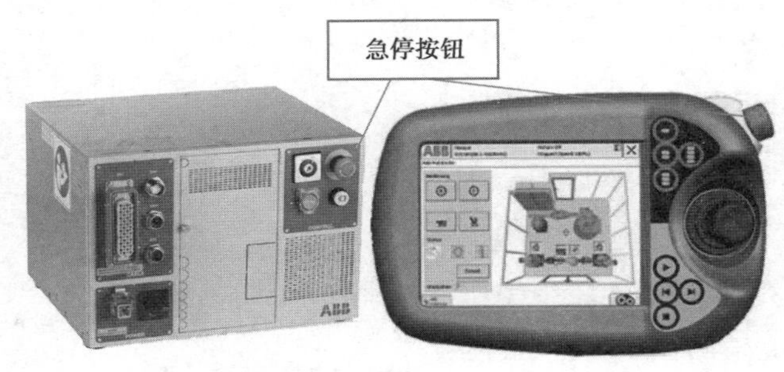

图 12-1

④刹车检查。

正常运行前，维修管理人员需检查电机刹车每个轴的电机刹车，检查方法如下：

a. 运行每个机械手的轴到它负载最大的位置。

b. 机器人控制器上的电机模式选择开关打到电机关（MOTORS OFF）的位置。

c. 检查轴是否在其原来的位置如果电机关掉后，机械手仍保持其位置，说明刹车良好。

⑤在机械手的工作范围内工作。

如果必须在机械手工作范围内工作，需遵守以下几点：

a. 控制器上的模式选择开关必须打到手动位置，以便操作使能设备来断开电脑或遥控操作。

b. 当模式选择开关在 <250 mm/s 位置时候，最大速度限制在 250 mm/s。进入工作区，开关一般都打到这个位置，只有对机器人十分了解的人才可以使用全速（100% full speed）。

c. 注意工业机器人各臂的旋转轴，当心头发或衣服搅到上面，另外注意机械手上其他选择部件或其他设备。

d. 检查每个轴的电机刹车。

（2）认识和理解安全标志与操作提示

在进行机器人的维护维修或执行某作业时一定要认识安全标志和明确标志说明相关常见标志如表 12-1 所示。

表 12-1　常见标志

标志	说明
⚠	危险 警告，如果不依照说明操作，就会发生事故，并导致严重或致命的人员伤害/或严重的产品损坏。 险情：碰触高压电气装置、爆炸或火灾、有毒气体、压轧、撞击和从高处跌落等。

续表

标志	说明
⚠	警告 警告如果不依照说明操作,可能发生事故、造成严重的伤害。 险情:触碰高压电气单元、爆炸、火灾、吸入有毒气体、挤压、撞击、高空坠落等。
⚡	电击 针对可能会导致严重的人身伤害或死亡的电气危险的警告。
!	小心 警告如果不依照说明操作,可能会发生能造成伤害或产品损坏的事故。 险情:灼伤、眼部伤害、皮肤伤害、听力损伤、挤压或跌倒、撞击、高空坠落等。
	静电放电 针对可能会导致严重产品损坏的电气危险的警告。
i	注意 描述重要的事实和条件。

12.1.2　常用维护维修工具

本体:内六角加长球头扳手、星形加长扳手、扭矩扳手、塑料槌、小剪钳、尖嘴钳、带球头的T形手柄,如表 12-2 所示。

表 12-2

常用工具	常用型号	实物
内六角加长球头扳手	1.5、2、2.5、3、4、5、6、8、10 mm	
星形加长扳手	T10、T15、T20、T25、T27、T30、T40、T45、T50	
扭矩扳手	0-60 Nm1/2 的棘轮头	
塑料槌	20、30 mm	
小剪钳	5	
尖嘴钳	6 寸	
带球头的 T 形手柄	3、4、5、6、8、10 mm	

控制器:星形螺丝刀、一字螺丝刀、套筒扳手、小型螺丝刀套装,如表 12-3 所示。

表 12-3

常用工具	常用型号	实物
星形螺丝刀	T10、T25	
一字螺丝刀	4 mm、8 mm、12 mm	
套筒扳手	8 mm 系列	
小型螺丝刀套装	一字:1.6 mm、2.0 mm、2.5 mm、3.0 mm 十字:PHO PH1	

任务 2　工业机器人系统保养与维护

12.2.1　本体维护

机器人本体除日常的清洁和检查维护外,还应理会机器人本体上 SMB 电池更换、润滑齿轮、润滑中控手腕和齿轮箱润滑油更滑的维护操作。为了保障机器或者大型智能性设备正常的工作而对机器和设备进行检查和简单地排除故障工作的频率称之为维护周期,维护维修人员必须能对本体各项目维护周期进行准确判断。只有对机器人本体进行的正确的定期维护才能确保机械本体的正常运行。各项维护名称及周期如表 12-4 所示。

表 12-4　维护信息

维护类型	维护名称	周期	注意
日常维护	清洗机械手	1 次/天	谨慎操作,避免向机械手直接喷射
	清洗中控手腕	1 次/天	避免使用起毛布料
	检查	日常项目 1 次/天	检查问题及时反馈解决
其他维护	SMB 电池更换	1 次/3 年	电池型号
	润滑齿轮	1 次/1000H	确保机器人及相关设备关闭
	润滑中控手腕	1 次/500H	不要注入过量
	齿轮箱润滑油更换	第一次 1 年, 以后 1 次/5 年	环境温度小于 50°

注意:维护时间间隔主要取决于环境条件,维护维修人员应视机器人运行时数和温度而定。

(1)日常维护

1)清洗机械手

应定期清洗机械手底座和手臂。使用溶剂时需谨慎操作。应避免使用丙酮等强溶剂。可使用高压清洗设备,但应避免直接向机械手喷射。如果机械手有油脂膜等保护,按要求去除。为防止产生静电,必须使用浸湿或潮湿的抹布擦拭非导电表面,如喷涂设备、软管等。请勿使用干布。

2)中空手腕

如有必要,中空手腕是需要经常清洗,以避免灰尘和颗粒物堆积。用不起毛布料进行清洁。手腕清洗后,可在手腕表面添加少量凡士林或类似物质,以后清洗时将更加方便。

3)检查

一般的机器人不是单独存在于工作现场,必然会有相关的周边设备。所以在检查时一点要全面例如安全防护装置、气阀、接头等,如图 12-5 所示。

表 12-5　检查

类别	检查项目
日常检查	本体清洁,四周无杂物
	示教器、控制器是否正常
	检查安全防护装置是否正常、急停是否正常
	气管、接头、气阀有无漏气
定期检查	检查电机运转声音是否异常
	检查机器人线缆
	检查机械限位
	检查塑料盖
	检查同步带

①检查机械限位

IRB 120 在轴 1、轴 2 和轴 3 的运动极限位置有机械限位,用于限制轴运动范围满足应用中的需求,如图 12-2 所示。为了安全起见,要定期点检所有的机械限位是否完好,功能正常。

②检查塑料壳

IRB 120 机器人本体使用了塑料壳(图 12-3),主要是基于轻量化的考虑。为了保持完整的外观和可靠的运行,需要对机器人本体的塑料壳进行检查。

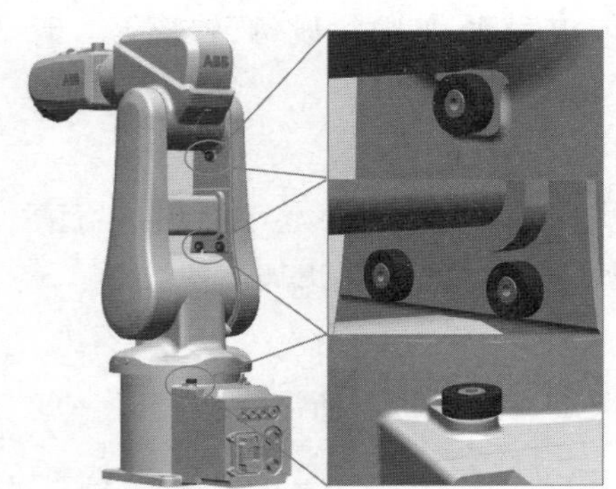

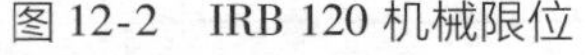

图 12-2　IRB 120 机械限位

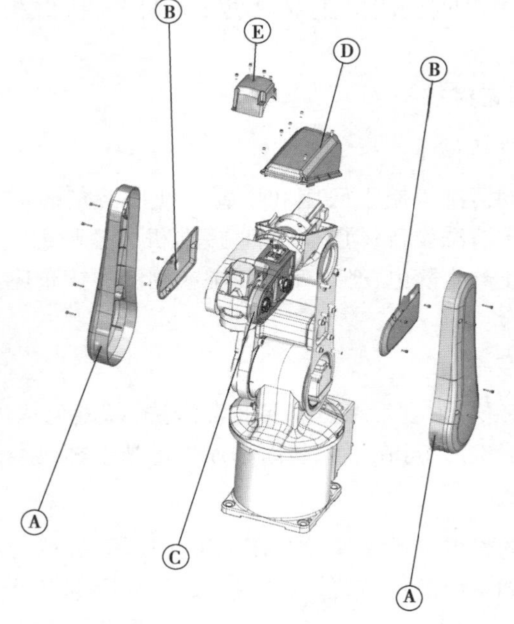

图 12-3　塑料壳

③检查同步带

IRB 120 机器人本体上有两个同步带如图 12-4 所示，维护维修人员可使用内六角圆头扳手将外壳摘下即可看到同步带，维修人员需检查同步带和皮带轮是否损坏或磨损，使用张力计对皮带进行张力检查。如果检查有损坏或皮带张力不符合要求则建议对该部件进行更换。

轴 3：新皮带 F = 18 ~ 19.7 N、旧皮带 F = 12.5 ~ 14.3 N

轴 5：新皮带 F = 7.6 ~ 8.4 N、旧皮带 F = 5.3 ~ 6.1 N

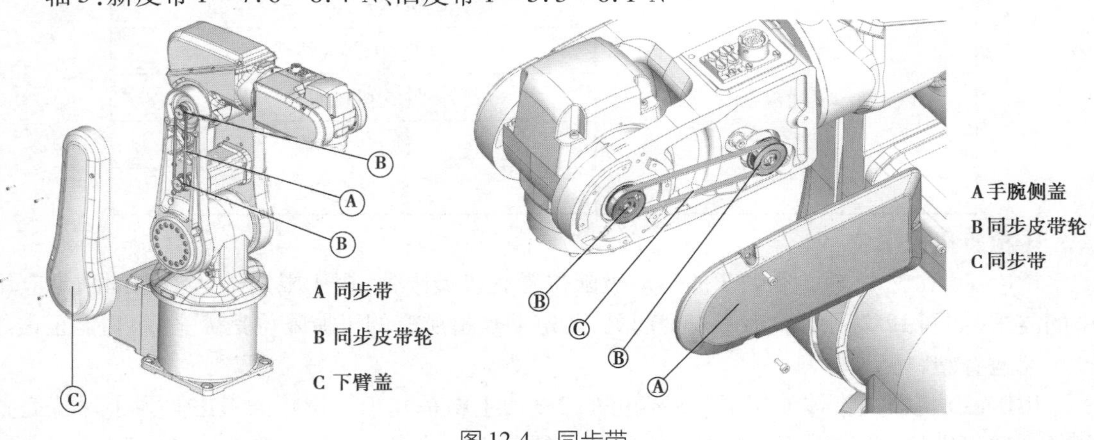

图 12-4　同步带

(2) 其他维护

SMB 电池更换

电池的剩余后背电量（机器人电源关闭）不足两个月时，将显示电池低电量警告（38213 电池电量低）。更换之前建议将各个轴调制其零点位置，方便转数计数器的更新。在更换 SMB 电池时需用小刀削除涂料，并拆卸零打磨涂料边缘，通过卸下连接螺丝钉从机器人上卸下底座盖。在断开电池电缆与编码器电路板接口的连接后，切换电缆绷带并卸下电池组，电池组的位置在底座盖的内部，如图 12-5 所示。更换适用的电池组后将电池电缆与编码器接口电路板相连并组装好后盖。

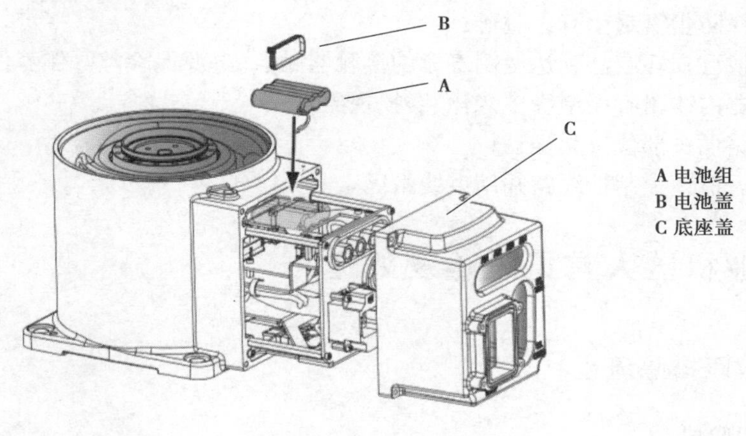

图 12-5　电池组位置

12.2.2　控制器维护

对工业机器人紧凑型控制柜进行周期维护以确保其功能正常，不可预测的情形下出现异常也会对控制柜进行检查。除常规的清洁检查、启动是否正常、安全装置是否正常应掌握控制柜最基本的散热风扇的清洁、上电接触器检查、刹车接触器、安全回路等系统性检查。在进行控制过维护前应备份机器人系统，防止保养过程中丢失机器人数据。切断机器人电源，并上安全锁悬挂设备维护、禁止上电警示牌，在进行柜内操作时必须缠带防静电手环。

(1)检查控制柜散热

紧凑型控制柜的散热装置主要位置在控制柜后方，将后盖打开可进行散热风扇的清洁或更换工作，当然除散热风扇损坏或散热滤网堵塞的主因素外，维护维修人员也应检查控制柜是否有外界因素影响控制柜散热情况，如是否覆盖了塑料或其他材料、控制器散热空间大小、控制器是否靠近热源等。如图 12-6 所示，将控制柜后盖和风扇拆下后进行清洁。

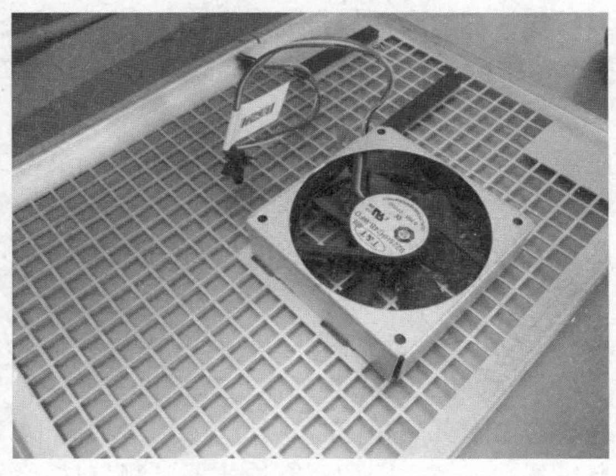

图 12-6　控制柜后盖和风扇

(2)线路保养

控制柜内部线路较多在长时间运作后难免出现线路老化的情况,为防止因线路问题导致控制柜损坏情况的发生,应定期对控制柜内部线路进行周期性检查与保养,检查事项如下:

- 检查门边缘防尘密封垫有无脱落;
- 检查并更换已损坏或已到达使用寿命的接触器触点、电源保险丝等保养件;
- 检查控制器内线路有无绝缘皮老化、磨损现象;
- 检查各线路插头部位有无松动;
- 检查完毕后梳理控制柜线路并用束线带固定。

任务3　工业机器人常见故障及处理

12.3.1　故障排除流程

(1)明确故障阶段

故障排除期间所检查的内容很大程度上取决于在发生故障时,机器人是否是最近全新安装的?最近是否修理过?指出故障出现前发生的特定事件可帮助维护维修人员最快地明确故障发生阶段排除时逐步检查对应的检查项即可,如表12-6所示。

表12-6

事件类别	检查项
安装	配置文件、连接、项及其配置
修理	与更换部件的所有连接、电源、安装软件是否正确
运行	故障及错误代码、故障现象
升级软件	软件版本、硬件和软件之间的兼容性、项及其配置

(2)根据故障选用适当排除方法

确定故障发生的阶段后需根据故障选择合适的方法,方法的有效选择可帮助维护维修人员快速排除故障,常用的故障排除方法有故障隔离、故障链一分为二、一次只换一个零件、ABB技术支持等。

当故障无法精准确定或无法辨别故障症状时可选用故障隔离的方法逐步确定故障发生原因,例如示教器的启动故障,导致示教器无法正常启动的原因无法确定,如有可能可通过故障隔离的方法连接不同的示教器进行测试以排除导致错误的示教器和电缆。

在进行故障排除时最好将故障链分为两半,这有益于在故障链中间确定和测量预期值使用此预期值确定那一半造成的该故障。例如特定的IRB7600安装具有一个12VDC电源为操纵器手腕带的工具供电。检查时,此工具无法工作,它没有12VDC的电源。

①检查操纵器底座是否有12VDC的电源。测量显示没有12VDC电源。

②检查控制器中的操纵器和电源之间的所有连接器。测量显示没有12VDC电源。

如果在进行故障排除过程中需要ABB支持人员协助对系统进行故障排除,可以按照下面所述提交一个正式的错误报告。单击 ABB 菜单栏中控制面板下的诊断功能将诊断文件保存,通过邮件的形式请求当地 ABB 人员支持,邮件中确保涵盖以下信息:

①机器人序列号。

②RoRobotWare 版本。

③外部选项。

④书面故障描述。越详细就越便于 ABB 支持人员为您提供帮助。

⑤许可证密钥。

⑥附加诊断文件。

(3)保持故障的跟踪

创建历史故障日志制定每种安装的图表可能会给故障排除人员查看各个故障情况下不明显的原因和后果模式,也可指出在故障出现之前发生的特定事件,例如正在运行的工作周期的某一部分。确保始终查阅历史日志。

12.3.2　常见故障及处理

工业机器人故障有硬件和软件两类故障,其中硬件常见故障包括启动故障、控制器没有响应、维修插座中无电压、机械噪声、油渍沾污电机和齿轮箱等。软件常见故障包括控制器性能不佳、Flex Pendant 启动问题、Flex Pendant 的偶发事件消息、Flex Pendant 与控制器之间的连接问题等。

(1)启动故障及排除

启动故障是指机器人个单元未正常启动出现的各种故障现象,如单元模块 LED 未亮起、保护跳闸、无法加载系统软件、示教器无响应等。启动故障总体性解决方案如下:

解决方案:

①确保系统的主电源通电且在指定的极限之内。使用电压表测量输入电压。

②确保驱动模块中的主变压器正确连接现有电源电压。检查主变压器连接。在各终端上标记电压。确保它们符合市电要求。

③确保控制器能正常启动,检查并确保驱动模块主保险丝(Q1)没有断开。如果在控制模块正常工作并且驱动模块主开关已经打开的情况下,驱动模块仍无法启动,请确保驱动模块和控制模块之间的所有连接正确。

④若示教器无法正确加载,检查电缆是否存在损坏。如有可能,通过连接不同的 FlexPendant 进行测试以排除导致错误的 FlexPendant 和电缆。

(2)常见事件日志故障排除

用户操作机器人运行当中,相关故障及错误信息会通过故障代码及相关错误信息反馈到示教器方便用户直观的查看和故障,根据故障代码可直接追溯故障及错误,故障代码编号及事件类型如表12-7所示。

表 12-7　常见事件日志故障排除

编号	事件类型
1xxx	操作事件:系统处理有关的事件。
2xxxx	系统事件:与系统功能、系统状态等有关的事件。
3xxxx	硬件事件:与系统硬件、操纵器以及控制器硬件有关的事件。
4xxxx	程序事件:与 RAPID 指令、数据等有关的事件。
5xxxx	动作事件:与控制操纵器的移动和定位有关的事件。
7xxxx	I/O 事件:与输入和输出、数据总线等有关的事件。
8xxxx	用户事件:定义的事件。
9xxxx	功能安全事件:与功能安全相关的事件。
11xxxx	工艺事件:特定应用事件,包括弧焊、点焊等。
12xxxx	配置事件:与系统配置有关的事件。
13xxxx	油漆
15xxxx	RAPID
17xxxx	Connected Service Embedded(嵌入式连接服务)事件日志在启动、注册、取消注册、失去连接等事件中生成

(3)操作事件

10013,紧急停止设备将电机开启(ON)电路断开,系统处于紧急停止状态。所有程序的运行及机器人的动作被立即中断,同时刹车抱闸将机器人各轴锁住。此故障一般为急停按钮所导致检查示教器、控制柜、外部设备急停状态,将急停按钮旋转恢复即可。此时机器人还不能正常运作,系统提示等待电机开启,如图 12-7 所示。

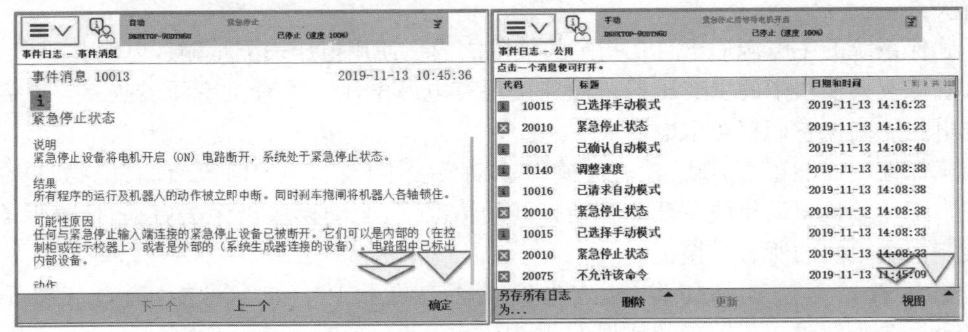

图 12-7　紧急停止状态

恢复急停后,若没有恢复控制模块上的电机开启按钮,对机器人进行控制则会提示系统事件类型的故障代码。如图 12-8 所示,在尝试切换机器人运行模式的错误提示与尝试按下程序运行开始按钮后的错误提示。

处理措施流程:

①检查是哪个紧急停止装置导致了停止。

②关闭/重置该装置。

③要恢复操作,请按"控制模块"上的电机开启(ON) 按钮,将系统切换回电机开启状态,如图 12-9 所示。

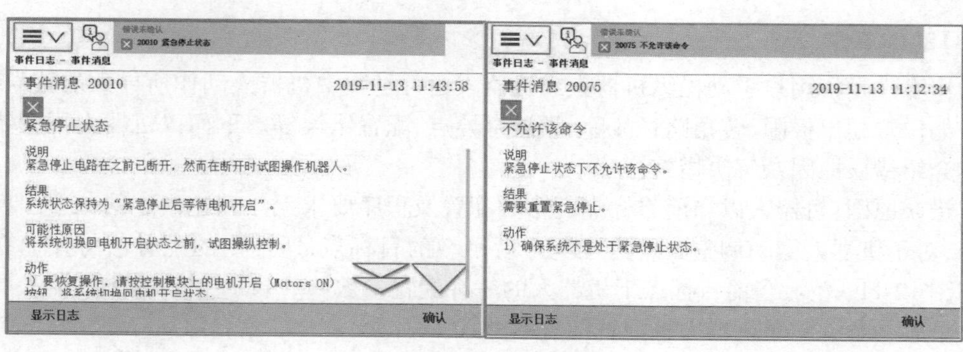

图 12-8　错误提示

图 12-9　开启电机

(4)程序事件

程序错误故障是指机器人运行时 RAPID 程序错误导致无法运行的报错，程序编辑过程中应严格遵守 RAPID 程序的相关规范，报错通常有自变量错误、类型错误、数据声明错误、指令错误、名称错误、引用错误、参数错误等。相关错误提示会清楚标明程序中错误程序的行数位置并注明引起错误的原因和解决方法，根据提示直接找到错误并更改即可。

例如：模块名称错误如图 12-10 所示，MAIN 名称命名不明确，错误位置于当前任务程序的第一行，解决措施为重命名此模块即可。

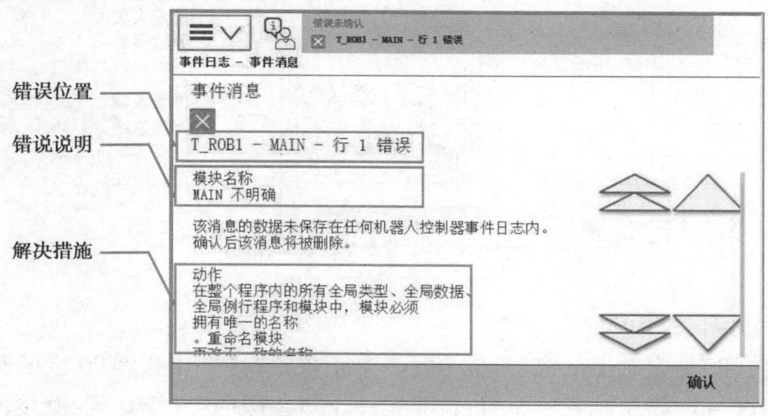

图 12-10　模块名称错误

(5)动作事件

动作事件是指用户手动操纵机器人或机器人运行过程中机器人动作所导致的错误事件，常见的如位置超出极限、转角路径故障、靠近奇异点、配置错误等。下面以机器人配置错误为例具体介绍错误原因及解决措施。

①错误原因：机器人以当前目标点的参数配置及程序要求无法到达指定的位置引发的错误报警，对于机器人微动调整到所需位置之后示教的目标点，所使用的配置值将存储在目标中。如图 12-11 所示，当前目标点下机器人的三种配置参数 cfg1-cfg3。J1-J6 是机器人具体的 zhou 关节轴参数，cfg 是机器人轴配置的表示方式。

机器人的轴配置参数使用四个整数系列表示，4 个正数分别对应 J1、J4、J6 和轴 x 的整转式有效轴所在的象限。象限的编号从 0 开始为正旋转（逆时针），从 -1 开始为负旋转（顺时针）。对于第四个整数的线性轴，是指轴所在中心位置的范围（以米为单位）。

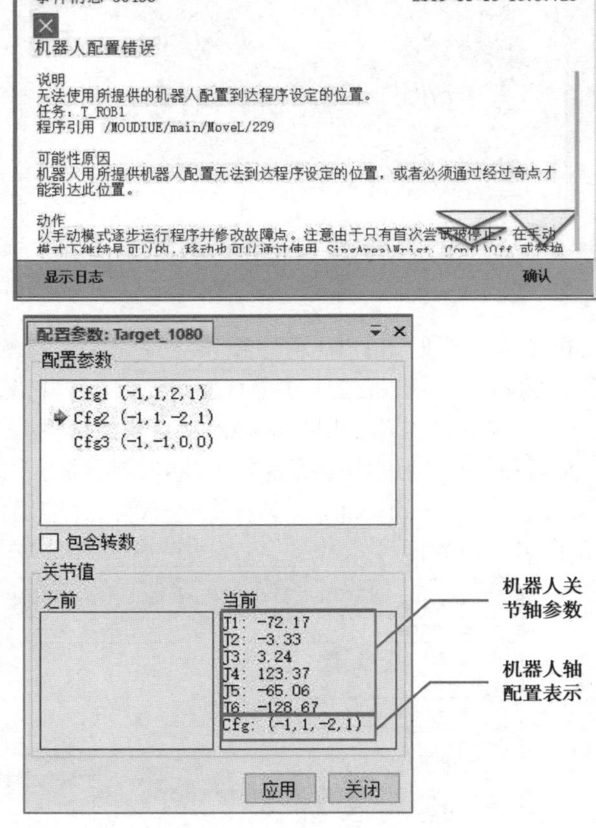

图 12-11　机器人配置

例如：cfg(0，-1，2，1)

第一个整数(0)指定轴 1 的位置：位于第一个正象限内（介于 0 到 90 度的旋转）。

第二个整数(-1)指定轴 4 的位置：位于第一个负象限内（介于 0 到-90 度的旋转）。

第三个整数(2)指定轴 6 的位置：位于第三个正象限内（介于 180 到 270 度的旋转）。

第四个整数(1)指定轴 x 的位置,这是用于指定与其他轴关联的手腕中心的虚拟轴。

②处理措施:根据提示查看目标点配置,选择合适的配置参数一般选择第一个参数配置,若配置参数唯一且运动过程无精准要求可将线性指令 MoveL 更改为关节运动指令 MoveJ 并加大转弯区域使机器人运动过程中的配置要求降低。

加入取消轴配置指令 ConfJ\Off 或 ConfL\Off。如图 12-12 所示,添加 Setting 分组下的 ConfL,取消线性指令的轴配置指令并单击指令在可选变量下更改为 Off 即可。

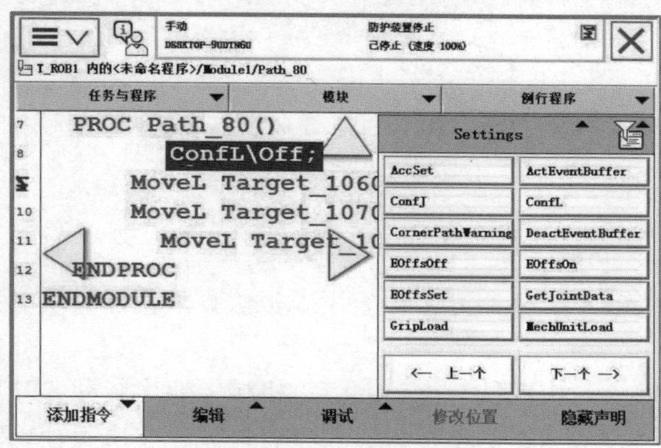

图 12-12　加入取消轴配置指令

参考文献

[1] 叶晖,吕世霞,张恩光. 工业机器人工程应用虚拟仿真教程[M]. 2 版. 北京:机械工业出版社,2021.
[2] 叶晖. 工业机器人实操与应用技巧[M]. 北京:机械工业出版社,2017.
[3] 叶晖. 工业机器人典型应用案例精析[M]. 北京:机械工业出版社, 2013.
[4] 潘懿,朱旭义. 工业机器人离线编程与仿真[M]. 武汉:华中科技大学出版社,2018.
[5] 叶晖. 工业机器人故障诊断与预防维护实战教程[M]. 北京:机械工业出版社,2018.